城市与区域规划研究

本期执行主编　武廷海

图书在版编目（CIP）数据

城市与区域规划研究. 第13卷. 第1期：总第35期/武廷海主编.
—北京：商务印书馆，2021

ISBN 978-7-100-20046-2

Ⅰ. ①城… Ⅱ. ①武… Ⅲ. ①城市规划—研究—丛刊②区域规划—研究—丛刊 Ⅳ. ①TU984-55②TU982-55

中国版本图书馆CIP数据核字（2021）第113248号

城市与区域规划研究

本期执行主编 武廷海

商 务 印 书 馆 出 版
（北京王府井大街36号邮政编码100710）
商 务 印 书 馆 发 行
北京新华印刷有限公司印刷
ISBN 978-7-100-20046-2

2021年7月第1版 开本 787×1092 1/16
2021年7月北京第1次印刷 印张 16

定价：58.00元

主编导读

Editor's Introduction

The world is undergoing profound changes unseen in a century, which means that it is a critical period in planning history. The reform of China's national planning system, major planning decisions, information technology revolution, and so on bring about new demands for research on urban and regional planning, especially in terms of planning techniques and methods. Articles in this issue focus on "urban modelling and planning" and application of urban modelling and the system dynamics (SD) model in research on planning.

Urban modeling is an important tool for quantitative research in the field of urban planning. Based on major urban change trends in China, LONG Ying and ZHANG Yuyang predict the future development trend of urban modeling, including the impact of advanced technologies on cities and its urban modeling; shrinking city-based urban modeling; human-scale urban modeling; data-driven urban modeling, and understanding urban definitions from an objective perspective to build the urban models more scientifically.

Combining both quantitative and qualitative research methods, the SD model is an important technical support for understanding the complex territorial space system and its underlying mechanism. With the help of the SD model, CAO Qiwen, GU Chaolin, et al. develop an analytical framework for the territorial space system based on the water-land-energy nexus after analyzing the interaction among key subsystems related to the territorial space system, such as

当今世界正经历百年未有之大变局，也注定要成为规划史上的关键时期。国家规划制度改革、一系列重大规划决策以及信息技术革命等，给城市与区域规划研究特别是规划技术与方法带来新需求，本期学术文章聚焦"模型与规划"，集中城市模型与系统动力学模型在规划研究中的运用。

城市模型是城市规划学科定量研究的重要方法与技术工具。龙瀛与张雨洋结合我国城市主要变革趋势，展望城市模型未来发展趋势，包括颠覆性技术对城市的影响及其城市模型表现、面向收缩城市的城市模型、人本尺度的城市模型、数据驱动型城市模型以及客观认识城市定义更科学地构建城市模型等。

系统动力学（SD）模型将定量与定性研究相结合，为认识国土空间复杂系统及其内在机制提供了重要技术支持。曹祺文与顾朝林等分析国土空间所涉及的经济、人口、社会、水、土地和能源等关键要素系统交互作用关系，运用 SD 模型

economy, population, society, water resources, land, and energy, providing a theoretical basis for the scientific understanding of the territorial space system. YI Haolei, GU Chaolin, et al. put forward a framework for applying the SD model in territorial space at the municipal level and conduct an empirical study in Hinggan League. Based on the simulation results and double evaluation and land use evaluation results, they put forwards a spatial layout of the municipal-level territorial space elements, providing a reference for the territorial and spatial planning at the municipal level that is being explored. Taking Qingdao as an example, CAI Libin and ZHU Zhezhe develop a SD model for the growth of marine tourism cities, propose a coordinated approach based on marine environment protection, infrastructure construction, tourism investment optimization, and marine professional cultivation, providing a scientific basis for the sustainable and healthy development of marine tourist cities.

The Outline for the 14th Five-Year Plan (2021-2025) for National Economic and Social Development and the Long-Range Objectives Through the Year 2035 (hereinafter referred to as the *Outline*) highlights the development of urban agglomerations and metropolitan areas and providing differentiated guidelines for the development and construction priorities of small, medium-sized, and large cities to form an urbanization pattern that is orderly, collaborative, and well-functioning. Using the CA (cellular automata) model, TANG Fanghua, LIU Geng, et al. simulate the spatial expansion of construction land in 2020 based on analyzing the spatio-temporal evolution of land use in the Changsha-Zhuzhou-Xiangtan core area from 1990 to 2015. WU Qian, GAO Wenlong, et al. conduct a study on the evolution characteristics of the multi-center network of the information flow in China's national-level urban agglomerations using the Baidu index data of 2011 and 2017. NIU Fangqu and WANG Fang conduct a theoretical framework and empirical study of urban agglomeration

建立了基于“水—土地—能源”联结的国土空间系统解析框架，为科学认知国土空间系统提供了理论基础。易好磊与顾朝林等提出了 SD 模型在市级国土空间规划中的应用方法并在兴安盟进行实证，基于模拟结果、“双评价”和土地利用评价结果提出市级国土空间要素的空间布局设想，可以为目前正在探索的市级国土空间规划提供借鉴。蔡礼彬与朱哲哲以青岛为例，构建海洋旅游城市成长的 SD 模型，提出基于海洋环境保护—基础设施建设—旅游投资优化—海洋人才培育的协调增进路径，为促进海洋旅游城市持续健康发展提供了科学依据。

国家“十四五”规划《纲要》要求发展壮大城市群和都市圈，分类引导大中小城市发展方向和建设重点，形成疏密有致、分工协作、功能完善的城镇化空间格局。汤放华与刘耿等分析长株潭核心区1990～2015 年土地利用时空演化，利用元胞自动机方法（CA 模型）对 2020 年的建设用地扩展方式进行了模拟。吴骞与高文龙等利用2011～2017 年的百度指数数据，研究我国国家级城市群信息流多中心网络演变特征。牛方曲与王芳从产业演进视角对城市群形成理论建构和实证分析，在探索城市群扩张机理与建构城市群研究理论体系方面进行尝试。刘钊启与吴唯佳等研究

formation from the perspective of industrial evolution and further explore the expansion mechanism and the theoretical system development of urban agglomerations. LIU Zhaoqi, WU Weijia, et al. reveal that host towns of the Winter Olympics is transforming from sporting event-led to consumer-led and from sporting event space to consumer space in their study on the spatial development trend of host towns of the Winter Olympics.

In addition, the *Outline* requires that all regions give full play to their comparative advantages based on the carrying capacity of resources and the environment and promote reasonable flow and efficient concentration of various elements, to help form a new territorial space development and protection pattern. Based on the theory of "Homo Urbanicus", WEI Wei and ZHANG Rui propose a contradiction coordination model – the self-existence-coexistence and optimization-balance model by focusing on the two core issues of how to judge the conflict zones of "three-lines" and how to determine the total space of "three-zones" in the municipal-level territorial and spatial planning of Quanzhou City, providing key technologies and methods for scientific delimitation of "three-zones and three-lines" in municipal-level territorial and spatial planning. Taking Chengdu as an example, YANG Jingyi, ZHANG Min, et al. put forward strategies for division and management of space management unit of metropolises in the territorial and spatial planning system, which is of great significance to spatial governance of metropolises, providing a theoretical reference and technical support for improving the region-wide management and control system under the reform of territorial and spatial planning. Taking Wuhan Sino-French eco-city as an example, HUANG Jingnan, AO Ningqian, et al. put forward the theory, logical framework, principle, and method for establishing an eco-city indicator system based on the Driver, Pressure, State, Impact and Response (DPSIR) model, by focusing on realistic problems rather than the ultimate blueprint, and being guided by development objectives. Based on the First China

国际冬奥雪上项目承办地冰雪小镇的空间发展趋势，揭示了从赛事主导走向消费主导、从赛事空间到消费空间的发展规律。

国家“十四五”规划《纲要》要求立足资源环境承载能力，发挥各地区比较优势，促进各类要素合理流动和高效集聚，推动形成国土空间开发保护新格局。魏伟与张睿针对泉州市级国土空间规划中亟须解决的“三线”冲突区域判定与“三区”总量确定两大核心问题，运用“城市人”理论提出矛盾协调路径，即自存—共存、优化—平衡模式，为市级国土空间规划中科学划定“三区三线”提供了关键技术与方法。杨婧艺与张敏等以成都市为例，提出面向国土空间规划体系的特大城市管控单元划定与管控策略，可以为特大城市空间治理提供有效抓手，为国土空间规划改革下全域管控体系的完善提供理论借鉴与技术支撑。黄经南与敖宁谦等以武汉中法生态城为例，引入 DPSIR 模型，从原来关注终极蓝图转变为关注现实问题，以发展目标为导向，提出建立生态城市指标体系的理论、逻辑框架、原则和方法。张恩嘉与雷链等基于 2019 年举办的“第一届中国收缩城市规划设计工作坊”，以资源收缩型的鹤岗市为例，探索通过城市设计手段应对城市收缩问题的可能路径，为我国收缩城市“瘦

Urban Planning and Design Studio for Shrinking Cities held in 2019 and taking the resource-exhausted city of Hegang as an example, ZHANG Enjia, LEI Lian, et al. explore the possible paths to cope with the problem of urban shrinkage through the means of urban design, which provides a theoretical and empirical evidence for China's shrinking cities to "lose weight and getting stronger".

The ongoing pandemic in the world has a profound impact on urban planning, construction, and management. Since its outbreak, the scientific community has been working on various issues, such as the driving mechanism of virus transmission, its environmental and socio-economic impacts, and the necessary recovery and adaptation plans and policies. Generally, the densely populated areas and economically active areas are the worst-hit areas. The paper titled "The COVID-19 Pandemic: Impacts on Cities and Major Lessons for Urban Planning, Design, and Management" by Ayyoob SHARIFI and Amir Reza KHAVARIAN-GARMSIR in the column of "Global Perspectives" in this issue provides an overview of COVID-19 research related to cities by reviewing literature published during the first eight months after the first confirmed cases were reported. The existing knowledge shows that the COVID-19 crisis entails an excellent opportunity for planners and policy makers to take transformative actions towards creating cities that are more just, resilient, and sustainable. As a matter of fact, modern urban planning originated from public health. In 1909, the first modern urban planning law – *Housing, Town Planning, etc. Act* was promulgated in Britain, which was committed to promoting physical health, enhancing moral conduct, and creating an overall social environment.

In view of modern urban planning history, Ebenezer HOWARD proposed the theory of Garden City in 1898 and established the Garden City Association in 1899 and the First Garden City Ltd. in 1903 to raise funds for Garden City practices. The first garden city was Letchworth in northeast London. It is worth noticing that

身强体"提供了理论和实证借鉴。

正在发生的全球新冠肺炎疫情，已经对城市规划建设管理产生了深刻影响。新冠肺炎疫情危机暴发以来，科学界就一直在努力阐明各种问题，如病毒传播的驱动机制，其对环境和社会经济的影响，以及必要的恢复和适应计划与政策。城市人口和经济活动的高度集中，往往是新冠肺炎感染的重点地区。本期"国际快线"阿尤布·谢里夫与阿米尔·雷扎·卡瓦里安–格姆西尔"新冠肺炎疫情对城市的影响及对城市规划、设计和管理的主要教训"，通过回顾首个确诊病例报告后 8 个月内发表的文献，对新冠肺炎疫情与城市相关的研究进行综述。研究表明，新冠肺炎疫情危机为规划者和决策者提供了极好的机会来采取变革性措施，创建更公正、更有韧性和更可持续的城市。事实上，现代城市规划就起源于公共健康，1909 年英国颁布了第一部现代城市规划法律《住房、城镇规划等法》，即致力于促进身体健康，提升道德品行，营造一个整体的社会环境。

从现代城市规划史看，1898 年霍华德提出田园城市理论，1899 年组织田园城市协会，1903 年成立田园城市有限公司，筹措资金进行田园城市实践，第一座田园城市是伦敦东北部的莱奇沃思(Letchworth)。

Thomas ADAMS (1871-1940) was a pioneer of modern planning with rich organizational skills. He once served as secretary of the Garden City Association, the first manager of Letchworth from 1903 to 1906, and urban planning censor of the Local Government Board from 1909 to1914, and presided over the planning for the New York metropolitan area in the United States from 1923 to 1930. In 1922, ADAMS published an article titled Modern City Planning: Its Meaning and Method in the *National Municipal Review* of the United States. The translated version by Professor LIN Ben of Anhui University that was published by the Commercial Press in 1932 is collected in the column of "Classics" in this issue. With the advancement of information technology, the social dissemination and influence of planning knowledge have undergone dramatic changes. On August 4, 2020, GU Chaolin, Professor of the Department of Urban Planning, School of Architecture, Tsinghua University, was invited by China Development Bank to give a lecture online about the development process of urban and regional planning. This lecture, one of the series titled "Regional Coordinated Development", is about a brief history of modern city and regional planning, which is published in the column of "Planning History" in this issue. Despite a hundred years apart, the two articles complement with each other. Thank you for your attention to our journal!

值得注意的是，托马斯·亚当斯（Thomas Adams，1871～1940）曾担任田园城市协会秘书，1903～1906年担任莱奇沃思第一任经理，1909～1914年担任英国地方政务院（Local Government Board）城市规划监察官，1923～1930年主持美国大纽约区域规划。显然，亚当斯是一位富有组织才能的现代规划先驱。1922年亚当斯在《美国市政评论》发表“现代城市规划的意义和方法”一文，1932年经安徽大学林本教授翻译，商务印书馆单独印行，本期“经典集萃”特别加以刊载。随着信息技术的进步，规划知识的社会传播与影响也日新月异，2020年8月4日清华大学建筑学院城市规划系顾朝林教授受国开行之邀，在区域协调发展的大师云课堂讲授“城市与区域规划的发展过程”，授课内容实际上是一份简明的现代城市与区域规划史，本期“规划史”亦特别加以刊载。这两篇文章相隔百年，相映成趣，欢迎读者关注。

城市与区域规划研究

目 次 [第13卷 第1期 (总第35期)2021]

Journal of Urban and Regional Planning

CONTENTS [Vol.13, No.1, Series No.35, 2021]

城市模型研究展望

龙 瀛 张雨洋

Prospects on Urban Modeling Application and Research

LONG Ying[1], ZHANG Yuyang[2]
(1. School of Architecture and Hang Lung Center for Real Estate, Key Laboratory of Eco Planning & Green Building, Ministry of Education, Tsinghua University, Beijing 100084, China; 2. School of Architecture, Tsinghua University, Beijing 100084, China)

Abstract Urban modeling is an important tool for quantitative research in urban planning. After more than half a century of development, urban modeling can provide technical support for the implementation of urban policies and the formulation, evaluation of urban planning schemes. After 30 years of rapid urbanization, China's cities are facing a series of changes and challenges, during which process how to support and adapt is an urgent problem for urban modeling. Therefore, this paper first presents the background of urban modeling, including the development process and basic classification; secondly, it sorts out the current situation of urban modeling by introducing the classic urban models and the related academic conferences; finally, combined with the main background of China's cities, it proposes five development trends of the urban modeling, including: ① Enhancing the study of the impact of advanced technologies on cities and incorporating them into urban modeling; ② Enhancing the study of urban modeling for shrinking cities; ③ Enhancing the study of urban modeling from a human scale; ④ Enhancing the study of data-driven urban modeling; ⑤Understanding the urban definitions

作者简介
龙瀛，清华大学建筑学院和恒隆房地产研究中心、生态规划与绿色建筑教育部重点实验室；
张雨洋，清华大学建筑学院。

摘　要　城市模型是城市规划学科定量研究的重要方法与工具，经过半个多世纪的发展，城市模型可以为城市政策的执行及城市规划方案的制定和评估提供可行的技术支持。在经历30年快速城市化发展的背景下，我国城市正面临一系列变革与挑战，城市模型如何在其中支持与适应是亟待解决的问题。因此，文章首先介绍城市模型的背景，包括发展过程与基本分类；其次对城市模型发展现状进行梳理，介绍主流经典城市模型与城市模型研究相关的学术会议；最后，结合我国城市的主要变革趋势，重点对城市模型的未来发展提出五点展望，分别是：①加快研究颠覆性技术对城市的影响并纳入城市模型中；②构建面向收缩城市的城市模型；③加强人本尺度的城市模型构建；④加强数据驱动型城市模型的开发；⑤客观认识城市定义，更科学地构建城市模型。在现有研究不足的基础上提出模型研究与构建的具体策略，以期为规划工作者使用城市模型解决城市问题以及城市模型研究人员更好地构建城市模型提供可靠与详细的参考。

关键词　颠覆性技术；土地利用模型；人本尺度；数据驱动；收缩城市；实体城市；空间计量

1　引言

“城市模型”（urban modeling）是城市问题定量研究和城市公共政策如城市规划制定依托的最重要的工具，考虑到城市模型在不同学科和专业中有不同定义、外延和内涵，本文将其局限于“城市空间发展模型”（urban spatial from an objective perspective to build the urban models more scientifically. Based on the existing research shortage, the specific strategies of urban modeling research are proposed. For urban planners, this paper provides a reference to solve problems by using urban modeling. For urban modeling researchers, it provides a reference to optimize modeling for cities.

Keywords advanced technology; land use model; human scale; data driven; shrinking city; physical city; spatial econometrics

development model），也有学者把“城市模型”称作“城市空间动态模型”“土地利用模型”或“应用城市模型”等。城市模型是指在对城市系统进行抽象和概化的基础上，对城市空间现象与过程的抽象数学表达，是理解城市空间现象变化、对城市系统进行科学管理和规划的重要工具。全球的城市模型研究已经有超过半个世纪的历史，期间经历了不同的发展阶段。最近几年兴起的新数据环境（大数据与开放数据）和城市分析研究方法（如人工智能）为城市模拟提供了新的动力，使城市模型得到快速发展。已有多篇综述性文章研究梳理城市模型的发展过程与发展现状，例如：万励、金鹰（2014）对国外城市模型的基本原理、主要类型、发展轨迹及最新应用进行了综述性的介绍；刘伦等（2014）基于对城市模型领域重要学者麦克·巴蒂的访谈，对城市模型的发展历程、现状与前景进行了回顾、评述及展望；牛强等（2017）勾画出了我国城市规划计量方法的研究和应用概貌。

技术之外的另一方面，城市模型可以为城市政策的执行及城市规划方案的制定、评估提供可行的技术支持，发展模型的目的是为了更好地解决城市发展中面临的问题。我国城市规划逐渐由过去二三十年的“大拆大建”向精细化编制与管理转型，同时我国城市在经历了30年快速城市化的发展后，也面临一系列改革、调整的问题。鉴于此，有必要根据当下数据环境、技术条件、城市发展问题的变革，基于已有相关综述，结合城市模型构建的趋势展望城市模型未来的发展方向，对当下的模型研究进展进行评述，进而提出城市模型构建的具体策略。

1.1 城市模型的发展历程

城市模型研究始于20世纪初期，20世纪初到20世纪50年代中期是城市模型发展的初期，经历了从一般概念模型、数学（或分析）模型到计算机模拟模型等几个阶段。20世纪50年代末，计算机的出现和推广推动了城市模型研究的发展。图 1 描述了 1960～2000 年城市模型的发展轨迹，可以看出，在 20 世纪 60～70 年代，城市模型研究出现了第一次高潮，这一阶段是定量城市研究的黄金时期，但模型研究仍以静态模型为主。当时的城市模型的研究目的主要为评估不同城市政策的潜在影响，包括城市更新、税收政策、交通及基础设施建设、区划政策（zoning）、住房抵押贷款政策、反歧视政策、就业政策等（Lee，1973），并实际应用于高速公路建设、商业布局、住宅政策等方面（Kilbridge et al.，1970）。进入 20 世纪 90 年代，随着计算机技术的快速进步，人工智能等相关领域同地理信息系统（geographical information system，GIS）的不断发展推动了城市模型逐渐向动态维度发展，出现了元胞自动机（cellular automata，CA）模型、基于个体建模（agent-based modelling，ABM）模型、空间非均衡模型等。地理信息系统在城市模型研究中的应用及其与城市模型的集成已经成为侧重于计算机模拟的城市模型发展的重要趋势。2010 年以来，互联网行业的快速发展使与城市相关的数据呈现爆炸式增长的态势。新数据环境为构建动态城市模型提供了便利条件，丰富的数据支撑也使模型构建呈现出精细化（龙瀛等，2011）、破碎化（Batty，2012）和算法简单化的趋势。

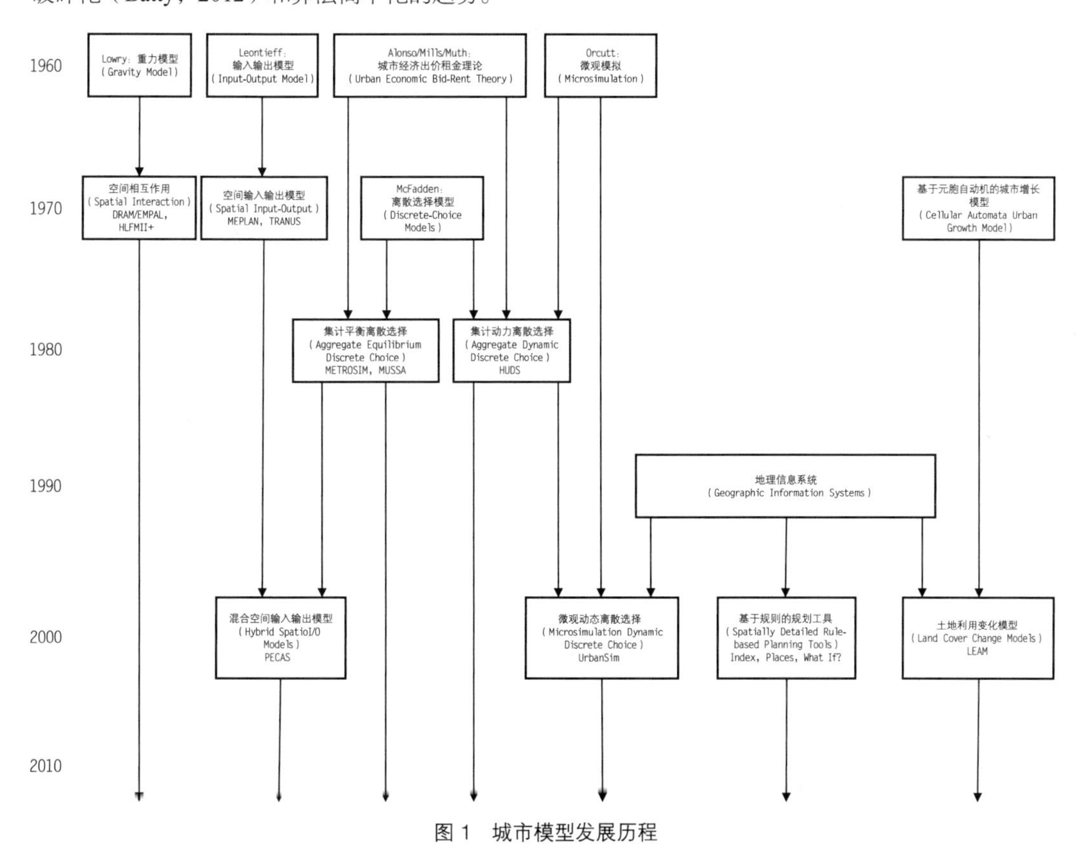

图 1　城市模型发展历程

资料来源：本图参考了沃德尔（Waddell，2011）关于 UrbanSim 的介绍材料。

1.2 城市模型的基本分类

当下的城市模型大部分属于动态模型，本文从建模方法、模型应用领域和模型应用空间尺度三个角度对城市模型进行分类。

从建模方法看，常用的方法有基于空间相互作用理论（spatial interaction）的重力模型、最大熵理论模型（entropy maximizing），来自经济学的阿朗索地租模型、离散选择模型（discrete choice model）、空间投入产出模型（spatial input-output model）、回归分析（regression），来自复杂科学的元胞自动机（CA）以及基于个体建模和微观模拟（microsimulation model，MSM）等（Pagliara and Wilson，2010）。还有少数模型的建模方法是上述多种模型不同部分的融合，比如专门为东京构建的模型、北京城市空间发展分析模型（BUDEM）（龙瀛等，2010）等。从模型应用的具体领域看，有区域模型、城市土地模型、土地利用与交通模型、土地利用—交通—环境模型等（郑思齐等，2010）。从模型应用的空间尺度上看，主要有宏观尺度模型[或集计模型（aggregated models）]和微观尺度模型。宏观尺度模型（或分区模型）的研究基于地理网格[③]（grid）[或元胞（cell）]或小区（zone）为基本空间单元。小区可以是交通分析小区（traffic analysis zone，TAZ）或统计小区（census tract），一般选用一类活动主体作为分析对象；而微观模型，一般基本空间单元较小，如街区、地块或建筑，相应地，城市活动主体一般对应居民、家庭和企业的个体，其原理与方法更加清晰直观。

2 城市模型发展现状

本章将介绍现阶段城市模型研究领域的典型城市模型与具有代表性的城市模型学术会议，在梳理现状城市模型研究的尺度、建模方法和关注问题的基础上，提出城市模型未来的研究展望。

2.1 典型的城市模型

表1第一部分列举了当前典型城市模型的基本信息，包括名称、研究尺度、开发年份和代表性文献等。这些模型以城市土地利用研究为主，部分结合交通研究形成了土地利用与交通模型（“名称”列中粗体的）。模型应用的基本空间单元以小区和网格为主，仅有UrbanSim、ILUTE和Agent iCity等属于微观模型。

表1 典型城市模型

序号	名称	所在国家	研究尺度[(1)]	开发年份	代表性开发人员/机构	主要方法	时间基础	代表性文献
1	POLIS	美国	小区	20世纪60年代	旧金山湾区政府协会	空间相互作用、离散选择	静态	

续表

序号	名称	所在国家	研究尺度[1]	开发年份	代表性开发人员/机构	主要方法	时间基础	代表性文献
2	DRAM/EMPAL	美国	小区	20世纪70年代	Stephen H. Putman	空间相互作用、离散选择	静态平衡	Putman，1995
3	TRANUS	委内瑞拉	小区	1982年	Modelistica	空间投入产出	动态平衡	Modelistica，1995
4	MEPLAN	英国	小区	1984年	Marcial Echenique	空间投入产出	动态平衡	Echenique et al.，1990
5	TLUMIP[2]	美国	小区	20世纪90年代	Tara Weidner	空间投入产出	动态平衡	Weidner et al.，2007
6	IRPUD	德国	小区	1994年	Michael Wegener	离散选择	动态	Wegener，1996
7	CUF	美国	DLU[3]	1994年	John Landis	基于规则建模	动态	Landis，1994
8	DELTA	英国	小区	1995年	David Simmonds Consultancy	离散选择	动态	Simmonds，1996
9	Metrosim	美国	小区	1995年	Alex Anas	离散选择	动态平衡	Anas，1994
10	UrbanSim	美国	多尺度[4]	1996年	Paul Waddell	离散选择、微观模拟、基于个体建模	动态	Waddell，2002
11	SLEUTH	美国	网格	1997年	Keith C. Clarke	元胞自动机	动态	Clarke et al.，1997
12	CUF-2	美国	网格	1998年	John Landis，Ming Zhang	基于规则建模	动态	Landis and Zhang，1998
13	ILUTE	加拿大	地块、居民、家庭	2004年	Eric J. Miller	微观模拟、基于个体建模	动态	Miller et al.，2004
14	ReluTran	美国	小区	2007年	Alex Anas	离散选择	动态平衡	Anas and Liu，2007
15	PECAS	加拿大	小区	2005年	John Douglas Hunt，John E. Abraham	空间相互作用、空间投入产出	动态	Hunt and Abraham，2005
16	BUDEM	中国	500m网格	2009年	龙瀛	元胞自动机	动态	Long et al.，2009

续表

序号	名称	所在国家	研究尺度[1]	开发年份	代表性开发人员/机构	主要方法	时间基础	代表性文献
17	MUSSA II[5]	智利	小区	1996年	Francisco Martinez	离散选择	动态平衡	Martinez，1996
18	GeoSOS	中国	多尺度	2011年	黎夏	元胞自动机、基于个体建模	动态	Li et al.，2011
19	Agent iCity	加拿大	地块、居民、家庭	2012年	Suzana Dragićević	基于个体建模	动态	Jjumba and Dragićević，2012
20	BLUTI[6]	中国	小区	2012年	张宇	离散选择	静态平衡	张宇等，2012
21	MATSim	新加坡	大尺度	2013年	未来城市实验室	基于个体建模	动态	Armas et al.，2017
22	QUANT	英国	大尺度	2015年	Centre for Advanced Spatial Analysis，CASA，UCL	微观模拟、基于个体建模	动态	Smith，2018
23	FLUS	中国	多尺度	2017年	中山大学GeoSOS团队	元胞自动机	动态	Liu et al.，2017

注：（1）该表统一以小区（discrete zone）代表分区模型的研究尺度。

（2）该模型是在TRANUS和UrbanSim基础上实现的。

（3）DLU（developable land unit），可开发用地单元，为非规则多边形，类似地块（矢量格式）。

（4）空间单元可以是小区、网格或地块，城市活动主体可以是类别（categorical）层次，也可以是个体（individual）层次。

（5）目前称为Cube Land。

（6）使用Cube软件基于北京市宏观交通模型BMI Model基础上开发。

2.2 具有代表性的城市模型会议

表2介绍了三个与城市模型研究关系密切的会议，分别是：始于2011年的应用城市模型（Applied Urban Modelling，AUM）会议，已有30余年历史、关注计算机技术的城市规划与管理的计算机应用（Computers in Urban Planning and Urban Management，CUPUM）会议以及土地利用—交通整体规划（Integrated Land Use Transport Modeling，ILUTM）会议。其中，土地利用—交通整体规划国际会议（ILUTMS）是城市模型研究与应用领域的前沿会议，代表了城市模型最新发展动向。自2015年6月

28 日该会议第一届召开以来，至 2019 年 5 月 18 日已经成功举办了五届，会议重点关注土地交通整体规划模型在世界与中国的发展。

表 2　代表性城市模型学术会议

会议名称	主办单位	会议介绍	最新会议主题
Applied Urban Modelling (AUM)	The Martin Centre for Architectural and Urban Studies，University of Cambridge	始于 2011 年的年会，探讨应用城市模拟模型以揭示城市变化，从而为实际政策导向提供依据	2018 年 AUM 年会重点关注超过 2 年的长时间段模拟研究，关注气候变化、能源替代、老龄化、个人流动性转移、移民和人工智能应用领域
Computers in Urban Planning and Urban Management (CUPUM)	School of Art，Architecture and Design，University of South Australia	始于 1989 年的双年会，已经召开过 15 届，有 30 余年的历史。致力于利用计算机科技来解决在城市规划和发展中广泛存在的社会、管理与环境问题	第 16 届 CUPUM 大会首次在中国大陆召开，会议围绕“面向智慧城市的可计算的城市规划和城市管理”中心主题展开
Integrated Land-Use Transport Modeling (ILUTM)	China Communications and Transportation Association (CCTA)	关注城市区域经济、用地、交通、环境规划等主题	第 4 届（2018 年 6 月 16～17 日）主题：大量人口向城市聚集，造成大城市土地资源匮乏、空气污染、交通拥堵和房价高涨等问题，而落后村庄和落后地区的城镇却在萎缩。会议重点关注如何通过土地利用交通模型对经济和社会活动的空间分配、土地利用、交通和环境等多方面因素进行系统性合理规划 第 5 届（2019 年 5 月 17～18 日）主题：城市与区域产业—土地—交通—环境整体规划是构建交通系统的关键。随着中国开始高度重视城市与区域可持续发展的问题，城市与区域产业—土地—交通—环境一体化规划与土地—交通整体规划模型的理论及其技术方法在中国未来的发展中将获得极为广泛的应用

3 展望1：加快研究颠覆性技术对城市的影响并纳入城市模型中

3.1 颠覆性技术对城市的影响

随着互联网行业发展而产生的城市大数据为城市研究者提供了认识、研究城市的新方法与新视角，为城市模型发展创造了机遇。在互联网之外，近年来在第四次工业革命背景下诞生的颠覆性技术，包括（但不限于）人工智能（AI）、云计算、机器人、3D打印、传感网、物联网、虚拟现实、增强现实、清洁能源、量子信息等正在或即将在城市中普及应用，对人们的日常生活、城市的运行方式乃至城市空间被使用的方式都将产生巨大影响。例如：穿戴式相机的出现为监测个体在空间中的行为，形成个体"生命日志"提供了更多可能（张昭希、龙瀛，2019）；互联网算法已经开始支配甚至定义人类社会，算法对于人类的认识甚至超越了自己；深度学习技术也进入了算法之中，苹果手机从iOS12操作系统开始，在相册内可以搜索图像中各式物体，例如水、草地、天空等；互联网公司开始对街道进行扫描，准备迎接即将到来的无人驾驶时代。

3.2 目前研究的趋势与不足

通过典型城市模型和具有代表性的模型会议可以看出，主流与最新模型仍然关注的是城市传统问题，例如土地利用、交通模拟等，对当下及即将投入使用的颠覆性技术缺乏考虑，这可能会导致近期开发或更新的城市空间在建成后不久就出现不适用或再次更新的情况。上一节已经提到，颠覆性技术会改变居民对城市空间的使用方式，城市功能组织逐渐碎片化、分布化和混合化，无人驾驶的发展也将带来交通空间的重新组织。就像在100多年前，机动车的出现取代了马车，一些有远见的城市规划师以汽车为驱动力开始思考城市的新形态，从此诞生了具有迷宫般道路的城市中心区，但即便如此，我们当下的城市与机动车之间也存在重重的矛盾。由此可见，如果不认识到问题的严重性，我们的城市将会重蹈覆辙（Duarte and Ratti，2018）。针对这一情况，作为城市政策制定与评估的重要工具——城市模型，可以对城市即将面对的问题提出科学客观的应对策略。城市模型的研究者与应用者应清晰地认识到当下中国城市化中的新趋势，提前进行研究模拟。

3.3 城市规划适应颠覆性技术带来的空间影响

考虑到城市发生的诸多转变，以面向未来进行应用的城市模型如果不做相应的适应性调整，势必造成开发完毕后就以应用失败而告终。因此，在城市模型的研究领域，应在城市模型应用中考虑未来无人驾驶对城市空间结构和交通系统的影响：例如无人驾驶时代我们的城市是否还需要如此多的车道和如此巨大的停车空间，城市模型可以帮助我们模拟未来城市道路系统的改变；随着5G、虚拟现实、增强现实等颠覆性技术的发展，未来可能不需要固定的工作场所，远程办公会对通勤量产生怎样的影响，城市模型可以帮助我们调整城市空间结构；互联网公司算法可以掌握个人对空间场所选择的偏好，城市模型可以基于此研究对空间使用的影响等等。

4 展望 2：面向收缩城市的城市模型构建

4.1 收缩城市及其全球趋势

城市是一个有机体，有着自身“生长盛衰”的过程，城市收缩是城市发展规律中的一环。城市收缩并不是一个新的话题，德国政府资助的收缩城市项目已经证实，在全球范围内人口超过 100 万的 450 个城市地区，总体上失去了其城市人口的 1/10；奥斯瓦尔特等（Oswalt et al.，2006）基于 1950～2000 的统计数据从全球尺度明确了世界上较大收缩城市的空间分布特征，可见城市收缩是一个全球性的问题。中国东部的部分城市由于区位优势、优质的基础设施和就业市场吸引了大量的小城市或乡村居民，由此而产生的空置城市和乡村报道层出不穷（毛其智等，2015）。2019 年 4 月 8 日，收缩城市首次出现在国家级政策中，国家发展改革委发布的《2019 年新型城镇化建设重点任务》首次提到：“收缩型中小城市要瘦身强体，转变惯性的增量规划思维，严控增量、盘活存量，引导人口和公共资源向城区集中。”引导城市认识自身的发展阶段并应对收缩，是城市模型在收缩城市研究领域应发挥的作用。

4.2 目前研究的趋势与不足

在中国，由于快速城市化的背景，收缩现象极易被忽略（龙瀛，2015；龙瀛等，2015；吴康等，2015；杨东峰等，2015），城市的传统规划主要以增长为范式。龙瀛、吴康（2016）通过比较两次人口普查的数据后发现，中国有 180 个城市存在着人口总量或密度下降的情况；龙瀛、吴康（Long and Wu，2015）发现中国的收缩城市数量大、分布广（180 个分布于中国东中西部）、收缩程度较低且多分布于县级市（其中 140 个为县级市）。由此可见，中国的城市正在或已经面临非常严重的收缩问题。正确认识中国城市收缩问题，转变传统以增长为目标的规划方式，提出科学合理应对收缩的策略已经成为中国城市发展迫在眉睫的问题。2018 年的 ILUTM 会议虽然以面向解决城市收缩问题为主题，但会议中的主要报告仍关注传统交通、土地等领域，缺乏有效的解决城市收缩问题的建模报告及研究，基于城市模型解决中国城市收缩问题的研究还没有受到广泛的关注。

4.3 构建预测城市收缩状态的城市模型

对于收缩城市的研究首先应是识别收缩城市分布区域，明确收缩城市的集聚特征，以此挖掘中国城市收缩的独特动因。对于中国收缩城市识别的研究不能够以单一时间段的状态进行评价，而应选择合适的衡量收缩的指标，基于多时间段数据进行模拟分析。同时，遵从大数据、大模型的原则，在宏观尺度上构建覆盖整个中国国土并且在微观尺度上基本模拟单元为城市街区的收缩模型。更加精确科学地监测、预测城市未来的发展状态，结合城市的自身情况分析收缩动因，为制定面向收缩的城市规划提供准确、可靠的基础。

4.4 构建面向收缩政策评价的城市模型

通过科学的监测来预测城市未来的发展状态，从根本上认识到城市收缩的重要性与严重性，修正一直以来以增长为范式的城市规划框架，避免在人口收缩的背景下出现城市用地、空间扩张的情况。同时，结合城市的自身情况明确收缩动因后，城市管理者及城市规划师可以根据经验或定性研究应对城市收缩问题，例如关注城市存量空间，提高城市中心地区的生活质量；改变城市中心的土地利用，提升城市活力等。针对城市收缩的情况，制定面向城市收缩的政策：通过政策抑制城市收缩，或制定精明收缩政策避免空间的衰败和活力衰退。在确定应对城市收缩的政策后，通过城市模型预测城市未来变化，验证策略的正确性。由此可以以科学的策略为支撑，明确收缩城市未来的发展方向。

5 展望3：加强人本尺度的城市模型构建

5.1 人本尺度研究是"以人为本"的重要表征

2015 年年底召开的中央城市工作会议明确指出，"城市发展是一个自然历史过程，有其自身规律……要把握发展规律，推动以人为核心的新型城镇化。"城市的人本尺度与城市精细化的空间品质、城市活力等直接相关。人本尺度指的是日常生活中与人身体接触和活动密切相关的城市形态，是城市网络、街区和地块尺度的深化及补充，一般对应包括公园、广场、绿地和城市街道的城市公共空间。过去由于数据的匮乏等原因，大部分人本尺度的城市街区、景观绿地都是基于设计经验而建成的，缺乏科学的响应与评估，新数据环境为开展人本尺度的研究提供了数据基础。

5.2 目前研究的趋势与不足

传统经典城市模型的应用尺度分为宏观尺度和微观尺度，宏观尺度主要对应的是小区、网格或地块；微观尺度对应的是街区、地块或建筑尺度。从模型应用的空间尺度来说，"以人为本"的人本尺度是微观尺度的延伸，但传统微观模型由于数据的限制，一般选择住户、家庭和公司的个体为城市活动主体，代表性微观模型 UrbanSim、ILUTE 和 Agent iCity 无法解决人本尺度的研究问题。对于我国来说，模型研究主要集中于宏观尺度，例如土地利用和交通模型与侧重于城市扩张模拟的城市模型，在微观尺度上的研究与应用都较少。在国家政策一再强调城乡规划设计管理中要"以人为本"的大背景下，人本尺度的城市建成环境研究是城市发展“以人为核心”趋势的重要体现，关注人本尺度的城市模型研究具有重要意义。因此，针对与我们日常生活息息相关的人本尺度的定量模拟是急需开展的。近年来，随着研究尺度的缩小和微观数据可获得性的增强，在国际会议中出现了一些微观模型的研究工作，主要是基于街道建模的研究，整体来看应用较为有限，关注度不足。

5.3 构建人本尺度的城市模型

龙瀛、叶宇（2016）认为人本尺度的城市形态研究框架可以从城市形态的测度、效应评估和规划设计响应三个方面展开工作。在测度方面，对传统调研工作无法获取或获取难度较大的街道界面、建筑立面、街头绿地、景观小品、城市家具等进行评价，包括位置、尺寸、多样性等方面（龙瀛、周垠，2017；唐婧娴、龙瀛，2017；唐婧娴等，2016）。效应评估是通过形态活力表征与形态测度相结合实现的，通过两个维度的叠加研究得到形态优劣的结果，以此指导人本尺度的规划设计。在测度和效应评价的基础上，城市模型可以以城市公共空间作为基本模拟单元，借鉴元胞自动机和基于个体建模的方法，兼顾物理空间和社会空间，对城市公共空间的未来状态进行模拟、预测和情景分析，用于支持这一尺度空间规划的制定。

6 展望 4：加强数据驱动型城市模型的开发

6.1 新数据环境为城市模型研究提供新机遇

龙瀛、刘伦（2017）认为，定量研究已经成为城乡规划学科的趋势，近年来大数据广泛应用在城市研究中，使传统城市研究出现四个重大的变革：①在研究的空间尺度方面，由小范围高精度、大范围低精度到大范围高精度的变革；②在时间尺度方面，由静态截面到动态连续的变革；③在研究粒度方面，由“以地为本”到“以人为本”的变革；④在研究方法方面，由单一团队到开源众包的变革。未来随着互联网公司的发展及 ICT 等颠覆性技术在城市中的应用，与城市相关的数据将更加丰富与多元，因此，应加强数据驱动的城市模型的开发。

6.2 目前研究的趋势与不足

目前的热点模型为基于离散动力学的动态城市模型，同时主流模型基本上也都属于基于机理建模，是根据城市运行的内部机制或机理建立起来的精确数学模型，例如：BUDEM 模型、GeoSOS 模型和 FLUS 模型是基于元胞自动机建模，QUANT 模型、MATSim 模型、Agent iCity 模型是基于个体建模等。这类模型的构建往往需要较多的参数，而这些参数如果不能精确获取的话，将会影响到模型模拟的效果。在当下的新技术、新数据环境下，未来与城市相关的数据将会继续呈现爆炸式的增长态势。此外，在计算机快速发展的支持下，未来城市模型研究可以以数据为驱动力，根据城市数据的特征构建新的城市模型，以此来满足实际研究中识别城市问题规律与机理的需要。

6.3 构建数据驱动的城市模型

充分利用传统统计数据、互联网大数据与颠覆性技术所带来的新数据环境，基于数据特征认识城市。避免传统模型因参数估计不准导致的误差，构建数据驱动型城市模型，更加精确地解决城市研究中的问题，在模型中体现出以下四个特点。

（1）覆盖大范围、精细化的大数据，可以支持构建覆盖大量城市乃至整个国家、州甚至全球的城市模型，同时又在模拟单元上达到城市内如分区、街区和地块尺度，即为兼顾覆盖区域乃至全国的研究范围与精细化的大模型（龙瀛等，2014）。

（2）传统模型的模拟精度受制于原始数据分辨率较粗的缺陷，因此，模拟的时间分辨率或时间步长多为年，而不同的城市现象和问题在时间上的投影存在较大差异，大数据的出现为更精细化的时间粒度如月、周和日的模拟提供了支持。

（3）虽然传统城市模型如多智能体模型也涉及对社会方面的模拟，但数据多为扩样或合成数据，新数据环境多对应社会个体如个人、家庭和企业层次的信息，为城市模型的“以人为本”提供了重要支撑。

（4）传统城市模型的验证多为基于观察到的数据验证，而大量对当地各方面发展感兴趣的网民/居民，往往对当地的认知也具有正确性，通过社交网站、公众参与平台等，有望让除了模型师外的诸多网民提供对模拟结果的评判，作为模型有效性评估的额外渠道（Long and Wu，2017）。

7 展望5：客观认识城市定义，更科学地构建城市模型

7.1 中国城市系统亟须重新定义

城市行政地域、城市实体地域和城市功能地域是城市地域概念的三种基本类型（周一星、史育龙，1995）。城市行政地域对应的是城市管辖权的空间范围；城市功能地域是指基于功能识别出的城市经济单元，通常是以一日为时间周期，包括城市居住、就业、教育、医疗等城市功能所辐射的范围；城市实体地域所指的是城镇型城市空间，也就是当下规划中涉及的城市中心区概念。我国所有市镇的行政地域远远大于它们的实体地域，而我国的城市统计等工作是基于行政空间范围展开的，这也造成我国长期存在城乡统计口径和基本概念混淆的问题（周一星，1986）。原因在于，我国城市的行政空间包含城市与农村，很多市镇在经济结构上以第一产业为主，城镇型建设用地占比严重不足，因此，我国所有城市统计数据不代表真正的“城市”，这也与国际上普遍认为的城市概念脱轨。明确城市与乡

村的实体地域范围，不仅可以提高我国人口、经济等统计数据的准确性，同时使城市模型更有针对性地进行模拟分析，制定区别城乡且适应自身条件与特征的发展策略。

7.2　目前研究的趋势与不足

我国在实体地域和功能地域方面研究较少，关于“城市”的具体界定一直存在着“行政”和“实体”的二元割裂（龙瀛、吴康，2016）。传统对于实体城市的研究集中于城乡划分的标准上，包括周一星指导、冯健等（2012）编写的《城乡划分与检测》；惠彦等（2009）、宋小冬等（2006）也都做过实体地域识别的实证研究。但这些研究中的指标选择存在过于复杂和无法大规模推广的局限性。当下的大数据环境为城市实体地域识别提供了数据基础，龙瀛（Long，2016）基于大数据，利用渗透理论重新定义了中国城市体系，文章提出使用道路/街道交叉点来识别城市的方法，总共确定了 4 629 个实体城市，总面积 64 144 平方千米。马爽、龙瀛（2019）以全国社区为基本单元，基于城镇建设用地分布资料，建立了一套完整的基于全国社区行政单元的划分城市实体地域的方法，识别了全国城市实体地域。这些研究为中国城市系统的调整提供了理论基础，但目前在城市模型及城乡规划学界对这一问题重要性的认识还远远不够。

7.3　城市模型研究学界要充分认识实体城市的重要性

实体城市突破了传统行政区的限制，是城镇型的城市空间，其对于城市模型和城乡规划问题研究同样重要。主要体现在以下三个方面。

（1）城市模型若以城市行政边界或行政区边界为空间对象进行模拟、分析，极有可能受到边界效应（edge effect）等因素的影响，导致分析结果的准确性受到质疑。

（2）城市模型以实体城市作为空间对象，可以基于城乡区别制定针对不同问题的模拟分析研究。准确地模拟不同因素对城市及乡村发展的影响，制定适于自身的发展策略，为城乡区别管理提供依据。

（3）实体城市为城乡规划学等与城市研究相关学科提供了地域范围，为日后民政部门的行政区划调整提供依据；同时，明确实体城市的范围，可以更加准确地统计城镇人口，测算城市化率，科学统计城市发展变化的信息。

8　结论

经过半个多世纪的发展，城市模型在城市公共政策制定等方面已经表现出至关重要的作用。同时，计算机能力的提升与新数据的出现为城市定量研究的重要工具“城市模型”提供了良好的基础与条件。因此，在城乡规划学科定量化发展的背景下，城市模型未来势必会得到更多的关注与应用。在第四次工业革命的时代背景和中国城市经历 30 年快速发展的现实背景下，城市模型自身该如何发展以适应当下中国城市面临的重要问题是本文的研究重点。

本文首先简单介绍城市模型，分析了城市模型的发展过程和分类方式；然后在介绍城市经典模型与具有代表性的城市模型相关学术会议的基础上，提出城市模型研究展望。

针对城市模型研究本文共提出五项展望。

（1）拥抱颠覆性技术所带来的变化，加快研究颠覆性技术对城市的影响并纳入城市模型研究之中。多方面考虑颠覆性技术即将对生活方式和空间使用带来的变化并通过城市模型进行模拟分析，使城市从空间角度做好准备并提前适应。

（2）面向收缩城市构建城市模型，顺势而为解决城市收缩问题。城市收缩是城市发展的普遍过程，应构建城市模型明确收缩城市空间分布特征，提出面向收缩的城市发展策略，适应收缩、通过政策抑制或逆转收缩并利用城市模型进行验证。

（3）在新数据环境与计算机发展的共同作用下，弥补传统研究主要集中于宏观尺度的不足，加强人本尺度城市模型的构建，体现城市发展“以人为本”的趋势。

（4）传统机理城市模型中参数若不能精确识别易导致模拟的结果存在误差，考虑到爆炸式增长的数据环境，可加强数据驱动型城市模型的开发，更加科学准确地解决城市问题。

（5）我国关于“城市”空间范围的具体界定会导致城乡统计口径和基本概念混淆的问题，因此，城市模型研究应理清实体城市概念，避免造成模拟分析的错误。

在基于业界与学界角度对城市模型未来发展进行展望之外，我们同样应重视加强教育界对城市模型的普及与发展。原因在于，我国城市规划正面向“精细化编制与管理”转型，同时我国已经进入国土空间规划时代，利用城市模型解决“三线三区”及“双评价”等问题，符合国土空间规划“科学化”“定量化”“精细化”的核心要求。

由此可见，在业界如此高的需求之下，城乡规划学科对于城市模型教育的普及与发展亟待加强。而据笔者不完全统计，中国大陆仅有清华大学与同济大学两所高校开办城市模型相关课程。清华大学为龙瀛老师授课的城市模型概论课程，面向对象为高年级本科生，课程旨在使学生熟悉重要概念，包括城市模型、城市形态、城市空间发展、土地使用与交通模型、元胞自动机、多智能体、人工智能和大数据等，并可以利用实证数据和量化模型来支持城市决策；同济大学为朱玮老师授课的城市模拟与规划课程，面向对象为本科三年级学生，课程重点讲授多代理人模拟软件 NetLogo 的技术原理和操作方法，旨在使学生将所学原理技能用于解决城市规划的问题，具有能够面向实际规划应用编写程序的能力。综上所述，当下对于城市模型相关知识的普及与教授还远远不够。在业界的急迫需求下，未来教育界应加强对其的支持，例如：本科生增设城市模型相关课程，普及相关知识，引导学生重视量化方法，掌握利用模型解决城市问题的能力；研究生增设城市模型相关竞赛与课程，在熟练掌握城市模型应用的基础上，具备针对实际问题建模并提出解决策略的能力。

参考文献

[1] ANAS A, LIU Y. A regional economy, land use, and transportation model (RELU-TRAN©): formulation, algorithm design, and testing [J]. Journal of Regional Science, 2007, 47(3): 415-455.

[2] ANAS A. METROSIM: a unified economic model of transportation and land-use [M]. Williamsville, NY: Alex Anas & Associates, 1994.

[3] Armas R, Aguirre H, Daolio F, et al. An effective EA for short term evolution with small population for traffic signal optimization[C]// Computational Intelligence. 2017.

[4] BATTY M. Smart cities, big data [J]. Environment and Planning B: Planning and Design, 2012, 39(2): 191-193.

[5] CLARKE K C, HOPPEN S, GAYDOS L. A self-modifying cellular automaton model of historical urbanization in the San Francisco Bay Area [J]. Environment Planning B: Planning and Design, 1997, 24(2): 247-261.

[6] DUARTE F, RATTI C. The impact of autonomous vehicles on cities: a review[J]. Journal of Urban Technology, 2018, 25(4): 3-18.

[7] ECHENIQUE M H, FLOWERDEW A D, HUNT J D, et al. The MEPLAN models of Bilbao, Leeds and Dortmund [J]. Transport Reviews, 1990, 10(4): 309-322.

[8] HUNT J D, ABRAHAM J E. Design and implementation of PECAS: a generalised system for allocating economic production, exchange and consumption quantities [M]//LEE-GOSSELIN M E H, DOHERTYS T. Integrated land-use and transportation models: behavioural foundations. Emerald Group Publishing Limited. 2005: 253-273.

[9] JJUMBA A, DRAGIĆEVIĆ S. High resolution urban land-use change modeling: agent iCity approach [J]. Applied Spatial Analysis and Policy, 2012, 5(4): 291-315.

[10] KILBRIDGE M D, BLOCK R P, TEPLITZ P V. Urban analysis [M]. Boston: Harvard University, 1970.

[11] LANDIS J D. The California urban futures model: a new generation of metropolitan simulation models [J]. Environment Planning B: Planning and Design, 1994, 21(4): 399-420.

[12] LANDIS J, ZHANG M. The second generation of the California urban futures model. Part 1: Model logic and theory [J]. Environment Planning B: Planning and Design, 1998, 25(5): 657-666.

[13] LANDIS J, ZHANG M. The second generation of the California urban futures model. Part 2: specification and calibration results of the land-use change submodel [J]. Environment Planning B:Planning and Design, 1998, 25(6): 795-824.

[14] LEE D B. Requiem for large-scale models [J]. Journal of the American Institute of Planners, 1973, 39(3): 163-178.

[15] LI X, SHI X, HE J, et al. Coupling simulation and optimization to solve planning problems in a fast-developing area [J]. Annals of the Association of American Geographers, 2011, 101(5):1032-1048.

[16] LIU X P, LIANG X, LI X, et al. A future land use simulation model (FLUS) for simulating multiple land use scenarios by coupling human and natural effects [J]. Landscape and Urban Planning, 2017, 168: 94-116.

[17] LONG Y. Redefining Chinese city system with emerging new data [J]. Applied Geography, 2016, 75: 36-48.

[18] LONG Y, MAO Q Z, DANG A R. Beijing urban development model: urban growth analysis and simulation [J]. Tsinghua Science and Technology, 2009, 14(6): 782-794.

[19] LONG Y, WU K. Shrinking localities in booming urbanization of China (2000-2010)[J/OL]. Environment and Planning A, 2015, doi: 10.1068/a150025g.

[20] LONG Y, WU K. Simulating block-level urban expansion for national wide cities [J]. Sustainability, 2017, 9(6): 879.

[21] MARTINEZ F. MUSSA: land use model for Santiago city [J]. Transportation Research Record, 1996, 1552(1): 126-134.

[22] MILLER E J, HUNT J D, ABRAHAM J E, et al. Microsimulating urban systems [J]. Computers, Environment and Urban Systems, 2004, 28(1-2): 9-44.

[23] MODELISTICA. TRANUS integrated land use and transport modeling system version 5.0. 1995. (Modelistica, Caracas, Venezuela)

[24] OSWALT P, RIENIETS T, SCHIRMEL H, et al. Atlas of shrinking cities[M]. Ostfildern, Germany: Hatje Cantz Verlag, 2006.

[25] PAGLIARA F, WILSON A. The state-of-the-art in building residential location models [M]//PAGLIARA F, PRESTON J, SIMMONDS D. Residential location choice: models and applications. Berlin, Heidelberg; Springer. 2010.

[26] PUTMAN S H. EMPAL and DRAM location and land use models: a technical overview [M]. Land Use Modelling Conference. Dallas, TX; Urban Simulation Laboratory, Department of City and Regional Planning, University of Pennsylvania. 1995.

[27] SIMMONDS D C. DELTA model design [M]. Cambridge, UK: David Simmonds Consultancy, 1996.

[28] SMITH D A. Employment accessibility in the London Metropolitan Region: developing a multi-modal travel cost model using open trip planner and average road speed data [J/OL]. 2018.

[29] WADDELL P. Dynamic microsimulation: urban sim [M]. 2011.

[30] WADDELL P. UrbanSim: modeling urban development for land use, transportation, and environmental planning [J]. Journal of the American planning association, 2002, 68(3): 297-314.

[31] WEGENER M. Reduction of CO_2 emissions of transport by reorganisation of urban activities [M]//HAYASHI Y, ROY J. Transport, land-use and the environment. Dordrecht; Kluwer Academic Publishers, 1996: 103-24.

[32] WEIDNER T, DONNELLY R, FREEDMAN J, et al. A summary of the Oregon TLUMIP model microsimulation modules; proceedings of the 86th Annual Meeting of the Transportation Research Board, Washington DC, F, 2007 [C]. Citeseer.

[33] 冯健，周一星，李伯衡，等. 城乡划分与监测[M]. 北京：科学出版社, 2012.

[34] 惠彦，金志丰，陈雯. 城乡地域划分和城镇人口核定研究——以常熟市为例[J]. 地域研究与开发，2009，28(1): 42-46.

[35] 刘伦，龙瀛，麦克·巴蒂. 城市模型的回顾与展望——访谈麦克·巴蒂之后的新思考[J]. 城市规划, 2014, 38(8): 63-70.

[36] 龙瀛. 高度重视人口收缩对城市规划的挑战[J]. 探索与争鸣, 2015(6): 32-33.

[37] 龙瀛，刘伦. 新数据环境下定量城市研究的四个变革[J]. 国际城市规划, 2017, 32(1): 64-73.

[38] 龙瀛，毛其智，沈振江，等. 北京城市空间发展分析模型[J]. 城市与区域规划研究, 2010, 3(2): 180-212.

[39] 龙瀛, 沈振江, 毛其智. 城市系统微观模拟中的个体数据获取新方法[J]. 地理学报, 2011, 66(3): 416-426.
[40] 龙瀛, 吴康. 中国城市化的几个现实问题: 空间扩张、人口收缩、低密度人类活动与城市范围界定[J]. 城市规划学刊, 2016(2): 72-77.
[41] 龙瀛, 吴康, 王江浩. 中国收缩城市及其研究框架[J]. 现代城市研究, 2015(9): 14-19.
[42] 龙瀛, 吴康, 王江浩, 等. 大模型: 城市和区域研究的新范式[J]. 城市规划学刊, 2014(6): 52-60.
[43] 龙瀛, 叶宇. 人本尺度城市形态: 测度、效应评估及规划设计响应[J]. 南方建筑, 2016(5): 41-47.
[44] 龙瀛, 周垠. 图片城市主义: 人本尺度城市形态研究的新思路[J]. 规划师, 2017, 33(2): 54-60.
[45] 马爽, 龙瀛. 中国城市实体地域识别: 社区尺度的探索[J]. 城市与区域规划研究, 2019, 11(1): 37-50.
[46] 毛其智, 龙瀛, 吴康. 中国人口密度时空演变与城镇化空间格局初探——从 2000 年到 2010 年[J]. 城市规划, 2015, 39(2): 38-43.
[47] 牛强, 胡晓婧, 周婕. 我国城市规划计量方法应用综述和总体框架构建[J]. 城市规划学刊, 2017(1): 71-78.
[48] 宋小冬, 柳朴, 周一星. 上海市城乡实体地域的划分[J]. 地理学报, 2006, 61(8): 787-797.
[49] 唐婧娴, 龙瀛. 特大城市中心区街道空间品质的测度——以北京二三环和上海内环为例[J]. 规划师, 2017, 33(2): 68-73.
[50] 唐婧娴, 龙瀛, 翟炜, 等. 街道空间品质的测度、变化评价与影响因素识别——基于大规模多时相街景图片的分析[J]. 新建筑, 2016(5): 110-115.
[51] 万励, 金鹰. 国外应用城市模型发展回顾与新型空间政策模型综述[J]. 城市规划学刊, 2014(1): 81-91.
[52] 吴康, 龙瀛, 杨宇. 京津冀与长江三角洲的局部收缩: 格局、类型与影响因素识别[J]. 现代城市研究, 2015(9): 26-35.
[53] 杨东峰, 龙瀛, 杨文诗, 等. 人口流失与空间扩张:中国快速城市化进程中的城市收缩悖论[J]. 现代城市研究, 2015(9): 20-25.
[54] 张宇, 郑猛, 张晓东, 等. 北京市交通与土地使用整合模型开发与应用[J]. 城市发展研究, 2012, 19(2): 108-115.
[55] 张昭希, 龙瀛. 穿戴式相机在研究个体行为与建成环境关系中的应用[J]. 景观设计学, 2019, 7(2): 22-37.
[56] 郑思齐, 霍燚, 张英杰, 等. 城市空间动态模型的研究进展与应用前景[J]. 城市问题, 2010(9): 25-30.
[57] 周一星. 关于明确我国城镇概念和城镇人口统计口径的建议[J]. 城市规划, 1986(3): 10-15.
[58] 周一星. 城市规划寻路[M]. 北京: 商务印书馆, 2013.
[59] 周一星, 史育龙. 建立中国城市的实体地域概念[J]. 地理学报, 1995(4): 289-301.

[欢迎引用]
龙瀛, 张雨洋. 城市模型研究展望[J]. 城市与区域规划研究, 2021, 13(1): 1-17.
LONG Y, ZHANG Y Y. Prospects on urban modeling application and research[J]. Journal of Urban and Regional Planning, 2021,13(1): 1-17.

基于水—土地—能源联结的国土空间系统解析框架

曹祺文　顾朝林　管卫华　鲍　超　叶信岳

Analytical Framework of Territorial Space System Based on Water-Land-Energy Nexus

CAO Qiwen[1], GU Chaolin[2], GUAN Weihua[3,4], BAO Chao[5,6], YE Xinyue[7]
(1. Beijing Municipal Institute of City Planning & Design, Beijing 100045, China; 2. School of Architecture, Tsinghua University, Beijing 100084, China; 3. School of Geography, Nanjing Normal University, Nanjing 210023, China; 4. Jiangsu Center for Collaborative Innovation in Geographical Information Resource Development and Application, Nanjing 210023, China; 5. Institute of Geographic Sciences and Natural Resources Research, CAS, Beijing 100101, China; 6. College of Resources and Environment, University of Chinese Academy of Sciences, Beijing 100049, China; 7. Department of Landscape Architecture and Urban Planning, Texas A&M University, TX 77843, USA)

Abstract Territorial and spatial planning is an important measure to promote ecological progress, new-type urbanization and the modernization of national governance system and capacity. Accordingly, it will be inevitably required to be more rationalized and scientific. In this context, a scientific and comprehensive analysis of the territorial space system is of significant theoretical and practical values. This paper regards the territorial space system as a complex giant

作者简介
曹祺文，北京市城市规划设计研究院；
顾朝林，清华大学建筑学院；
管卫华，南京师范大学地理科学学院、江苏省地理信息资源开发与利用协同创新中心；
鲍超，中国科学院地理科学与资源研究所、中国科学院大学资源与环境学院；
叶信岳，德州农工大学风景园林与城市规划系。

摘　要　作为助推生态文明建设、新型城镇化发展以及促进国家治理体系和治理能力现代化的重要举措，国土空间规划需要不断迈向理性化和科学化。在此背景下，对国土空间系统进行科学、综合的解析具有重要的理论和实践价值。文章将国土空间视为一个复杂巨系统，提出将多要素联结作为解析国土空间的系统性视角，在明确国土空间系统内涵和多要素构成的基础上，尝试分析了国土空间所涉及的经济、人口、社会、水、土地和能源等关键要素系统的交互作用关系，建立了基于水—土地—能源联结的国土空间系统解析框架，以期为科学认知国土空间系统提供理论基础。

关键词　国土空间；水；土地；能源；联结；复杂巨系统

1　引言

进入生态文明新时代，我国原有空间规划体系迫切需要转型和创新。在此背景下，融合各类空间规划的国土空间规划，作为国家空间发展的指南、可持续发展的空间蓝图，需要迈向理性化和科学化。然而，规划的基本研究对象国土空间系统正变得愈加复杂多变、充满不确定性。一方面，我国经济已由高速增长阶段转向高质量发展阶段，城镇化、老龄化两大趋势在未来将并行推进；另一方面，在快速工业化、城镇化发展过程中，自然系统面临着资源消耗量大、环境污染严重、气候变化等多元而严峻的问题，生态环境对城市与区域发展的约束作用趋紧。与此相应，国土空间以山水林田湖草“生命共同体”的载体形式，承

system, and puts forward that the multi-element nexus can be applied as a comprehensive research perspective. After clarifying the connotation and multi-element composition of the territorial space system, the paper analyzes the interaction among key subsystems related to the territorial space system, such as economy, population, society, water resources, land, and energy. Then an analytical framework for the territorial space system based on the water-land-energy nexus is established, which may provide a theoretical basis for the scientific understanding of the territorial space system.
Keywords territorial space; water resource; land; energy; nexus; complex giant system

载了地域空间内的社会经济活动和人口分布，是一个涵盖人类和自然系统相关要素的复杂巨系统。因此，明确国土空间的系统构成，对于进一步开展国土空间系统综合研究和指引规划实践具有重要的价值。

然而，尽管国土空间规划在一定程度上建立在对原有空间类规划优势和理论传承的基础上，但目前有关国土空间规划诸多方面的理论仍需不断深入探讨，特别是对于国土空间系统内涵的认知仍然相对薄弱，系统化解构国土空间的理论研究尚不多见。因此，本文从系统综合的联结视角出发，尝试对国土空间的多要素构成进行分析，建立基于水—土地—能源联结的国土空间系统解析框架，以期为探索国土空间系统的内涵和构成提供理论基础。

2 解析国土空间的系统性视角：水—土地—能源联结

世界经济论坛发布的《全球风险 2011（第六版）》将“水—粮食—能源联结”问题作为一项风险焦点，指出在全球日益快速的人口和财富增长中，任何仅关注水—粮食—能源中的部分关系而忽视整体联结性的战略都将产生严重的不可预期性后果（World Economic Forum，2011）。2011 年德国波恩“水—能源—粮食安全联结”研讨会尝试探索绿色经济的路径方案，认为跨部门的时空联系日益增强，仅基于单一部门视角的政策和决策方式应让位于联结的系统性思维，因为后者有利于提高效率、减少权衡、构建协同关系和改善跨部门治理水平（Hoff，2011）。此外，国际应用系统分析研究所、全球环境基金和联合国工业发展组织合作开展水、能源和土地的综合解决方案（Integrated Solutions for Water，Energy，and Land，ISWEL）项目，在分析人口增长、中产阶级增多和城镇化等深层社会经济趋势基础上，将能源—经济系统、农业—经济系统、水文—经济系统整体关联，模拟不同解决方案和政策情景，以输出协同解决方案集，辅助多部门热点分析以及政策和投资战略（IIASA，2018）。

当前，联结关系研究中关注度最高的基本要素是水、粮食、能源（Endo et al.，2017；Daher and Mohtar，2015；Yi et al.，2020；Han et al.，2020；Abulibdeh and Zaidan，2020；Willaarts et al.，2020），也有部分研究开始转向水、土地、能源（Silalertruksa and Gheewala，2018；Kahil et al.，2018）。水、能源、粮食、土地是国土空间利用过程中最基本的要素，其与农业生产、工业发展、居民生活等相互作用和联结（Cai et al.，2018；Hoff，2011），为满足人类生计和福祉提供了重要生态系统服务（Biggs et al.，2015）。在全球人口增长、产业发展、气候变化的综合影响下，为满足未来对粮食和饲料的需求，到2050年全球农业生产能力需提升近70%，农业土地约需增长10%（Bruinsma，2009；Davis et al.，2015）。兰宾等（Lambin et al.，2011）指出，全球化对土地利用变化产生一种"反弹效应"（rebound effect），如农业集约化可能因变得更为有利可图而带来更多而非更少的耕地扩张，从而增强土地稀缺性的影响。相应地，2050年全球需水量将增长至12 400立方千米（Hanjra and Qureshi，2010），即使通过提高农业灌溉效率、改善水资源管理和开展雨养农业，也可能产生3 300立方千米的水资源缺口（de Fraiture et al.，2007；Molden et al.，2010）。工业生产、水资源和土地开发、居民生活等产生的能源消费也在增加，世界能源理事会预测在能源供需平衡的条件下，2050年世界一次能源供给量在不同情景中将增加27%～61%（World Energy Council，2013）。

总体而言，联结思维旨在突破仅从单一部门考虑问题的割裂视角，尝试识别不同子系统之间的关联关系，有利于描述和解决自然资源系统的复杂关联特性，其功能在于综合分析国土空间系统中的人地耦合关系，通过构建协同、管理权衡的方式实现跨部门、跨尺度的自然资源综合管理（FAO，2014）。对于联结关系的把握应是动态综合的（Smajgl et al.，2016），而非静态的单一部门视角（Keskinen et al.，2016）。据此，水—土地—能源联结作为一种系统性思维，可用于解析国土空间系统，进而辅助新时代国土空间规划。

3 水—土地—能源联结理论框架研究进展

当前，有关水—土地—能源联结的理论框架总体在两方面表现出不同程度差异：一是框架对经济、社会等其他外部子系统的相对包容程度，本文据此将相关理论框架分为封闭式与开放式两种类型；二是联结子系统内部关联模式从部门拆解到系统综合程度的差别，本文据此将理论框架区分出整体型、主次型与交叉型三个层次。

3.1 包容程度：封闭式与开放式框架类型

由于研究目的和尺度不尽相同，相关联结研究在考虑经济、社会、气候、环境等其他子系统对水、能源、粮食、土地等核心子系统的作用和关联程度方面有所不同，即根据联结理论框架对其他子系统的相对包容程度，可将其分为封闭式、开放式两种类型。但此处所指的封闭和开放是相对的，前者在一定程度上也可能包含若干其他外部要素，只是其通常被作为联结系统外的背景环境进行描述，与水、能源、粮食、土地等核心子系统的关联程度远小于后者。

封闭式的联结框架聚焦于水、能源、粮食、土地等资源系统自身，重点分析联结系统形成的综合特征及内部之间的复杂关系和作用机制（Zhang et al.，2018；Silalertruksa and Gheewala，2018）。如马丁内斯-埃尔南德斯等（Martinez-Hernandez et al.，2017）将用于模拟生态系统动态的生态子模型和用于模拟输入输出关系的技术子模型相结合，构建了联结模拟系统 NexSym。该系统在英国生态城镇设计中的应用改善了当地资源平衡状况，满足了全部电力需求，实现了更充分的碳捕集和生物量供给，并促进了水资源再利用和粮食生产。拉苏尔（Rasul，2014）以南亚为例，探讨了区域粮食—水—能源的内部关系，分析表明南亚联结关系中最显著的特征是下游对上游生态系统服务的高度依赖性，旱季时需要其提供用于灌溉、发电、饮用的水资源以及土壤肥力和养分，故需要跨部门整合以提高资源使用效率和生产率。

开放式的联结框架将其他相关子系统纳入其中，分析外部驱动力变化对水、能源、粮食/土地等核心系统的影响，为有限资源在各部门的分配权衡提供分析工具（Karabulut et al.，2018）。喀希尔等（Kahil et al.，2018）将有关局地水文和技术限制的详细表征与区域政策相结合，考虑水、能源和农业部门之间的反馈，为水资源供需管理方案、不同社会经济和气候变化情景的经济影响，以及经济和环境目标之间的潜在权衡等提供了评估。李桂君等（2016）将自然属性和社会属性同时纳入联结系统中，构建了以水—能源—粮食为主体，涵盖社会、经济、环境等子系统的复杂因果关联网络，实现对北京市水—能源—粮食可持续发展的模拟研究。卡拉布吕特等（Karabulut et al.，2018）构建的生态系统—水—土地—粮食—能源安全联结框架中，将政治、社会经济和环境驱动力作为生态系统服务供给的风险因子，而生态系统服务则是人类福祉、资源供给和绿色经济增长的核心维持要素，框架中体现了生态系统服务、自然资源安全供应和获取及其与外部驱动因素之间的密切关系。

3.2 关联模式：整体型、主次型与交叉型框架层次

若根据对水、能源、粮食、土地等核心要素部门拆解或系统综合程度的不同，可将联结理论框架分为整体型、主次型与交叉型三种层次。

整体型的联结研究框架将水、能源、粮食、土地等关键要素置于一个综合大系统，强调对上述要素资源的整体评估和分析（李桂君等，2016），每个维度在其中的重要程度基本相同。由于具有明显的系统性和综合性，此类框架总体更适于对全球、国家、区域等宏观尺度联结关系的研究，多采用宏观性指标。如克劳库纳斯等（Kraucunas et al.，2015）搭建了区域综合模型分析框架和平台 PRIMA，旨在辅助区域决策者更深入地理解在气候—能源—土地—水相互作用背景下的可行选择。决策者可根据规划、政策中的实际关注需求而灵活选取评估模型和结果。源自国际原子能机构（International Atomic

Energy Agency，2009）的 CLEW 联结框架也将气候、土地、能源、水作为关键资源部门进行整合评估和分析，以避免在资源评估和政策制定中因缺乏整合而导致战略不一致及资源使用效率低下（Howells et al.，2013）。

主次型的联结研究框架通常以某一要素为中心，尤其是水常被置于联结系统的核心（Kahil et al.，2018），同时兼顾其与其他节点系统的关联关系，以便辅助该中心部门决策者在进行战略规划时考虑其他相关部门的影响。此类框架是一种基于部门管理和运营的研究视角，但因框架中内嵌了对水、能源、粮食等联结系统的主次之分，难免对研究框架的综合性产生一定影响，总体更适于对流域等相对中宏观尺度联结关系的研究。如卡拉布吕特等（Karabulut et al.，2016）以生态系统的水资源供给服务为核心，构建了生态系统—水—粮食—能源联结框架，其中包含了对生态系统产水能力，水资源在能源生产、农业、工业、环境等多部门的分配和流动，以及水资源稀缺性、水资源市场价值等的评估。克鲁格等（Krueger et al.，2020）提出了在理想运行空间（desirable operating space，DOS）内平衡安全性、韧性和可持续性的城市供水系统联结框架，安全层主要为供水，需匹配水资源、基础设施、金融资本、管理效能和社区适应性；韧性层包括供水和其他部门，需加强部门间协调性以确保系统韧性；可持续性层面增加了更多部门，跨部门反馈的作用更加突显。

交叉型联结研究框架则聚焦水、能源、粮食、土地等系统生产、开发与利用过程中的输入输出流等具体关联关系，研究成果可更好地辅助决策者在上述过程中及时进行协调与管理应对，促进系统运行状态优化。但因对这种详细微观交叉联系的刻画需以大量特定精细化数据为支撑，此类框架相对更适对流域、局域等中微观联结关系的研究。如比格斯等（Biggs et al.，2015）在引入环境生计安全概念的基础上，构建了水—能源—粮食联结，定义了保障生计安全的水、能源和粮食系统内部以及系统之间主要“流”的类型。

3.3 联结框架的综合特性

联结理论框架的本质是要打破仅从单一资源部门出发的孤立研究视角，将关键部门要素融于一个具有多重关联关系的复杂系统。根据前述对其他子系统相对包容程度和核心要素关联模式的分析，本文将联结框架归结为六种类型：封闭式—整体型、封闭式—主次型、封闭式—交叉型、开放式—整体型、开放式—主次型、开放式—交叉型（图 1、表 1）。当然，在实际研究中框架所包含的联结子系统未必只能是三个，也可根据研究目的作适当调整，如水—能源联结（Perrone et al.，2011）、气候—土地—能源—水联结（Hermann et al.，2012）等，此处仅以常见的三个联结子系统为例作图示。

封闭式—交叉型、封闭式—主次型、封闭式—整体型的联结研究框架总体更侧重分析核心联结子系统的内部作用关系，弱化对核心要素以外其他相关子系统动态及其影响的关注。相对而言，这三类框架对各联结子系统在开发、消费、管理等全过程中具体输入输出流之间关系路径的分析依次减弱，但对联结系统整体结构综合性的强调依次增强。

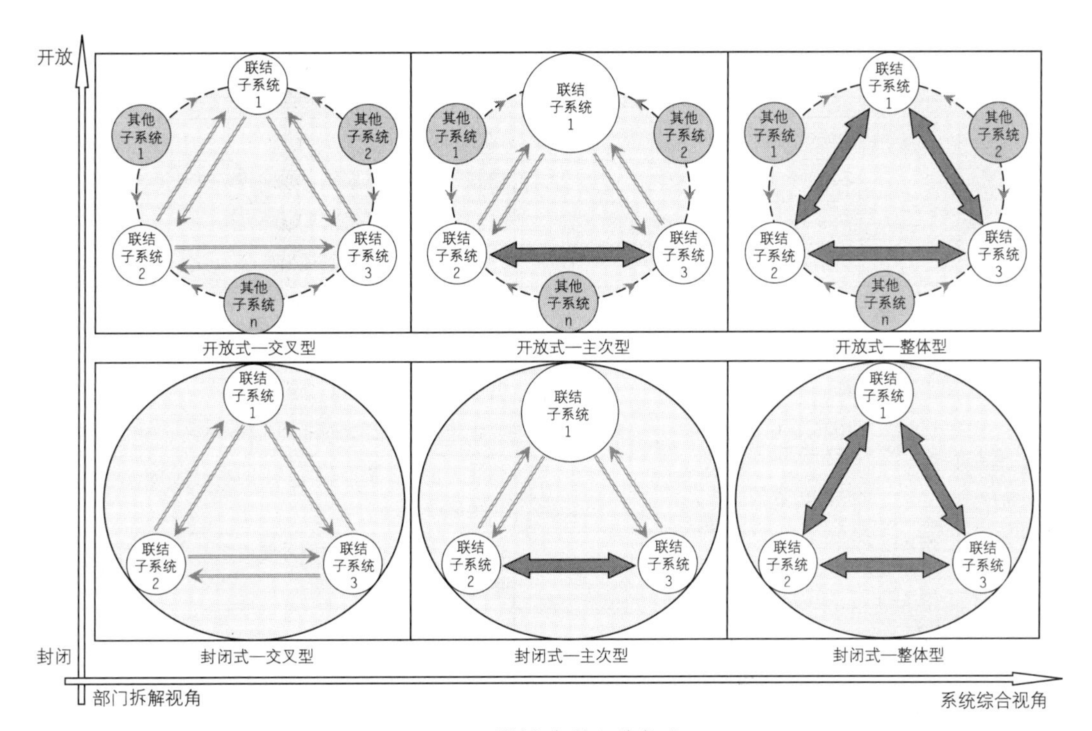

图 1　联结框架的六种类型

表 1　六种类型联结框架的案例研究

包容程度	关联模式	案例文献	相关说明
封闭式	整体型	IAEA，2009；Howells et al.，2013	气候—土地—能源—水联结（CLEW）
		Rasul，2014	以联结视角关注粮食、水、能源安全问题
		Yi et al.，2020	基于水—能源—粮食联结的可持续发展评估
	主次型	（1）以水为核心	
		Susnik et al.，2018	Horizon 2020 project SIM4NEXUS
		Siciliano et al.，2017	资源评估方法
		Hermann et al.，2012	CLEW 修正
		Yang et al.，2016	水文经济水系统模型
		Karabulut et al.，2016	基于产水能力、水资源利用、水资源稀缺性和价值评估的联结框架
		（2）以能源为核心	
		Zhao et al.，2018	对数平均迪氏指数法（LMDI）
		Senger and Spataru，2015	水—能源—土地联结 ＋ 电力发展情景

续表

包容程度	关联模式	案例文献	相关说明
封闭式	交叉型	Daher and Mohtar，2015	WEF Nexus Tool 2.0
		Scanlon et al.，2017	粮食—能源—水联结，面向稀缺资源管理
		Rasul，2016	整合三个部门的政策和战略框架
		Martinez-Hernandez et al.，2017	水—能源—粮食联结模拟系统 NexSym
开放式	整体型	Kraucunas et al.，2015	多模型耦合方法
		李桂君等，2016	系统动力学
		Halbe et al.，2015	基于因果环图（CLD）的定性分析
	主次型	Kahil et al.，2018	以水为核心，自底向上大尺度水文经济模型 ECHO
		Bahri，2020	以水为核心，基于系统原型的水—能源—粮食—土地联结分析
		Ringler et al.，2013	以粮食为核心，面向资源使用效率改善的水—能源—土地—粮食联结
		Lechon et al.，2018	以能源为核心，生命周期评估+能源优化模型 Times-Spain
	交叉型	Biggs et al.，2015	面向环境生计安全的水—能源—粮食联结

开放式—交叉型、开放式—主次型、开放式—整体型的联结研究框架总体更关注水、能源、土地等核心子系统与其他外部子系统之间的作用关系，强调外部系统变化对核心联结子系统的驱动和影响。由于涉及多个内外部系统，开放式框架的复杂性比封闭式更为明显，且可包容更多资源要素外子系统的影响。类似地，这三种框架对联结子系统具体关联路径的刻画和表征相对依次减弱，但对联结系统结构整体综合特性的强调相对依次增强。

3.4 存在问题与展望

系统性的联结研究思维突破了仅从单一部门考虑问题的割裂视角，开展跨部门、协同式的综合分析，正逐步成为自然资源、国土空间相关领域新的研究范式。但是，一方面，有待深化拓展以水—土地—能源为主的联结框架。粮食在当前多数联结研究中相较于土地成为更主要的维度，也即水、粮食、能源成为联结系统的主控因素，但若能以土地替代粮食作为联结系统的一维主控要素，明确水—土地—能源联结的多要素构成，则联结系统将具备更广泛的内涵。粮食系统主要反映了农业生产和农业空间，但土地系统则可在此基础上进一步涵盖城镇空间和生态空间，并且按照新古典经济理论，土地还是一种驱动经济发展的生产要素。另一方面，现有联结研究框架以相对封闭式、主次型框架为主，重点关注了水、能源、粮食、土地等核心主控系统的关联关系，对经济、人口、社会等子系统的纳入程度较为有限并将其视为外部系统。未来应当构建出可容纳包含水、土地、能源、经济、人口、社会等多系统的开放式、整体型联结框架，进而为解析承载多要素交互作用关系的国土空间系统提供科学依据。

4 多要素联结的国土空间系统内涵

《全国主体功能区规划》将国土空间定义为“国家主权与主权权利管辖下的地域空间，是国民生存的场所和环境，包括陆地、陆上水域、内水、领海、领空等”[①]。高品质国土空间是实现高质量发展的基础支撑（董祚继，2019）。对于国土空间的认知，多数学者认为其不仅是人类生存与城镇化发展的物质空间载体和利用对象（林坚等，2016），更是自然与人类系统交互作用和影响的统一体（曹小曙，2019），也即认识到国土空间作为一种有机体和复杂系统的两大特点。

作为有机体的国土空间，通常强调其作为一种连续完整系统的整体性、系统性，从山水林田湖草生命共同体、人水土气生（动植物）综合体等视角对国土空间加以理解，强调在当前自然资源管理框架和规划体系之下，需要由多部门协同参与和管理，以对国土空间进行“整体保护、系统修复与综合治理”（白中科等，2019；邹兵，2018）。林坚等（2018）将国土空间视为一种具有不同维度的有机整体，根据其内涵特性区分出“区域型”国土空间和“要素型”国土空间，其中，前者强调国土空间作为综合性的地域单元，是一定空间范围内由人类活动与自然资源环境综合汇总的结果，后者则强调国土空间作为各类自然资源要素与生态环境的载体。

作为复杂系统的国土空间，承载了不同类型的多重要素，并且要素之间存在复杂的交互作用关系和影响（张衍毓等，2016），是具有生产、生活、生态等多功能性的复合系统（岳文泽等，2018）。国土空间复杂系统中涉及土地、水、矿产、生态以及社会经济等多类型要素，以人地耦合系统为核心的地理系统认知是研究国土空间的科学基础（曹小曙，2019），其本质是如何处理好经济发展与人口、资源、环境之间的关系问题（张晓玲等，2017）。面向科学适度有序的国土空间布局体系，黄贤金（2019）提出要构建“秩序国土”，认为“秩序国土”是政治、社会、经济、文化、生态等多重因素时空协同过程在国土空间的具体体现，更是支撑可持续发展的理想空间格局。

基于前述对国土空间内涵的解析，本文认为国土空间是一个具有开放性、综合性的复杂巨系统，不应仅从边界封闭、部门局部的视角加以理解。因此，本文将国土空间视为由经济、人口、社会、水、土地和能源等关键要素系统构成，并且要素之间相互联系、交互作用的综合联结系统（图2）。

5 基于水—土地—能源联结的国土空间系统解析框架

在明确国土空间作为复杂巨系统内涵的基础上，本文进一步提出基于水—土地—能源联结的国土空间系统解析框架（图3）。总体而言，该框架涉及经济、人口、社会发展、水、土地和能源子系统

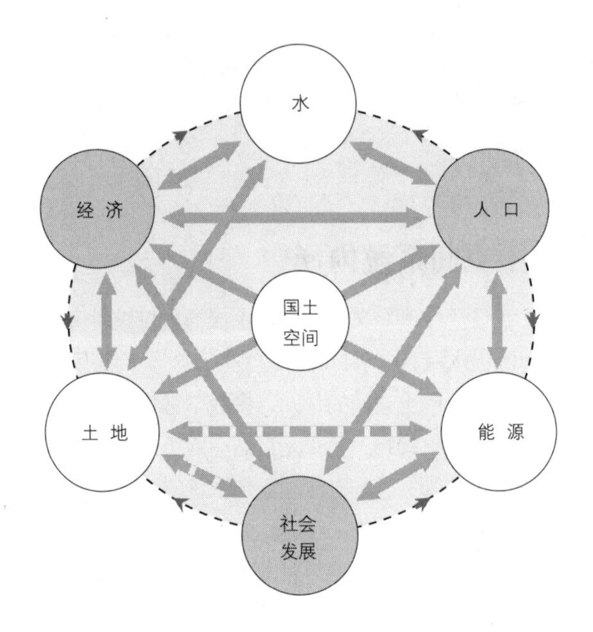

图2 多要素联结的国土空间系统

（顾朝林等，2017、2020；Gu et al.，2017、2020；曹祺文等，2019、2021）。其中，经济增长、人口变化、社会发展水平提高构成了城市与区域发展的主要过程，也是驱动国土空间开发利用的主要动力，其对以水、土地和能源为主控要素的生态环境产生扰动及压力作用。在这种驱动作用下，生态环境可能发生明显变化，对国土空间开发利用的影响做出响应。如果城市与区域发展长期处于无序状态，逼近乃至超出生态环境承载能力，那么，不断恶化的生态环境状况也将对城市与区域发展构成约束效应。反之，若能有效引导形成科学适度有序的国土空间布局体系，则城市与区域发展、生态环境保护之间也可形成和谐的良性互动关系。

具体而言，经济子系统构成影响国土空间开发利用的重要驱动力，其逻辑内涵是基于新古典经济理论的区域经济增长过程和动力机制，即资本积累、劳动力增加和技术进步构成经济增长的基本因素。该子系统主要包括产业增长、资本存量、劳动力等部分。在产业增长部分，国内生产总值由第一、二、三产业增加值构成。其中，第一、二、三产业增长分别受到相应产业劳动力和资本存量的驱动，并受益于综合技术水平进步。资本存量由第一、二、三产业资本存量构成，并直接推动各产业增长。同时，经济发展水平的整体提升也将促进资本积累。劳动力部分则包括第一、二、三产业劳动力，其规模与乡村和城市15～64岁人口相关。同时，第二、三产业生产发展所形成的劳动力需求将吸引农村剩余劳动力由农村迁移至城市就业，对城镇化过程产生影响。

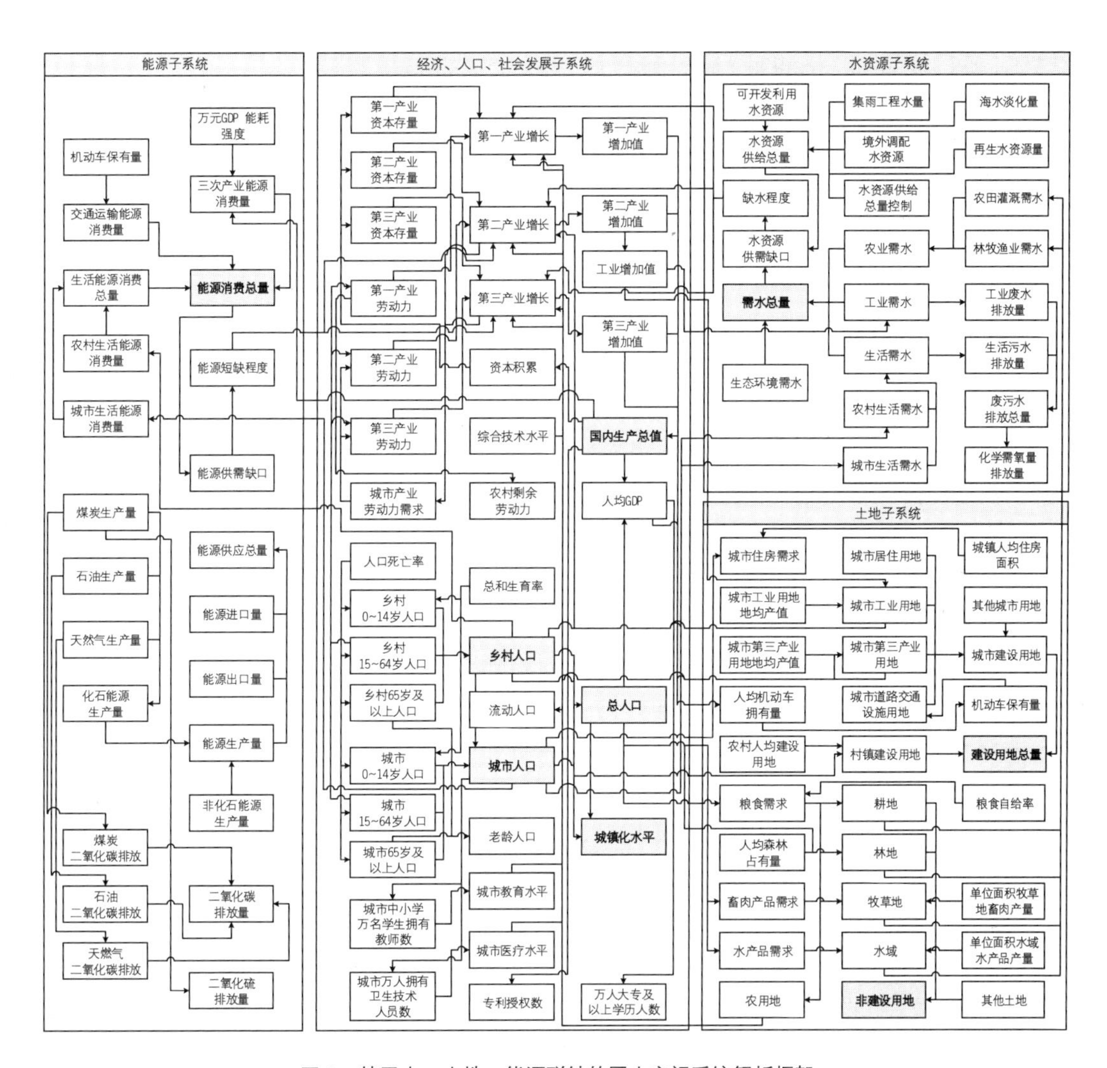

图 3　基于水—土地—能源联结的国土空间系统解析框架

人口子系统是影响国土空间开发利用的另一个重要驱动力，并且人口总量、城乡结构、老龄化程度的动态变化在本质上会通过影响劳动力、人力资本和物质资本投入等生产要素流动与变化而影响经济发展。该子系统主要包括城市人口、乡村人口部分。其中，城乡人口均可按 0～14 岁、15～64 岁和 65 岁及以上人口进行分组。总和生育率水平决定了城乡 0～14 岁人口。城乡 15～64 岁人口构成了第一、二、三产业劳动力的主体。城乡 65 岁及以上人口为老龄人口，反映了人口老龄化趋势，将通过影响劳动力供给而与经济子系统关联。此外，在城镇化过程中，第二、三产业的快速发展产生了不断增长的劳动力需求，吸引了农村剩余劳动力，城乡教育资源和医疗卫生条件的不平衡也在一定程度促进了人口迁移。由此，城镇化过程也通过影响劳动力结构变化而影响了产业增长。

社会发展子系统主要包括教育、医疗和创新产出部分。其中，教育主要涉及城市中小学师资水平和万人大专及以上学历人数。医疗主要涉及城市万人拥有卫生技术人员数。随着城市发展水平提升和相关政策支持，城市教育和医疗水平不断提升，将在一定程度上成为促进人口城镇化的动力因素。此外，创新产出部分则主要涉及专利授权数，一方面，创新水平的提高有利于促进经济增长；另一方面，经济发展水平的提升有利于增加相关研究经费和科技研发投入，从而提升创新产出水平。

水子系统构成生态环境的一项主控因子，包括水资源供给、水资源需求和水资源环境三部分，与人口、经济、土地子系统发生直接联系。水资源供给部分主要反映了多源水供给，需严格水资源管理，合理控制全国用水总量。水资源需求主要涉及农业、工业、生活和生态需水。在未来发展中，应提高农业灌溉用水效率，大力发展节水农业；提高工业用水效率，降低工业用水规模；合理配置城乡生活用水，满足居民生活用水需求；优先保障生态环境用水，着力改善水生态环境。水资源环境部分则主要反映工业和生活废污水以及化学需氧量排放，以表征水环境质量。

土地子系统包括非建设用地和建设用地两部分，并与人口、经济、水子系统发生直接联系。一方面，耕地是保障粮食安全的基础，满足居民对口粮、畜牧饲料和加工用量的需求。森林覆盖则是发挥林地重要生态和生产功能的前提。牧草地和水域则可分别满足居民对肉蛋奶等畜肉产品以及水产品的相关需求。此外，耕地、林地、牧草地和水域作为农用地，成为第一产业发展的重要生产要素，并向水子系统形成了农业用水需求。另一方面，城市居住用地满足了城镇化过程中城市居民日益增长的住房需求。城市工业和第三产业用地则保障了工业生产与第三产业发展的需求。城市道路交通设施用地为逐渐增加的机动车保有量和交通物流需求提供了基础。村镇建设用地满足了乡村人口生产生活需求。

能源子系统是关乎环境胁迫的一项关键因子。该子系统包括能源供给、能源消费和能源环境部分，并与人口子系统、经济子系统发生直接联系。能源供应总量主要涉及化石能源和非化石能源生产，并受到能源进口量和能源出口量的影响，反映了能源生产结构和能源供需平衡状况。在“碳中和”总体目标下，未来应当大幅压缩煤炭生产，提高非化石能源比重，打造绿色低碳能源体系。能源需求部分主要涉及三次产业能源消费、生活能源消费和交通运输能源消费。应当不断推动能源技术进步，降低能耗强度。能源环境部分则涉及二氧化碳排放和二氧化硫排放，反映了能源结构的环境影响和胁迫。

6 结语

在生态文明新时代，我国规划体系面临着转型的重大需求，支持理性和科学国土空间规划决策的相关研究亟待深入开展，其中，厘清国土空间系统的基本内涵显得尤为重要。本文将国土空间视为一个具有开放性、综合性的复杂巨系统，提出将系统联结作为解析国土空间的综合研究视角，在明确了国土空间所涉及的经济、人口、社会、水、土地和能源等关键要素系统构成的基础上，尝试解析了国土空间多要素系统之间相互联系、交互作用的复杂关系，从而建立了基于水—土地—能源联结的国土空间系统解析框架。研究成果为丰富对国土空间系统内涵的认知做出了探索，并可进一步为建立基于多要素耦合关系的国土空间系统综合仿真模型提供理论架构，从而辅助科学、理性的国土空间要素布局和优化。

致谢

本文改编自曹祺文清华大学博士论文“多要素—多维度—多系统的国土空间规划SD模型研究”。研究得到国家自然科学基金重大项目课题“特大城市群地区城镇化与生态环境交互胁迫的动力学模型与阈值测算”资助，成果吸收了重大项目课题组相关阶段性成果，在此一并诚表感谢！

注释

① http://www.gov.cn/zhengce/content/2011-06/08/content_1441.htm.

参考文献

[1] ABULIBDEH A, ZAIDAN E. Managing the water-energy-food nexus on an integrated geographical scale[J]. Environmental Development, 2020, 33: 100498.

[2] BAHRI M. Analysis of the water, energy, food and land nexus using the system archetypes: a case study in the Jatiluhur reservoir, West Java, Indonesia[J]. Science of the Total Environment, 2020, 716: 137025.

[3] BIGGS E M, BRUCE E, BORUFF B, et al. Sustainable development and the water-energy-food nexus: a perspective on livelihoods[J]. Environmental Science & Policy, 2015, 54: 389-397.

[4] BRUINSMA J. The resource outlook to 2050: by how much do land, water and crop yields need to increase by 2050? In: How to feed the World in 2050. Proceedings of a technical meeting of experts. 24-26 June 2009. (P. Conforti, ed.). Rome, Italy, 2009: 1-33.

[5] CAI X, WALLINGTON K, SHAFIEE-JOOD M, et al. Understanding and managing the food-energy-water nexus-opportunities for water resources research[J]. Advances in Water Resources, 2018, 111: 259-273.

[6] DAHER B T, MOHTAR R H. Water-energy-food (WEF) Nexus Tool 2.0: guiding integrative resource planning and decision-making[J]. Water International, 2015, 40(5-6SI): 748-771.

[7] DAVIS K F, D'ODORICO P, RULLI M C. Moderating diets to feed the future[J]. Earths Future, 2015, 2(10): 559-565.

[8] DE FRAITURE C, SMAKHTIN V, BOSSIO D, et al. Facing climate change by securing water for food, livelihoods and ecosystems[J]. Journal of SAT Agricultural Research, 2007, 4: 1-21.

[9] ENDO A, TSURITA I, BURNETT K, et al. A review of the current state of research on the water, energy, and food nexus[J]. Journal of Hydrology: Regional Studies, 2017, 11(SI): 20-30.

[10] GU C, GUAN W, LIU H. Chinese urbanization 2050: SD modeling and process simulation[J]. Science China Earth Sciences, 2017, 60(6): 1067-1082.

[11] GU C, YE X, CAO Q, et al. System dynamics modelling of urbanization under energy constraints in China[J].

Scientific Reports, 2020, 10: 9956.

[12] HALBE J, PAHL-WOSTL C, A. LANGE M, et al. Governance of transitions towards sustainable development – the water-energy-food nexus in Cyprus[J]. Water International, 2015, 40(5-6): 877-894.

[13] HAN D, YU D, CAO Q. Assessment on the features of coupling interaction of the food-energy-water nexus in China[J]. Journal of Cleaner Production, 2020, 249: 119379.

[14] HANJRA M A, QURESHI M E. Global water crisis and future food security in an era of climate change[J]. Food Policy, 2010, 35(5): 365-377.

[15] HERMANN S, WELSCH M, SEGERSTROM R E, et al. Climate, land, energy and water (CLEW) interlinkages in Burkina Faso: an analysis of agricultural intensification and bioenergy production[J]. Natural Resources Forum, 2012, 36(4): 245-262.

[16] HOFF H. Understanding the NEXUS. Background paper for the Bonn 2011 conference: the water, energy and food security nexus[M]. Stockholm: Stockholm Environment Institute, 2011.

[17] HOWELLS M, HERMANN S, WELSCH M, et al. Integrated analysis of climate change, land-use, energy and water strategies[J]. Nature Climate Change, 2013, 3(7): 621-626.

[18] International Atomic Energy Agency (IAEA). Seeking sustainable climate land energy and water (CLEW) strategies[R]. 2009.

[19] International Institute for Applied Systems Analysis (IIASA). Integrated solutions for water, energy, and land (ISWEL)[EB/OL]. http://www.iiasa.ac.at/web/home/research/iswel/ISWEL.html. 2018-12-20.

[20] KAHIL T, PARKINSON S, SATOH Y, et al. A continental-scale hydroeconomic model for integrating water-energy-land nexus solutions[J]. Water Resources Research, 2018, 54(10): 7511-7533.

[21] KARABULUT A, CRENNA E, SALA S, et al. A proposal for integration of the ecosystem-water-food-land-energy (EWFLE) nexus concept into life cycle assessment: a synthesis matrix system for food security[J]. Journal of Cleaner Production, 2018, 172: 3874-3889.

[22] KARABULUT A, EGOH B N, LANZANOVA D, et al. Mapping water provisioning services to support the ecosystem-water-food-energy nexus in the Danube river basin[J]. Ecosystem Services, 2016, 17: 278-292.

[23] KESKINEN M, GUILLAUME J H A, KATTELUS M, et al. The water-energy-food nexus and the transboundary context: insights from Large Asian Rivers[J]. Water, 2016, 8(5): 193.

[24] KRAUCUNAS I, CLARKE L, DIRKS J, et al. Investigating the nexus of climate, energy, water, and land at decision-relevant scales: the platform for regional integrated modeling and analysis (PRIMA)[J]. Climatic Change, 2015, 129(3-4): 573-588.

[25] KRUEGER E H, BORCHARDT D, JAWITZ J W, et al. Balancing security, resilience, and sustainability of urban water supply systems in a desirable operating space[J]. Environmental Research Letters, 2020, 15(3): 35007.

[26] LAMBIN E F, MEYFROIDT P. Global land use change, economic globalization, and the looming land scarcity[J]. Proceedings of the National Academy of Sciences, 2011, 108(9): 3465-3472.

[27] LECHON Y, DE LA RUA C, CABAL H. Impacts of Decarbonisation on the water-energy-land (WEL) nexus: a case study of the Spanish electricity sector[J]. Energies, 2018, 11(5): 1203.

[28] MARTINEZ-HERNANDEZ E, LEACH M, YANG A. Understanding water-energy-food and ecosystem

interactions using the nexus simulation tool NexSym[J]. Applied Energy, 2017, 206: 1009-1021.

[29] MOLDEN D, OWEIS T, STEDUTO P, et al. Improving agricultural water productivity: between optimism and caution[J]. Agricultural Water Management, 2010, 97(4): 528-535.

[30] PERRONE D, MURPHY J, HORNBERGER G M. Gaining perspective on the water-energy nexus at the community scale[J]. Environmental Science & Technology, 2011, 45(10): 4228-4234.

[31] RASUL G. Food, water, and energy security in South Asia: a nexus perspective from the Hindu Kush Himalayan region[J]. Environmental Science & Policy, 2014, 39: 35-48.

[32] RASUL G. Managing the food, water, and energy nexus for achieving the sustainable development goals in South Asia[J]. Environmental Development, 2016, 18: 14-25.

[33] RINGLER C, BHADURI A, LAWFORD R. The nexus across water, energy, land and food (WELF): potential for improved resource use efficiency?[J]. Current Opinion in Environmental Sustainability, 2013, 5(6): 617-624.

[34] SCANLON B R, RUDDELL B L, REED P M, et al. The food-energy-water nexus: transforming science for society[J]. Water Resources Research, 2017, 53(5): 3550-3556.

[35] SENGER M, SPATARU C. Water-energy-land nexus-modelling long–term scenarios for Brazil. In: UKSim-AMSS 9th IEEE European Modelling Symposium on Computer Modelling and Simulation (EMS). Madrid, Spain, 2015: 266-271.

[36] SICILIANO G, RULLI M C, D'ODORICO P. European large-scale farmland investments and the land-water-energy-food nexus[J]. Advances in Water Resources, 2017, 110: 579-590.

[37] SILALERTRUKSA T, GHEEWALA S H. Land-water-energy nexus of sugarcane production in Thailand[J]. Journal of Cleaner Production, 2018, 182: 521-528.

[38] SMAJGL A, WARD J, PLUSCHKE L. The water-food-energy nexus – realising a new paradigm[J]. Journal of Hydrology, 2016, 533: 533-540.

[39] SUSNIK J, CHEW C, DOMINGO X, et al. Multi-stakeholder development of a serious game to explore the water-energy-food-land-climate nexus: the SIM4NEXUS approach[J]. Water, 2018, 10(2): 139-159.

[40] United Nations Food and Agriculture Organization (FAO). The water-energy-food nexus a new approach in support of food security and sustainable agriculture[R]. 2014.

[41] WILLAARTS B A, LECHON Y, MAYOR B, et al. Cross-sectoral implications of the implementation of irrigation water use efficiency policies in Spain: a nexus footprint approach[J]. Ecological Indicators, 2020, 109: 105795.

[42] World Economic Forum (WEF). Global risks: an initiative of the risk response network[M]. 6th Edition. Cologne/Geneva, Switzerland: World Economic Forum, 2011.

[43] World Energy Council (WEC). World energy scenarios: composing energy futures to 2050[R]. United Kingdom, London: WEC, 2013.

[44] YANG Y C E, RINGLER C, BROWN C, et al. Modeling the agricultural water-energy-food nexus in the Indus River Basin, Pakistan[J]. Journal of Water Resources Planning and Management, 2016, 142(12): 04016062.

[45] YI J, GUO J, OU M, et al. Sustainability assessment of the water-energy-food nexus in Jiangsu Province, China[J]. Habitat International, 2020, 95: 102094.

[46] ZHANG J, CAMPANA P E, YAO T, et al. The water-food-energy nexus optimization approach to combat

agricultural drought: a case study in the United States[J]. Applied Energy, 2018, 227: 449-464.
[47] ZHAO R, LIU Y, TIAN M, et al. Impacts of water and land resources exploitation on agricultural carbon emissions: the water-land-energy-carbon nexus[J]. Land Use Policy, 2018, 72: 480-492.
[48] 白中科，周伟，王金满，等. 试论国土空间整体保护、系统修复与综合治理[J]. 中国土地科学, 2019, 33(2): 1-11.
[49] 曹祺文，鲍超，顾朝林，等. 基于水资源约束的中国城镇化 SD 模型与模拟[J]. 地理研究, 2019, 38(1): 167-180.
[50] 曹祺文，顾朝林，管卫华. 基于土地利用的中国城镇化 SD 模型与模拟[J]. 自然资源学报，2021，36(4): 1062-1084.
[51] 曹小曙. 基于人地耦合系统的国土空间重塑[J]. 自然资源学报, 2019, 34(10): 2051-2059.
[52] 董祚继. 新时代国土空间规划的十大关系[J]. 资源科学, 2019, 41(9): 1589-1599.
[53] 顾朝林，管卫华，刘合林. 中国城镇化 2050: SD 模型与过程模拟[J]. 中国科学：地球科学，2017，47(7): 818-832.
[54] 顾朝林，田莉，管卫华，等. 国家规划: SD 模型与参数——城镇化与生态环境交互胁迫的动力学模型与阈值测算[M]. 北京：清华大学出版社, 2020.
[55] 黄贤金. 生态文明建设与国土空间用途管制[J]. 中国土地, 2019(11): 9-11.
[56] 李桂君，李玉龙，贾晓菁，等. 北京市水—能源—粮食可持续发展系统动力学模型构建与仿真[J]. 管理评论，2016, 28(10): 11-26.
[57] 林坚，刘松雪，刘诗毅. 区域—要素统筹：构建国土空间开发保护制度的关键[J]. 中国土地科学，2018，32(6): 1-7.
[58] 林坚，柳巧云，李婧怡. 探索建立面向新型城镇化的国土空间分类体系[J]. 城市发展研究，2016，23(4): 51-60+2.
[59] 岳文泽，代子伟，高佳斌，等. 面向省级国土空间规划的资源环境承载力评价思考[J]. 中国土地科学，2018，32(12): 66-73.
[60] 张晓玲，赵雲泰，贾克敬. 我国国土空间规划的历程与思考[J]. 中国土地, 2017(1): 15-18.
[61] 张衍毓，陈美景. 国土空间系统认知与规划改革构想[J]. 中国土地科学, 2016, 30(2): 11-21.
[62] 邹兵. 自然资源管理框架下空间规划体系重构的基本逻辑与设想[J]. 规划师, 2018, 34(7): 5-10.

[欢迎引用]
曹祺文，顾朝林，管卫华，等. 基于水—土地—能源联结的国土空间系统解析框架[J]. 城市与区域规划研究，2021，13(1): 18-32.
CAO Q W, GU C L , GUAN W H, et al. Analytical framework of territorial space system based on water-land-energy nexus[J]. Journal of Urban and Regional Planning, 2021,13(1): 18-32.

系统动力学模型在市级国土空间规划中的应用探索

易好磊　顾朝林　曹祺文　曹根榕

Application of System Dynamics Model in Territorial and Spatial Planning at the Municipal Level

YI Haolei[1], GU Chaolin[1], CAO Qiwen[2], CAO Genrong[1]
(1. School of Architecture, Tsinghua University, Beijing 100084, China; 2. Beijing Municipal Institute of City Planning & Design, Beijing 100045, China)

Abstract As a carrier of production and life, municipal-level territorial space is an essential element for achieving high-quality development and a crucial support for sustainable development. Research in this area is indispensable for providing better service for people as well as a living environment of a higher quality. Based on an analysis of the demand for the territorial and spatial planning at the municipal level during this transition period of China, this paper brings in the system dynamics (SD) model and summarizes its application in urban planning and its advantages on the basis of literature review. The paper further analyzes the construction of a national-level SD model and then proposes an application framework at the municipal level. It is verified in the Hinggan League, which proves the feasibility of applying the national-level SD model in the territorial and spatial planning at the municipal level. In addition, based on the simulation results, double evaluation and land use evaluation results, it puts forwards a spatial layout of the municipal-level territorial space elements, which may provide a reference for the territorial and spatial planning at the municipal level that is being explored.

Keywords territorial and spatial planning; system dynamics model; "double evaluations"

作者简介
易好磊、顾朝林、曹根榕，清华大学建筑学院；
曹祺文，北京市城市规划设计研究院。

摘　要　市级国土空间作为生产、生活的载体，是实现高质量发展的重要场所，也是推动可持续发展的重要支撑。为更好地服务于人民，提供更高品质的生活空间，对其的规划研究必不可少。文章在分析转型期市级国土空间规划需求的基础上，引入了系统动力学的模型研究方法，在文献综述的基础上，总结了系统动力学在规划应用中的发展及优点，并在分析国家层面构建的系统动力学模型的基础上，提出了国家层面 SD 模型在市级国土空间规划中的应用方法，并在兴安盟进行了验证，证明了其应用的可行性；而后，根据模拟结果、“双评价”和土地利用评价结果，提出了市级国土空间要素的空间布局设想，为目前正在探索的市级国土空间规划提供借鉴。

关键词　国土空间规划；系统动力学模型；“双评价”

以规划引领经济社会发展，是党治国理政的重要方式，是中国特色社会主义发展模式的重要体现（武廷海等，2019）。自机构改革方案发布以来，规划行业一直在探索能与新行政体系相衔接并能满足新时代需求的规划体系。目前，多级多类的国土空间规划体系已经成为共识：全国国土空间总体规划凸显战略性，内容要对全国国土空间开发保护做出全局安排；省级国土空间规划侧重协调性，承接全国国土空间规划并指导市县国土空间规划的编制；市县国土空间总体规划侧重实施性，要细化上级国土空间的要求并对本级国土空间开发保护做出具体安排。市级国土空间规划作为其中的关键环节，在国土空间规划体系中起到了承上启下的作用，对其规划方法的探讨具有重要的意义。

市级国土空间的概念类似于宋家泰（2009）界定的“城市—区域”概念的第一种情况，即行政区域的城市区域，包括了城市及其周边地区。这就与传统城市规划存在差异，在过去的研究和规划中，研究范围集中在城市，对城市周边地区关注较少，并且过去规划的内容主要是确定城市性质、规模和发展方向，确定城市土地利用，协调城市空间布局并对各项建设进行部署和安排，但这仅仅概括了城市建设活动的状况，无法体现城市的演变，也不能反映城市人群之间、要素之间、城市与周围环境之间的关系和相互作用，而这种关系和相互作用才是城市发展的基本原理（Batty，2013）。同时，传统规划的结果呈现一种终极的发展情景，而市级国土空间系统是一个经济、社会、自然生物物理环境等诸多因素的综合描述，内部要素之间存在着多重、复杂的反馈关系，这些反馈关系并不都是简单的线性关系，往往还呈现高阶次、非线性特征，并随着时间的推移都处于不断的运动变化之中。因此，新时期的市级国土空间规划应该要既考虑要素之间的相互作用，也考虑要素之间复杂的动态反馈关系，这就不能完全依靠传统定性分析或者单要素分析的手段或方法，而应考虑将“定性分析”和“定量分析”相结合，进行综合的研究。再者，城市扩展会导致自然栖息地丧失、栖息地碎片化、区域物种变化（McDonald et al.，2020；Alberti et al.，2017）、物种多样性降低（Aronson et al.，2014；Knapp et al.，2012）、气候变化（Sun et al.，2016）以及生物进化（Johnson and Munshi，2017），正确理解城市发展与这些变化的关系，或将成为城市向可持续发展的关键部分。

基于此，本文引入系统动力学的研究方法，将市级国土空间看作一个城市内部要素相互作用并与周边环境紧密联系且处于不断变化之中的生物“有机体”（Batty，2013），在构建要素相互关系的基础上，探索满足于现实需求的城市发展的最佳要素规模，并探索最佳规模下的要素布局方案。具体而言，研究包含两部分内容：一是将已经构建的国家层面的国土空间规划系统动力学模型，应用于市级国土空间规划中；二是根据预测情景方案，提出要素空间布局的具体设想，为正在探索的市级国土空间规划提供支持。

1 系统动力学及其研究进展

系统动力学（system dynamics，SD）强调以系统、整体的观点，联系、发展、运动的观点，以反馈控制理论为基础，借助计算机进行模拟仿真，定量地研究高层次、非线性、多重多反馈复杂时变系统的系统分析理论与方法，是认识系统问题和沟通自然与社会科学等领域的桥梁（熊鹰等，2015；王其藩，1994）。在市级国土空间规划领域应用系统动力学模型，就是要将市级国土空间作为研究对象，选择影响国土空间的关键变量（要素），进而建立变量之间的相互关系，形成城市国土空间系统动力学模型，进行情景设计以及对未来进行预测，进而寻找最佳发展情景并确定要素配置规模，实现人、资源、环境的协调发展。

系统动力学在国土空间领域的应用最早可追溯至 20 世纪 50 年代，弗雷斯特（Forrester）的著作

《城市动力学》（*Urban Dynamics*），将城市看作一个整体的系统，对不同增长情景进行了模拟（Batty，2013），开启了系统动力学模型在城市领域进程。而后，弗雷斯特和罗马俱乐部一起出版了《世界动力学》（*World Dynamics*）和《增长的极限》（*The Limits to Growth*）（顾朝林等，2016），其结论给人们敲响了警钟，也掀起了世界范围内系统动力学模型应用的浪潮。此后，系统动力学研究蓬勃发展，在各个学科中被广泛应用（Torres，2019）。其在规划领域的研究，主要有四个方面：城市单要素的研究、城市系统和土地扩展研究、城镇化与生态环境耦合研究以及复杂大系统的动力学模型研究（顾朝林等，2016）。在城市单要素研究方面，王小军等（Wang et al.，2015）提出了不同气候变化情景下的系统动力学模型，包括外部环境、供水、需水和水价系统，并以榆林市为案例评估了气候变化、人口增长和经济发展对西北地区榆林市水资源需求的影响。城市系统和土地扩展研究方面，钟伟等（2016）建立了城市交通碳排放与土地利用的系统动力学模型，得到了增加土地混合利用程度较增加土地利用强度更能较少碳排放的结论；赵俊三等（2015）从多尺度空间关联耦合的角度出发，构建了土地利用变化多尺度驱动力系统动力学耦合模型，并在云南省、昆明市、宜良县三个不同尺度区域进行了验证，认为其基本达到了对三级实证研究区土地利用变化及其多尺度驱动机理时域行为的再现与模拟。城镇化与生态环境耦合研究方面，崔丹等（Cui et al.，2019）认为水污染和水资源短缺的问题将限制城市社会经济和水环境系统的可持续协调发展，因此提出了一种系统动力学模型和耦合协调度模型组成的综合模型，对昆明市的经济发展与水环境进行了模拟分析，结果表明昆明市 2022～2025 年向着高度平衡的发展模型转变；马历、龙花楼（2020）构建了乡村地域系统的系统动力学模型，模拟了自然增长、高速发展、保护发展和协调发展情景下乡村系统的社会、经济、资源和环境演化趋势。复杂大系统的动力学模型研究方面，主要是 SD 模型与其他模型的结合，如与 CA 模型的结合、与 3S（RS，GPS，GIS）技术的结合（Xu and Coors，2012）等。除此之外，近些年研究集中在模型有效性测试或者其他一些相似的过程，据统计 1985～2017 年，在系统动力学评论杂志上引用率最高的前 100 条文章中有 32%涵盖了 SD 模型有效性、置信度和测试主题（Torres，2019）。这些研究在一定程度上解决了对国土空间研究系统性不足、对空间未来发展预测不够、空间要素间关系及相互作用不清等问题，构建的模型清晰反映了空间各要素的动态变化，对城市政策制定起到了支持作用。但总体来看，还有一些不足限制了其在规划领域的大量应用：首先，系统动力学技术在建立框架模型和设计状态变量、速率变量等参量时虽有过程范式，但主要取决于建模者对研究对象的主观认识和个人意愿，缺乏相对统一的概念模型分析手段，即使对同一研究对象和同一问题，也可能出现差异很大的模型构架，导致分析结果可能相距甚远（杨顺顺，2017）；其次，系统动力学模型缺乏空间处理和表现能力（Kelly et al.，2013），而国土空间与区域资源环境禀赋联系紧密，使得这一需求又极为现实。

随着技术发展，系统动力学在规划领域应用不足的问题也在进一步研究。首先，针对系统动力学建模过程形式化程度低的问题，贾仁安等（1998）原创了流率基本入树法（RIT）创建因果关联图；彭乾等提出了以 PSR（压力—状态—反应，可进一步扩展为 DPSIR 分析框架）为代表的软系统分析技术，进一步规范了系统动力学前期的概念模型设计（彭乾等，2016 ；Lu et al.，2016 ；Liao et al.，

2016）。此外，复杂适应系统理论的SBC（结构—背景—变化）范式（郝斌、任浩，2008）、产业经济学的SCP（结构—行为—绩效）范式（安莹，2016）等框架分析技术也被应用到系统动力学框架模型设计之中。其次，针对空间化不足的问题，将系统动力学与地理信息系统（GIS）结合应用的研究也逐渐增多。阿哈默德（Ahmad）等将系统动力学与GIS联用的方法称为空间系统动力学，认为其在水资源管理领域应用前景广泛（安莹，2016）；官冬杰等（Guan et al.，2011）采用SD-GIS联用技术，以重庆市为例分析了城市经济资源环境系统的动态演化和可持续发展；张波等（2009）采用GIS-SD模型开发了水污染事故模拟系统并应用于松花江水污染事故仿真；王行风等（2013）基于SD-CA（元胞自动机）-GIS集成方法，讨论了山西省矿区人类活动环境积累效应。这些研究的成果弥补了系统动力学研究的建模问题，为其在国土空间规划中的应用提供了基础，但在模拟结果的空间化问题上尚未提出有效的方案。

2 国家层面系统动力学模型架构

在国家层面，将系统动力学的概念引入国土空间规划，形成了国家层面国土空间规划系统动力学模型，弥补了系统动力学模型在国土空间规划方面研究不足的问题（曹祺文，2021）；同时，其内部将国土空间分为人口、经济、社会、能源、水资源和土地资源等子系统，并从整体上对模型变量、参数等进行了设计，解决了模型构建过程形式化程度较低的问题，奠定了其在市级国土空间规划中应用的基础（顾朝林等，2020）。

整体上看，国家层面的SD模型分为四个大的子系统，分别为社会经济子系统、水资源子系统、土地资源子系统和能源子系统。社会经济子系统，主要包括工业、经济、人口、城镇、教育等层级要素系统，主要由经济发展、人口与社会、公共服务三个方面集成，模型考虑了城市和乡村不同产业部门增长速度、劳动生产率和劳动力需求三者之间的相互关系，特别是随着经济的发展，农业生产率提高，部分农业人口转变为非农业人口（图1）。模型方程主要基于生产函数模型，多为非线性方程（顾朝林等，2017）。水资源子系统，主要包括了水资源供给、水资源需求和水环境质量三个方面的内容，其构建过程既考虑了资本劳动力等生产要素转移和配置、产业发展等社会经济发展动力和过程，也考虑了生产、生活以及生态环境所驱动的水资源利用状况。同时将水资源子系统通过城镇生活需水、农村生活需水等变量与社会经济子系统发生直接联系（曹祺文等，2021）。土地利用模型子系统主要分两个模块，分别为建设用地模块和非建设用地模块。建设用地模块包括城市居住用地、城市工业用地、城市第三产业用地等用地类型；非建设用地模块包括耕地、粮食产量、牧草地等变量，具体的参数、方程及存量流量图在先前的研究中已有提及（曹祺文等，2021）。能源子系统包括三个部分：①总能源：煤炭、石油、天然气和非化石能源；②能源消耗：工业能源消耗、住宅能源消耗和交通能源消耗；③能源环境指标：单位GDP能源强度、能源消耗产生的二氧化碳和二氧化硫排放量。其模型变量、存量流量图在顾朝林等（Gu et al.，2020）的研究中已有陈述。

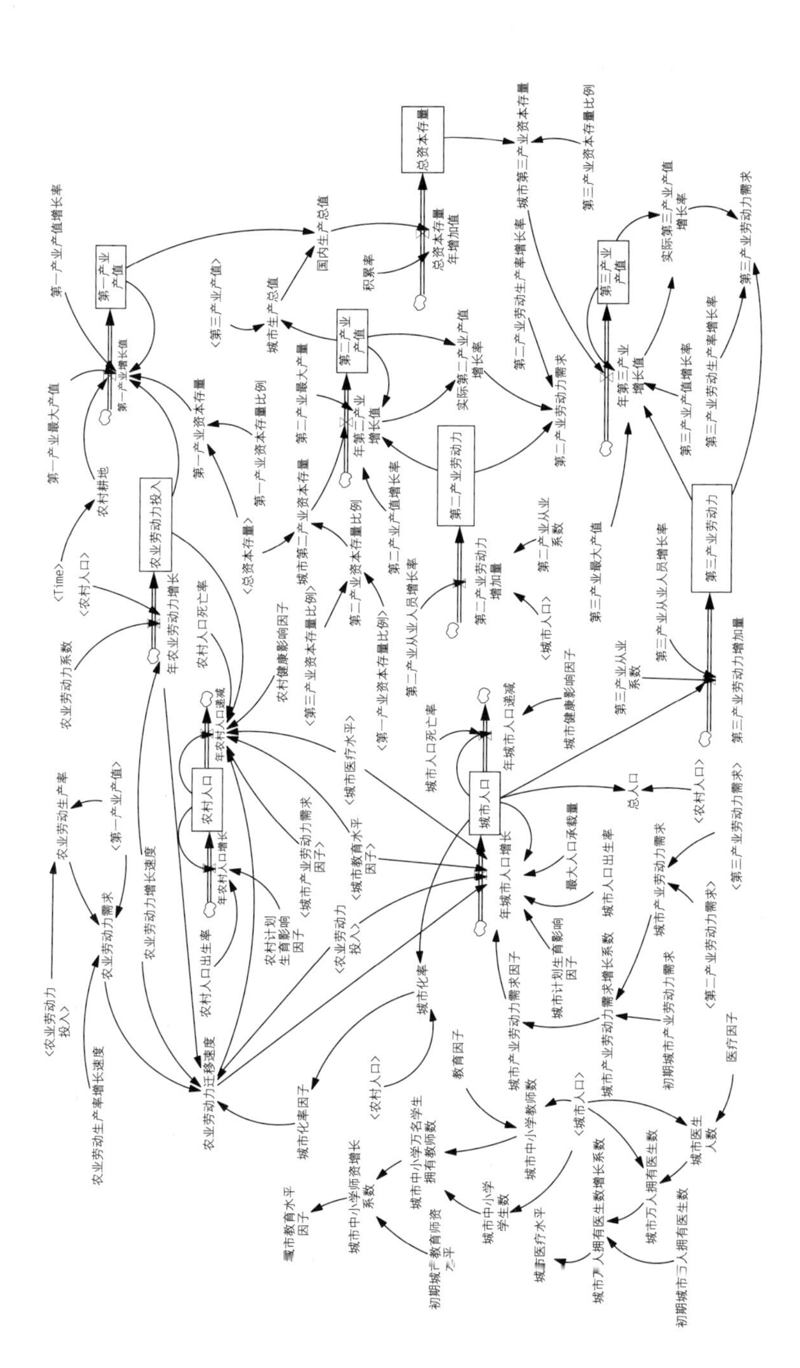

图 1　中国城镇化 SD 模型存量流量图

资料来源：顾朝林，2017。

国家层面系统动力学模型的准确性和灵敏性已经得到验证（顾朝林等，2017；曹祺文等，2019；曹祺文等，2021；Gu et al.，2020），其模型较好的应用性也已被证明。顾朝林等（2017）根据构建的模型设置了不同的计划生育政策和GDP增长率，对2050年的中国城镇化进行了模拟，得到了中国城镇化还需20年左右才能完成，中国城镇化率在2050年将达到75%左右的结论。曹祺文等（2019）对城镇化发展情形和用水方案的不同情景进行了模拟，模拟结果显示：经济发展水平、人口与水资源利用呈现正相关关系；综合用水方案有利于实现水资源节约、高效、可持续利用。曹祺文（2020）对土地子系统进行了验证，发现检验变量误差率在5%以内，灵敏度检验大部分在10%以内，说明基于土地利用的中国城镇化SD模型模拟效果良好。顾朝林等（Gu et al.，2020）等设置了经济发展优先、减排约束和低碳转型三个情景并进行了模拟，结果表明：低碳转型情景下，既能满足低碳减排和保护环境的要求，又能保障中国城镇化的快速发展，使2050年中国城镇化水平达到76.40%，较为符合中国未来的发展方向。

综上所述，国家层面系统动力学模型架构完整、运行可靠，能系统、有效地反映国土空间内部要素间的关系，并能对未来的要素变化情况进行预测，是国土空间规划实践应用的有效工具。

3 市级国土空间规划的系统动力学模型应用

基于上文国家层面的系统动力学模型，提出其在城市层面国土空间规划中的应用方法，就是将国家模型进行尺度转换并进行部分子系统结构调整，形成市级国土空间规划系统动力学模型，以寻找规划期末国土空间要素配置的最优规模。同时，针对模拟结果空间化不足的问题，提出要素空间布局的具体设想。

3.1 国家层面SD模型在市级国土空间规划中的应用

3.1.1 国家层面SD模型和市级国土空间SD模型的差异分析

系统动力学模型要成功解决现实问题，需要紧密关联三个因素，即模型的目的、模型的边界和模型的数据（钟永光等，2013）。从模型目的来看，国家层面SD模型分析了中国的社会经济与水资源、能源、土地和环境的动态变化关系，并预测了最优发展情景下各变量的值；市级国土空间规划SD模型的研究目的与国家模型一致，但研究的地域从国家层面“下沉”到了城市层面。从模型边界来看，研究问题决定了状态变量的选取和因果关系图的建立，国家层面和市级国土空间层面的研究问题差异不大，所以模型边界（影响因素）差异不大。从模型数据来看，国家层面SD模型利用的是国家数据，市级国土空间规划SD模型利用的是城市数据，模型数据的差异，会导致模型中方程和参数的差异。因此，国家层面SD模型的“下沉”应用，关键是利用城市数据对模型参数和方程的调整。

3.1.2 国家层面SD模型在兴安盟国土空间规划中的应用

基于上述分析，利用兴安盟数据，调整国家层面SD模型参数及方程，因果关系图和存量流量图见顾朝林等（2020）的研究，并根据兴安盟地方需求，进一步完善修改了生态子系统（图2），形

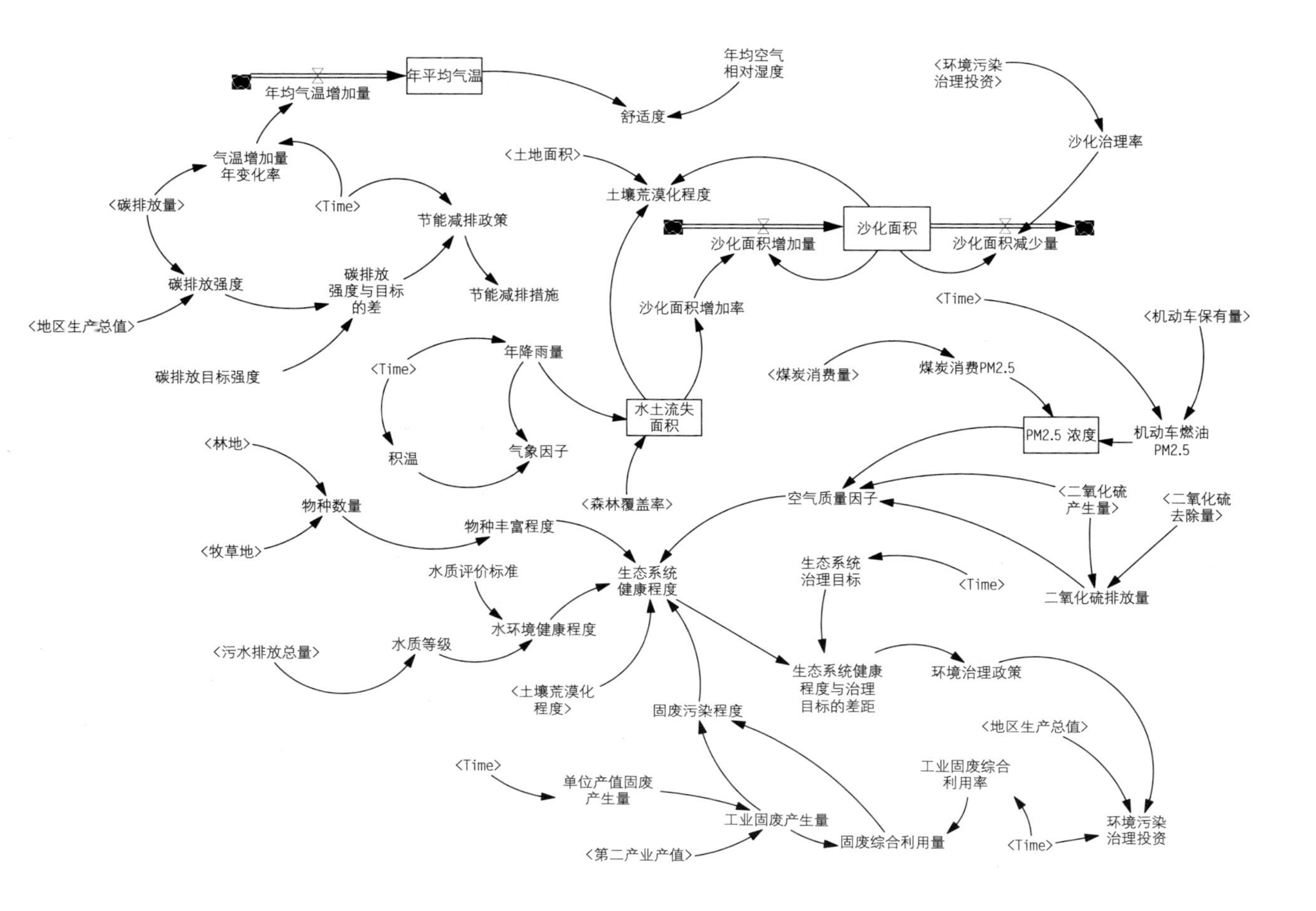

图 2 兴安盟系统动力学模型生态子系统存量流量图

成兴安盟国土空间规划 SD 模型。在此基础上，利用历史检验方法和敏感性检验的方法对模型进行验证（表 1），结果表明，除城市建设用地总量（数据统计有误差）外，其他关键变量的值平均相对误差均在 10%以内，说明模型较为可靠，可以运行。

表 1 兴安盟国土空间规划系统动力学模型关键变量历史检验

关键变量	平均相对误差（%）
地区生产总值	6.16
第一产业产值	9.95
第二产业产值	9.25
第三产业产值	3.91
总人口	2.36
城市人口	2.74
乡村人口	2.72
耕地	0.02
林地	4.12
牧草地	3.24
城市建设用地总量	11.19
年平均气温	8.80
农村生活需水	7.56
城镇生活需水	7.31
需水总量	8.26

在模型验证的基础上，对模型进行了初步运行，得到了各情景和结论。由于篇幅原因，本节仅阐述现状情景之下人口的初步运行结果：截至 2035 年年末，兴安盟总人口变化不大，但 0～14 岁人口数量持续减少，15～64 岁人口数量先增加后减少，65 岁及以上人口持续增加；城镇人口持续增加，在 2035 年将达到 106 万人（图 3）；城镇化率达到 62%。这证实了国家层面 SD 模型在市级国土空间规划中应用的可行性。

3.2 基于 SD 模型预测结果的市级国土空间要素布局设想

利用系统动力学模型可以预测市级国土空间内部社会、经济、人口、能源、水资源等要素的值，如何将其进行空间落位，是系统动力学相关研究的薄弱点，也是系统动力学模型在国土空间规划中的应用难点。本文设想从两个主要方面着手，进行布局方案确定：一是确定要素布局空间及土地利用调整方向；二是将预测要素与关键空间要素关联。

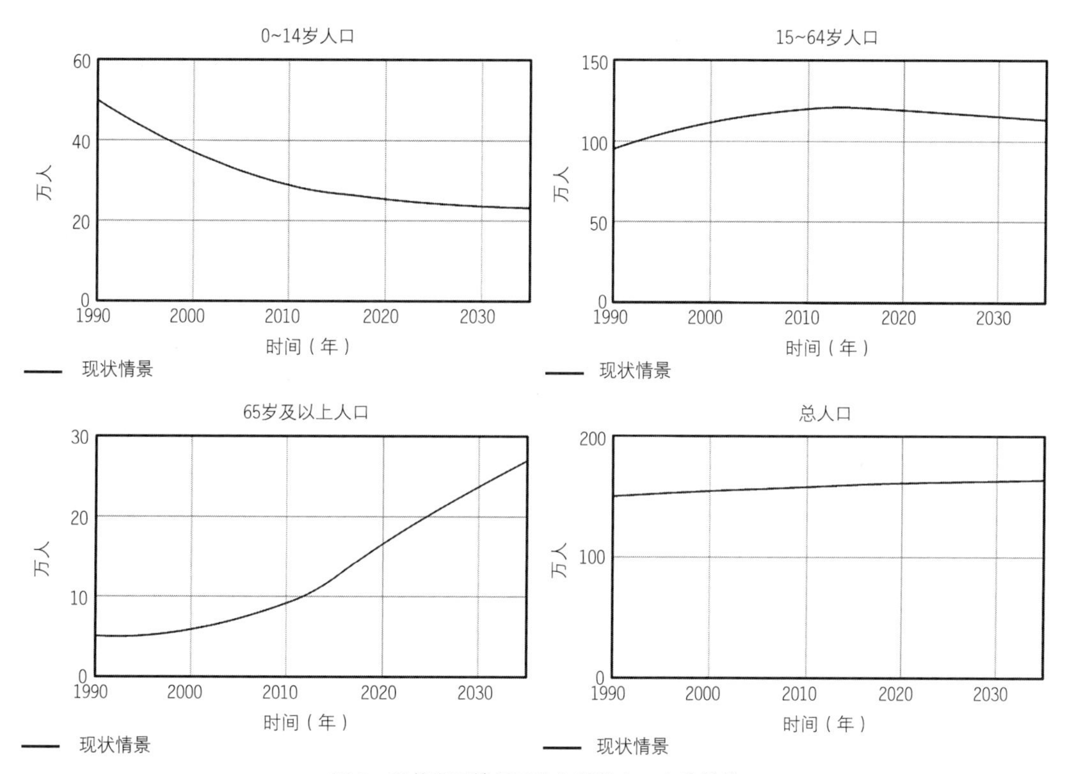

图 3　现状发展情景下各年龄段人口变化趋势

3.2.1　以土地利用评价为基础，确定国土空间要素主要布局空间

（1）土地利用评价

根据历年土地调查结果，对城市行政区域范围内建设用地以外用地类型进行分析（建设用地由于调查方式、认定标准、统计口径等方面的差异，功能是否相对稳定较难确定，故这里不进行比较）。根据分析结果，将用地类型划分为两类，即土地利用相对稳定区和土地利用变化区。土地利用相对稳定区即近十年来用地类型无变化的区域；土地利用变化区即近十年来用地类型发生变化的区域。

（2）国土空间规划区划定

从功能角度，划定市级国土空间规划的主要区域。对于土地利用相对稳定区，由于其历史上土地利用自身的生态—生产—生活功能趋于稳定，且其主要用地类型为非建设用地，在市级国土空间规划应保持其功能延续。因此，可以说，未来的国土空间规划重点区域为土地利用相对稳定区以外的区域，将其命名为“国土空间规划区”，其主要由土地利用变化区和建设用地组成。

3.2.2　以“双评价”为基础，确定土地利用调整方向

（1）土地利用变化区分析

土地利用变化区分析主要是对土地利用变化的合理性进行判别，以明确未来土地利用调整的方向。

合理性的判别主要遵循两个原则：一是符合自然规律，也就是说符合以“双评价”为基础对各类自然资源、生态环境等要素进行的土地利用本底条件评价结果，例如降雨（水资源）、盐渍化（生态）、坡度（土地资源）等条件符合各类用地变化的需求；二是符合相关国家或地方的政策法规，例如，国家颁布的《水土保持法》《退耕还林条例》等法规和条例以及地方政府制定的符合区域发展需求的土地利用变化情景。根据以上原则，可将土地利用变化区划分为土地利用变化合理区和土地利用变化不合理区。由于建设用地的变化为符合政策或者法定规划的变化，所以按照合理性判别原则可将其并入合理区，这样就将国土空间规划区划分为合理区和不合理区。

（2）市级国土空间“双评价”

根据《资源环境承载能力和国土空间开发适宜性评价指南（试行）》的要求及相关研究可知：市级“双评价”包括三个方面的内容，即生态空间评价、农业空间评价和城镇空间评价；各个评价在国土空间内根据生态保护重要性、农业生产适宜性及城镇建设适宜性等原则划分不同等级。在生态空间内，划分生态保护极重要区和生态保护重要区；在农业空间内，划分农业生产适宜区和不适宜区（指南）或者优势农业空间和一般农业空间（苏鹤放等，2020）；在城镇空间内，识别城镇建设适宜区和不适宜区，或者进行精细化评价，即以网格为评价单元，选取指标进行综合评价，按照开发适宜性划分 12 个等级，将前 6 个等级划分为“红区”，将后 6 个等级划分为“绿区”（王颖、顾朝林，2017），评价结果作为国土空间规划的基础依据。

（3）土地利用评价与“双评价”的结合

将土地利用评价结果与“双评价”结果相叠加，可得到“双评价”三类空间内各地块的土地利用变化合理性判别结果（表 2）。对于合理区在未来的国土空间规划中鼓励保持稳定不变，对于不合理区在未来的国土空间规划中，鼓励进行正向优化（即进行土地类型的调整，以负面清单的形式进行限定，规定不能调整为的土地类型）。

表 2　土地利用评价

“双评价”（要素评价）		土地利用评价（用地评价）	
评价内容	评价结果	合理区	不合理区
生态空间	生态保护极重要区 生态保护重要区	鼓励保持稳定不变	鼓励正向优化
农业空间	优势农业空间 一般农业空间		
城镇空间	城镇建设“红区” 城镇建设“绿区”		

3.2.3 以土地利用类型为基础，合理配置国土空间要素

社会经济数据与土地利用类型紧密相关（廖顺宝、孙九林，2010；刘红辉等，2004；任斐鹏等，2015），而水资源、能源等要素的空间分布则与社会经济数据联系密切（Gu et al.，2020）。因此，市级国土空间规划 SD 模型模拟结果空间化的关键就是合理布局各类用地。

本研究利用 SD 模型模拟得到了各类用地的量，将其结合土地利用评价和“双评价”进行用地的布局。具体而言，有三个方面的内容。①非建设用地布局：对于土地利用相对稳定区内的用地，原则上保持其类型不变；对于处于土地利用变化区内的用地，在合理性判别的基础上，可确定土地利用变化合理和不合理的量及范围，从而确定规划期末鼓励不变的用地的量和空间分布方案。结合 SD 模拟结果，可确定规划期（预测期）末的用地变化量，将变化量与“双评价”结果中的生态保护极重要区、生态保护重要区、优势农业空间、一般农业空间、城镇建设“红区”、城镇建设“绿区”细分的不合理区结合，提出不同的非建设用地布局方案。②城市建设用地布局：城市建设用地主要布局在城镇空间评价结果的“红绿”空间，按照开发适宜性的等级和各用地的比例进行土地利用类型的布局。其中，居住用地、商业商务用地等生产、生活类型的用地一般布局在城镇空间“红区”，休闲用地等生态空间用地一般布局在城镇评价结果的“绿区”。根据现状和预测用地量，可得到用地变化量，结合评价结果等级可确定不同的建设用地方案，进而可根据需求和政策选取适合的建设用地布局方案。③其他指标的空间化：根据用地类型关联社会经济指标，从而确定水资源、能源等指标的空间布局。

4 结语

新的规划体系下，对规划方向的探索是我们的主要任务。本文在分析城市层面国土空间规划的新要求和综述系统动力学模型研究进展的基础上，提出了系统动力学模型在规划中应用的优点和不足；然后结合国家层面国土空间规划的系统动力学模型成果，提出了将国家层面 SD 模型应用在城市层面国土空间规划中的具体方法并以兴安盟为案例进行了验证，证明了国家模型“下沉”应用的可行性；最后，基于城市层面国土空间规划 SD 模型模拟结果，提出从空间落位和关联关键要素两个角度进行国土空间要素的布局，以期为正在进行的城市层面国土空间规划探索提供借鉴。

参考文献

[1] ALBERTI M, CORREA C, MARZLUFF J M, et al. Global urban signatures of phenotypic change in animal and plant populations[J]. Proceedings of the National Academy of Sciences, 2017, 114(34): 8951-8956.

[2] ARONSON M F, LA SORTE F A, NILON C H, et al. A global analysis of the impacts of urbanization on bird and

plant diversity reveals key anthropogenic drivers[J]. Proceedings of the Royal Society B: Biological Sciences, 2014, 281(1780): 20133330.

[3] BATTY M. The new science of cities [M]. MIT Press, 2013.

[4] CUI D, CHEN X, XUE Y, et al. An integrated approach to investigate the relationship of coupling coordination between social economy and water environment on urban scale – a case study of Kunming[J]. Journal of Environmental Management, 2019, 234: 189-199.

[5] GU C, YE X, CAO Q, et al. System dynamics modelling of urbanization under energy constraints in China[J]. Scientific Reports, 2020, 10(1): 1-16.

[6] GUAN D, GAO W, SU W, et al. Modeling and dynamic assessment of urban economy-resource-environment system with a coupled system dynamics-geographic information system model[J]. Ecological Indicators, 2011, 11(5): 1333-1344.

[7] JOHNSON M T, MUNSHI-SOUTH J. Evolution of life in urban environments[J]. Science, 2017, 358(6363): eaam8327.

[8] KELLY (LETCHER) R A, JAKEMAN A J, BARRETEAU O, et al. Selecting among five common modelling approaches for integrated environmental assessment and management[J]. Environmental Modelling & Software, 2013, 47(2): 159-181.

[9] KNAPP S, DINSMORE L, FISSORE C, et al. Phylogenetic and functional characteristics of household yard floras and their changes along an urbanization gradient[J]. Ecology, 2012, 93(sp8): S83-S98.

[10] LIAO Z, REN P, JIN M, et al. A system dynamics model to analyse the impact of environment and economy on scenic's sustainable development via a discrete graph approach[J]. Journal of Difference Equations and Applications, 2016, 23(1-2): 275-290.

[11] LU Y, WANG X, XIE Y, et al. Integrating future land use scenarios to evaluate the spatio-temporal dynamics of landscape ecological security[J]. Sustainability, 2016, 8(12): 1242.

[12] MCDONALD R I, MANSUR A V, ASCENSÃO F, et al. Research gaps in knowledge of the impact of urban growth on biodiversity[J]. Nature Sustainability, 2020, 3: 16-24.

[13] SUN Y, ZHANG X, REN G, et al. Contribution of urbanization to warming in China[J]. Nature Climate Change, 2016, 6(7): 706-709.

[14] TORRES J P. System dynamics review and publications 1985-2017: analysis, synthesis and contributions[J]. System Dynamics Review, 2019, 35(2): 160-176.

[15] WANG X J, ZHANG J Y, SHAMSUDDIN S, et al. Potential impact of climate change on future water demand in Yulin city, Northwest China[J]. Mitigation & Adaptation Strategies for Global Change, 2015, 20(1): 1-19.

[16] XU Z, COORS V. Combining system dynamics model, GIS and 3D visualization in sustainability assessment of urban residential development[J]. Building and Environment, 2012, 47: 272-287.

[17] 安莹. 三网融合背景下中国移动公司可持续发展研究[D]. 哈尔滨: 哈尔滨理工大学, 2016.

[18] 曹祺文. 多要素—多维度—多系统的国土空间规划 SD 模型研究[D]. 北京: 清华大学, 2021.

[19] 曹祺文，鲍超，顾朝林，等. 基于水资源约束的中国城镇化 SD 模型与模拟[J]. 地理研究，2019，38(1): 167-180.

[20] 曹祺文，顾朝林，管卫华. 基于土地利用的中国城镇化 SD 模型与模拟[J]. 自然资源学报，2021，36(4): 1062-1084.

[21] 顾朝林. 论我国空间规划的过程和趋势[J]. 城市与区域规划研究, 2018, 10(1): 60-73.

[22] 顾朝林，管卫华，刘合林. 中国城镇化 2050: SD 模型与过程模拟[J]. 中国科学：地球科学，2017，47(7): 818-832.

[23] 顾朝林，田莉，管卫华，等. 国家规划 SD模型与参数——城镇化与生态环境交互胁迫的动力学模型与阈值测算[M]. 北京：清华大学出版社, 2020.

[24] 顾朝林，张悦，翟炜，等. 城市与区域定量研究进展[J]. 地理科学进展, 2016, 35(12): 1433-1446.

[25] 郝斌，任浩. 基于 SBC 范式的模块化组织主导规则设计问题剖析[J]. 外国经济与管理, 2008, 30(6): 28-35.

[26] 贾仁安，伍福明，徐南孙. SD 流率基本入树建模法[J]. 系统工程理论与实践, 1998(6): 18-23.

[27] 廖顺宝，孙九林. 基于 GIS 的青藏高原人口统计数据空间化[J]. 地理学报, 2010, 58(1): 25-33.

[28] 刘红辉，江东，杨小唤，等. 遥感支持下的全国 1km 格网 GDP 的空间化表达[C]. 全国地图学与 GIS 学术会议论文集, 2004.

[29]马历，龙花楼. 中国乡村地域系统可持续发展模拟仿真研究[J]. 经济地理, 2020, 40(11): 1-9.

[30] 彭乾，邵超峰，鞠美庭. 基于PSR模型和系统动力学的城市环境绩效动态评估研究[J]. 地理与地理信息科学, 2016, 32(3): 121-126.

[31] 任斐鹏，江源，董满宇，等. 基于遥感和 GIS 的流域社会经济数据空间化方法研究[J]. 长江科学院院报，2015, 32(3): 112-116.

[32] 宋家泰. 城市一区域与城市区域调查研究——城市发展的区域经济基础调查研究[J]. 城市与区域规划研究, 2009, 3(3): 185.

[33] 苏鹤放，曹根榕，顾朝林，等. 市县“双评价”中优势农业空间划定研究：理论，方法和案例[J]. 自然资源学报, 2020, 35(8): 1839-1852.

[34] 武廷海，卢庆强，周文生，等. 论国土空间规划体系之构建[J]. 城市与区域规划研究, 2019(1): 1-12.

[35] 王其藩. 系统动力学[M]. 北京：清华大学出版社, 1994.

[36] 王行风，汪云甲，李永峰. 基于 SD-CA-GIS 的环境累积效应时空分析模型及应用[J]. 环境科学学报，2013, 33(7): 2078-2086.

[37] 王颖，顾朝林. 基于格网分析法的城市弹性增长边界划定研究——以苏州市为例[J]. 城市规划，2017，41(3): 25-30.

[38] 熊鹰，李静芝，蒋丁玲. 基于仿真模拟的长株潭城市群水资源供需系统决策优化(英文)[J]. Journal of Geographical Sciences, 2015, 25(11): 1357-1376.

[00] 杨顺顺. 系统动力学应用于中国区域绿色发展政策仿真的方法学综述[J]. 中国环境管理, 2017, 9(6): 41-47.

[41] 赵俊三，袁磊，张萌. 土地利用变化空间多尺度驱动力耦合模型构建[J]. 中国土地科学, 2015, 29(6): 57-66.

[40] 张波，王桥，孙强，等. 基于 SD-GIS 的突发水污染事故水质时空模拟[J]. 武汉大学学报信息科学版, 2009, 34(3): 348-351.

[42] 钟伟，丁永波，金凤花. 城市交通低碳发展策略的系统动力学分析——基于土地利用视角[J]. 工业技术经济，2016, 35(6): 134-139.
[43] 钟永光，贾晓菁，李旭. 系统动力学[M]. 第2版. 北京：科学出版社, 2013.

[欢迎引用]
易好磊，顾朝林，曹祺文，等. 系统动力学模型在市级国土空间规划中的应用探索[J]. 城市与区域规划研究，2021, 13(1): 33-46.
YI H L, GU C L, CAO Q W, et al. Application of system dynamics model in territorial and spatial planning at the municipal level[J]. Journal of Urban and Regional Planning, 2021,13(1): 33-46.

基于系统动力学仿真的青岛海洋旅游城市成长模式分析

蔡礼彬　朱哲哲

Research on Growth Model of Qingdao Marine Tourism City Based on System Dynamics Modeling and Simulation

CAI Libin, ZHU Zhezhe
(Management College, Ocean University of China, Qingdao 266100, China)

Abstract Taking Qingdao as the research object, this paper constructs a system dynamics model for the growth of marine tourism cities, and reveals the influence mechanism of various factors in the system by means of VENSIM software. By adjusting the main parameters of the five subsystems of marine environment, industrial economy, marine professionals, marine culture and marine tourism, the evolution trend of the variables, such as the number of tourists, the income of marine tourism, the number of people engaged in marine tourism, the receiving capacity of marine tourism, the Comprehensive Air Quality Index and the development level of marine tourism is predicted, and the growth path of the marine tourism city under four different models is simulated. The research shows that the synergetic development model which gives consideration to all the five subsystems is the best one among the four models because it not only promotes the rapid growth of the marine tourism city, but also reduces the occurrence of various social problems. Through policy intervention and macroeconomic regulation and control, the paper proposes a coordinated approach based on marine environment protection, infrastructure construction, tourism investment optimization and marine professional cultivation, to promote the sustainable and healthy development of marine tourist cities.

Keywords marine tourism city; system dynamics simulation; urban growth model; Qingdao

作者简介
蔡礼彬、朱哲哲（通讯作者），中国海洋大学管理学院。

摘　要　文章以青岛作为研究对象，构建起海洋旅游城市成长的系统动力学模型，借助 VENSIM 软件揭示系统内各要素的影响机理。文章通过对海洋环境、产业经济、海洋人才、海洋文化以及海洋旅游五个子系统的主要参数进行调节，预测游客数量、海洋旅游收入、海洋旅游从业人数、海洋旅游接待能力、空气质量综合指数和海洋旅游发展水平等变量的演化趋势，从而模拟出四种不同模式下海洋旅游城市的成长路径。研究表明，协同发展模式兼顾了五个子系统的协调运行，既能促进海洋旅游城市的快速成长，又能减少各类社会问题的发生，在四种模式中居于最优地位。文章通过政策干预与宏观调控，进一步提出基于海洋环境保护—基础设施建设—旅游投资优化—海洋人才培育的协调增进路径，以促进海洋旅游城市的持续健康发展。

关键词　海洋旅游城市；系统动力学仿真；城市成长模式；青岛市

1　引言

在海洋地位日益提升的时代背景下，党的十八大明确提出“发展海洋经济、建设海洋强国”等战略目标，标志着我国海洋产业逐步进入全面高速发展时期。海洋旅游作为海洋产业的重要组成部分，对沿海城市的建设和发展具有巨大的引擎作用（刘欢等，2016），探讨海洋旅游城市的成长模式对于贯彻海洋战略、发展海洋产业和构建海洋旅游目的地具有重要意义，亦是学术研究需要持续关注的热点话题。

现有研究中以“海洋旅游”或“旅游城市”为主题的内容相对较多，但将“海洋旅游城市”作为具体研究对象进行多角度剖析的文章难得一见，且与此相关的少量研究均采用定性阐释或传统的量化方法。海洋旅游城市是一个动态的开放系统，由多个子系统组成，每个子系统又包含多个构成要素。首先，各子系统及各要素间存在着复杂的非线性关系，加之旅游者在系统中的主导作用，加剧了非线性关系的复杂性；其次，系统内诸多要素间存在着制约、促进和协调等多重关系，一种要素的存在和发展可能会遏制甚至消解另一种或几种要素的存在和发展（徐君，2011），各要素通过复合作用共同对系统产生影响，从而使得其内部关系更为繁杂；最后，在海洋旅游城市不同成长时段内，其组成要素的发展并不均衡，作用方式也存在差异，各要素在作用过程中具有时间和空间上的非均匀性。因此，传统的定量定性研究难以揭示海洋旅游城市内部大量复杂的非线性机制及其在时间序列上的演化趋势，需要选取新的理论模型，以系统、全面、动态的视角揭示其成长路径和发展模式。

系统动力学以系统论、控制论和信息论为基础，采用计算仿真技术，在综合分析各要素间因果关系的基础上，构建起系统动态模型，适用于在各层面上对多层次、大规模系统进行综合仿真，以此为基础构建的模型是社会经济系统的实验室（王旭科，2008），与此类研究高度契合。在此背景下，本文拟采用系统动力学并以青岛为例进行建模仿真，对其在不同模式下的成长路径进行思考和阐释，从而界定出海洋旅游城市的最佳成长模式，为海洋旅游城市建设和该领域相关研究提供新的思路与启迪。

2 文献回顾

2.1 旅游城市成长模式研究

国内关于旅游城市成长模式的研究主要在于论证旅游产业的经济形态、城市空间的属性特征、多层面的驱动因素及其成长的动力机制，多数研究运用定性阐述的方法对旅游城市成长模式进行深度分析，而定量方法的使用则略有不足，在理论模型上还需进一步拓展。彭华（2000）认为要根据现代旅游供求关系明晰影响旅游城市成长的主要因素和次要因素，从而归纳出旅游与城市经济发展的动力机制。马晓龙和金远亮（2014）以张家界为例探讨了城市中土地利用变化与旅游业发展的关系，马晓龙和李维维（2016）以此为基础界定出城市旅游综合体，并指出旅游经济发展和城市空间变迁的相互作用是其生成与发展的动力机制。关于旅游城市成长模式的驱动因素及其动力机制的研究相对较多（金丽、赵黎明，2007；孙建竹，2009；陈钢华、保继刚，2014；麻学锋、刘玉林，2019；孙九霞、陈浩，2008），相关因素主要分为内在动力和外部推力两大层面，具体涉及区位、经济、政治、科技、资源和文化等各个方面。金丽和赵黎明（2007）从内外两方面分析了国际旅游城市成长的动力机制；陈钢华和保继刚（2014）以三亚为例，对该城市的发展历程进行阶段划分，并在此基础上提出了专业化旅游城市的成长模式及其动力机制。

国外研究中关于旅游城市成长模式的论证相对较早（黄颖，2019），近些年来，部分学者更侧重于通过定性、定量相结合的方法来探究海洋旅游目的地的演进和发展。有学者对波兰港口城市的旅游空间进行分析，指出港口地区旅游业发展模式受政府政策、旅游交通密度等因素的影响（Hącia，2014）；有学者以加勒比海沿岸的旅游胜地为例，分析该城市的成长进程和旅游增长模式，指出空间规划是推进城市化和二元旅游城市产生的关键因素（González-Pérez et al.，2016）；还有学者将西班牙的地中海旅游城市作为研究对象，用具体指标对其进行评估并归纳出地域特征、经济活动和户外空间这三大独有的城市特色（Martí et al.，2017）。

2.2 系统动力学在旅游城市研究中的应用

国外学者较早将系统动力学应用于旅游领域（王妙妙等，2010），主要涉及旅游地研究、旅游发展、生态旅游及旅游供应链等方面的建模仿真和系统分析，近年来其研究成果的数量和深度不断增加。在旅游地研究方面，具体涉及旅游城市等相关内容，有学者介绍了学习型旅游目的地的概念，并在回顾个案的基础上探讨了系统动力学模型对于学习型旅游城市的指导意义和促进作用（Schianetz et al.，2007）；也有一些学者运用系统动力学方法构建起滨海旅游城市生态安全的系统模型，并以大连为例进行动态模拟实验，为沿海旅游城市的生态安全评估和目的地管理提供了有效信息及应对之策（Lu et al.，2019）。国内关于系统动力学在旅游研究中的应用始见于 2001 年（徐红罡，2001），涵盖旅行社、旅游经济和旅游城市等方面。具体而言，在旅游城市研究中，系统动力学的引入为其增加了数理统计和模型构造等量化分析，拓展了该层面的研究内容和研究方法。郭伟等（2018）借助系统动力学构建起全域旅游发展的系统模型，并以浙江省桐庐县为例进行仿真分析，从而界定出该地发展全域旅游的最佳模式。

现有研究中关于旅游城市的论证相对较多，但以海洋旅游城市为主体的文章难能一见，近年来对海洋旅游目的地的关注度虽有增加，但相关研究多是从空间规划（Hącia，2014；González-Pérez et al.，2016）、城市特色（Martí et al.，2017）、旅游发展水平（董志文等，2018；于跃洋，2017）等方面展开，尚未以全面的视角综合分析该系统的动态演化历程。在研究方法上，现有文献大都采用定性阐述及常规的量化方法来论证旅游城市的成长，系统动力学的引入拓展了旅游城市的研究范畴，但其在海洋旅游城市方面的应用仍处于空白状态。本文以青岛这一海洋旅游城市为研究对象，拓展了旅游城市的研究内容，并采用系统动力学构建起海洋旅游城市的成长模型，从而界定其最佳成长模式，完善了该领域的相关研究，具有一定的实践价值和指导意义。

3 研究设计与方法

3.1 研究区域概况

青岛市位于山东半岛南部，东、南濒临黄海，是辐射日韩和环渤海湾经济圈的中心城市，享有“黄海明珠”“中国十佳宜游城市”等诸多美誉，是我国重要的海洋旅游目的地之一。近年来，青岛市海洋旅游发展迅速，2018年海洋旅游收入达763.64亿元，占旅游总收入的60.13%，在我国15个沿海城市中位居榜首。本文以青岛市为例，基于以下三个原因。①海洋旅游城市定位明确。根据海洋旅游指数—旅游收入比较矩阵，可将青岛市定位为“海洋旅游指数高—旅游收入低型”的海洋旅游城市（董志文等，2018）。②时代特色鲜明、代表性强。近年来，青岛市先后举办了中国国际渔业博览会等一系列富有海洋特色的节会，在“一带一路”、山东半岛蓝色经济区中战略地位突出，日益受到关注和瞩目。③资料丰富且获取便利。案例地相关信息的获取是进行研究的基础和前提，位居青岛市的优势在很大程度上为完成本研究所需资料的收集工作提供了便利，并保障了数据来源的准确性和可靠性。

本文相关资料涉及海洋环境、产业经济、海洋科技和海洋文化等各个方面，所使用的数据来源于青岛市政府所编制的各专项规划及相关政府文件、2010年以来历年的统计年鉴、《青岛市百科全书》、《青岛市志（旅游志）》以及青岛市情网和青岛市统计局等相关网站，同时查阅了大量国内外文献，在整理总结的基础上对案例城市进行了全面准确的了解，并获得了翔实的数据支撑。

3.2 研究方法

系统动力学（system dynamics，SD）是以反馈控制理论为主体、计算仿真技术为手段，根据变量间的因果关系而创建动态模型，并借助仿真实验获取非线性复杂时变系统动态规律的研究方法（肖岚，2015）。该方法将定量与定性研究相结合，对数据依赖性相对较小，适用于对无法借助数学关系或数据方法求解、高维非线性时变和参数不精确系统的模拟（张俊、程励，2019）。整体而言，综合运用系统动力学对海洋旅游城市成长进行建模仿真主要包括以下五个步骤（图1）。

（1）确定边界变量。首先，在明确海洋旅游城市成长过程中各类影响因素的基础上，合理划定系统边界，将对系统产生重要影响的关键因素包含在内，同时对关键性因素变量加以思考，确定所要建立模型的参考模式。

（2）建立模型结构。研究子系统中各变量间的因果关系和反馈机制，确定出系统的主要回路并运用VENSIM软件绘制出因果回路图，进而在界定变量类型的基础上构建起模型的系统流程图。

（3）确定参数方程。在模型构建的基础上，结合青岛市相关统计数据，借助文献参考法、趋势外推法和表函数等进一步确定系统参数及变量间的关系方程，以此作为系统仿真和模式分析的基础。

（4）模型相关测试。本研究通过VENSIM软件自带的测试功能，整理文献资料、咨询相关专家等以检验模型结构、参数单位和方程关系式的合理性。此外，通过系统仿真来比较主要变量的模拟数

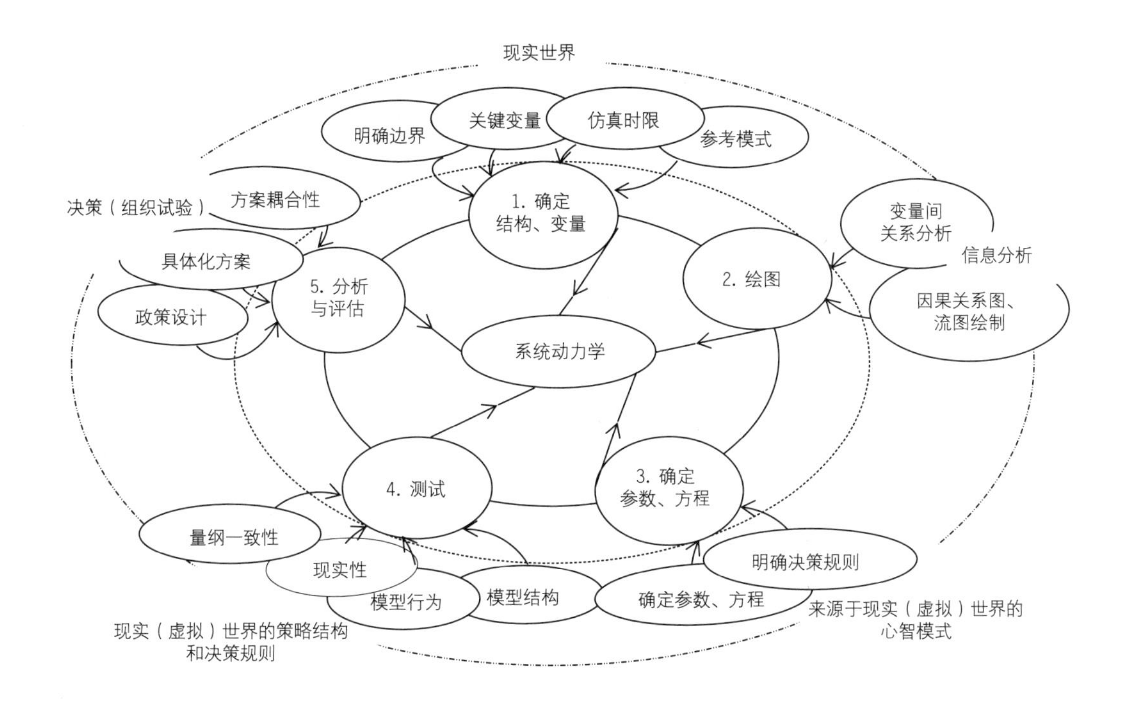

图 1 系统动力学的建模过程

据与历史数据的偏差，从而检验模型的拟合度和可信度。

（5）模型分析评估。在建立好的模型中通过改变关键性的实验参数继而观察系统的仿真变化，并加入政策性设计以研究各变量和各子系统的变化态势，在不断调试和整合的基础上进而提出相应的对策建议。

4 青岛海洋旅游城市成长的系统模型

4.1 系统结构

旅游城市的发展受到诸多因素影响，主要包括基础设施的完善程度、经济开放度、区位条件和城市管理水平等（罗明义，2004）。上述各类因素影响着城市旅游发展水平，亦是海洋旅游城市在建设与发展过程中必不可少的要素，决定着旅游者对某一海洋旅游目的地的选择与否。在此基础上，本文借助经典的 WSR 系统方法论并糅合旅游目的地 12 要素，结合青岛发展现状，从自然、经济和社会三个层面出发，抉选出海洋旅游城市相关的变量及数据，分别构建起海洋环境、产业经济、海洋人才、海洋文化和海洋旅游五个子系统，共同构成了海洋旅游城市成长的结构模型（图2）。

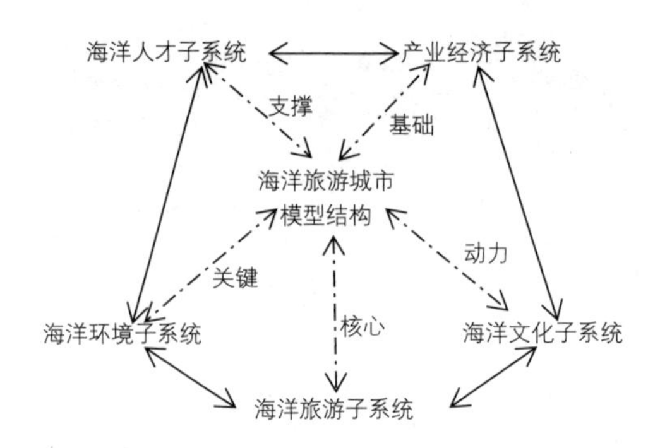

图2 海洋旅游城市成长系统

在海洋旅游城市成长结构模型中，海洋旅游子系统以海洋旅游发展水平为中心，在模型中居于核心地位。而在另外四个子系统中，海洋环境子系统具有关键作用，良好的海洋生态环境对旅游者具有巨大吸引力（胡振华等，2016），并通过影响其海洋旅游资源环境，进而作用于海洋旅游城市的建设与发展（李淑娟、李满霞，2016）。经济的发展是海洋旅游城市中海洋资源开发、旅游设施建设的基础和前提，在极大程度上影响着该城市旅游业发展的规模、速度和方向（张广海、孙文斐，2010），因而产业经济子系统是整个系统模型的基础。根据韦伯斯特提出的城市竞争力理论模型，人力资源与经济结构、区域禀赋等因素共同影响着城市竞争力的大小（熊励等，2018），人力资源则在根本上决定着一个城市的竞争力和综合实力（郭巧云，2005），专业化的海洋人才在海洋旅游城市的成长过程中发挥着强有力的支撑作用。作为一个城市的灵魂和命脉，文化在城市旅游发展中具有重要意义（王迪云等，2007），是其发展的不竭动力（宋振春、李秋，2011），而海洋旅游城市中所蕴含的以海洋文化为代表的文化积淀正是其成长重要动力。

（1）海洋环境子系统。该系统的核心变量是海洋环境发展水平，从现实情况出发，可以将其划分为以海洋为载体的自然环境、经济环境和政策环境三个层面，具体又可细分为环境质量综合指数、海洋产业效率、国家海洋战略等九个指标，其因果反馈关系如下（部分）：①环境质量综合指数→+自然环境→+海洋环境发展水平→+海洋旅游发展水平；②海洋产业效率→+经济环境→+海洋环境发展水平→+海洋旅游发展水平；③国家海洋战略→+政策环境→+海洋环境发展水平→+海洋旅游发展水平。

（2）产业经济子系统。经济发展是海洋旅游城市建设的基础和前提，海洋旅游收入作为其核心要素受游客数量的影响并作用于市内生产总值，市内生产总值的变化会调节海洋旅游发展过程中的基础设施建设和公共环境投资、海洋旅游宣传投资等要素的投入，进而作用于海洋旅游发展水平，其因果反馈关系如下（部分）：游客数量增长率→+游客数量增量→+游客数量→+游客数量对海洋旅游收入增加的影响因子→+海洋旅游收入增量→+海洋旅游收入→+海洋旅游收入对 GDP 增加的影响因子→+市内生产总值增量→+市内生产总值→+海洋旅游宣传投资→+海洋旅游发展水平。

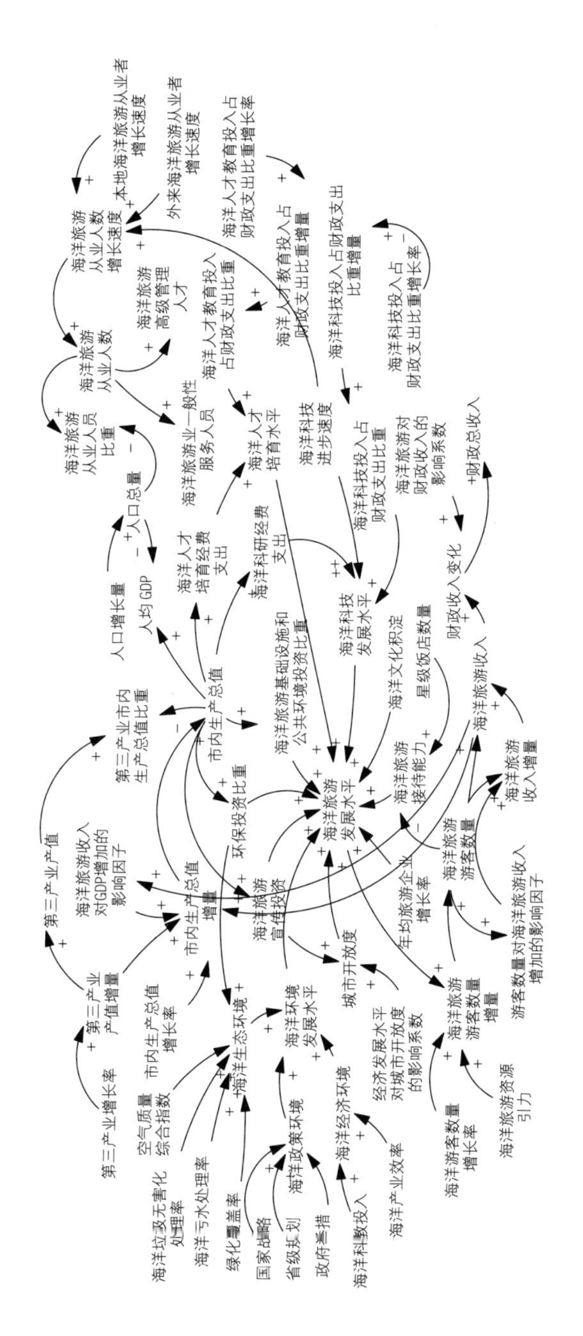

图 3 海洋旅游城市子系统因果关系

（3）海洋人才子系统。就海洋旅游城市而言，专业化的海洋人才愈发成为其成长的命脉和决定性因素，外来从业人员和本地从业者共同影响着当地的海洋旅游从业人数，教育投入和科技投入占财政支出比重决定其海洋人才培育和海洋科技水平，继而影响到该城市的海洋人才发展：①外来海洋旅游从业者增长速度→+海洋旅游从业人数增长速度→+海洋旅游从业人数；②本地海洋旅游从业者增长速度→+海洋旅游从业人数增长速度→+海洋旅游从业人数；③教育投入占财政支出比重增长率→+教育投入占财政支出比重增量→+教育投入占财政支出比重→+教育发展水平→+海洋旅游发展水平。

（4）海洋文化子系统。作为最小的子系统，其蕴含着极富海洋特色的各类民俗文化、城市建筑文化和品牌文化等内涵，鉴于诸类指标的难以量化，故通过海洋文化积淀这一因素予以综合反映青岛市的海洋文化水平，并通过海洋旅游发展水平与海洋旅游子系统相连：海洋文化积淀（兼具海洋特色的民俗、品牌文化等）→+海洋旅游发展水平。

（5）海洋旅游子系统。海洋旅游子系统是海洋旅游城市系统的核心，海洋旅游发展水平是整个系统的核心变量。根据青岛市发展现状，该系统以海洋旅游城市的城市开放度、海洋旅游接待能力等各影响因素作为辅助变量并通过这些因素与其他各子系统相连，其因果反馈关系与上述几大子系统相互交织、共同作用。

4.2 模型构建

4.2.1 因果关系图模型

在对海洋环境、产业经济、海洋人才、海洋文化及海洋旅游五个子系统进行界定和分析的基础上，结合系统内部各变量间的因果联系，可以整合出在各子系统的相互作用下，海洋旅游城市成长的因果关系图（图3）。

4.2.2 系统流程图模型

在明晰海洋旅游城市成长因果关系图的基础上，将其中的各个变量予以分类，并选取各个类型中的部分变量作为范例（表 1），在变量分类的基础上进一步构建起海洋旅游城市成长的系统流程图（图4）。

表1 五大子系统变量划分及单位界定

变量类型	变量名称		单位
水平变量	TP	人口总量	万人
	PPOTEIIFE	海洋人才教育投入占财政支出比重	Dmnl
	POMSATIIFE	海洋科技投入占财政支出比重	Dmnl
	RFMT	海洋旅游收入	亿元
	FR	财政总收入	亿元

续表

变量类型	变量名称		单位
水平变量	GDP	市内生产总值	亿元
	TSOTE	第三产业产值	亿元
	NOMT	海洋旅游游客数量	万人次
速率变量	PG	人口增长量	万人次
	IITPOMTEIIFE	海洋人才教育投入占财政支出比重增量	Dmnl
	IIPOMSATITFE	海洋科技投入占财政支出比重增量	Dmnl
	IIRFT	海洋旅游收入增量	亿元
	CIFR	财政收入变化	亿元
	GDPIITC	市内生产总值增量	亿元
	IIOVOTI	第三产业产值增量	亿元
	IITNOMT	海洋旅游游客数量增量	万人次
辅助变量	ROPIMSAT	海洋科技进步速度	Dmnl
	PEIMT	海洋旅游从业人员	万人
	POPEIMT	海洋旅游从业人员比重	Dmnl
	CLOMT	海洋人才培育水平	Dmnl
	LODOMSAT	海洋科技发展水平	Dmnl
	TIAFTPOGITC	第三产业占市内生产总值比重	Dmnl
	GPC	人均 GDP	元
	IIMTIAPE	海洋旅游基础设施和公共环境投资比重	亿元
	MTPI	海洋旅游宣传投资	亿元
	DLOMT	海洋旅游发展水平	Dmnl
	UO	城市开放度	Dmnl
	OTC	海洋旅游接待能力	Dmnl
	LODOE	海洋环境发展水平	Dmnl
	MEE	海洋生态环境	Dmnl
	EQCI	空气质量综合指数	Dmnl
	HDROMR	海洋垃圾无害化处理率	Dmnl
	ROMST	海洋污水处理率	Dmnl
	UGC	城市绿化覆盖率	Dmnl
	MPE	海洋政策环境	Dmnl
	NS	国家战略	Dmnl

续表

变量类型	变量名称		单位
辅助变量	PP	省级规划	Dmnl
	GI	政府举措	Dmnl
	MIE	海洋经济环境	Dmnl
	MCA	海洋文化积淀	Dmnl
	AATEGR	年均旅游企业增长率	Dmnl
	GROPEIMT	海洋旅游从业人员增长速度	Dmnl
	POIIEP	环保投资比重	Dmnl
	GROTI	第三产业增长率	Dmnl
	TGROOTEIITPOFE	海洋人才教育投入占财政支出比重增长率	Dmnl
	GROMSATIAPOTFR	海洋科技投入占财政总收入比重增长率	Dmnl
表函数	TIFOMTIOGDPG	海洋旅游收入对 GDP 增加的影响因子	Dmnl
	FITIOMTIBTNOT	游客数量对海洋旅游收入增加的影响因子	Dmnl

注：Dmnl 为无量纲。

4.3　参数与方程确定

根据模型中各变量间因果反馈关系和各子系统的相互影响，结合青岛筹办奥帆赛后的地位擢升，本文以 2008～2030 年为研究时段，选取 DT=1 为步长进行仿真，以该时段的历史数据作为模型参数的原始依据，并根据研究所需对部分数据进行了标准化处理。

4.3.1　参数取值与来源依据

本研究中主要系统参数及其确定方法如下。

（1）算数平均值法：GPC（109 907.8），POPEIMT（0.054），TIAFTPOGITC（0.55），POIIEP（0.005），IIMTIAPE（0.085），POMSATIIFE（0.015）。

（2）积分函数和表函数法：TP，GDP，PPOTEIIFE，RFMT，FITIOMTIBTNOT，TIFOMTIOGDPG，NOMT，IIPOMSATITFE，TSOTE，FR。

（3）回归分析法：ROPIMSAT（0.35），GROTI（0.18），CIFR（0.15），GROPEIMT（0.12），GROMSATIAPOTFR（0.11），AATEGR（0.08）。

（4）专家经验和调查统计等方法：NS（0.85），PP（0.92），GI（0.96），MCA（0.85），UO（0.92），OTC（0.86），CLOMT（0.93），PEIMT（48），HDROMR（1），ROMST（0.85），EQCI（0.95），UGC（0.46），MTPI（14.5），IITNOMT（1 184），GDPIITC（965），PG（10.45），IIOVOTI（654）。

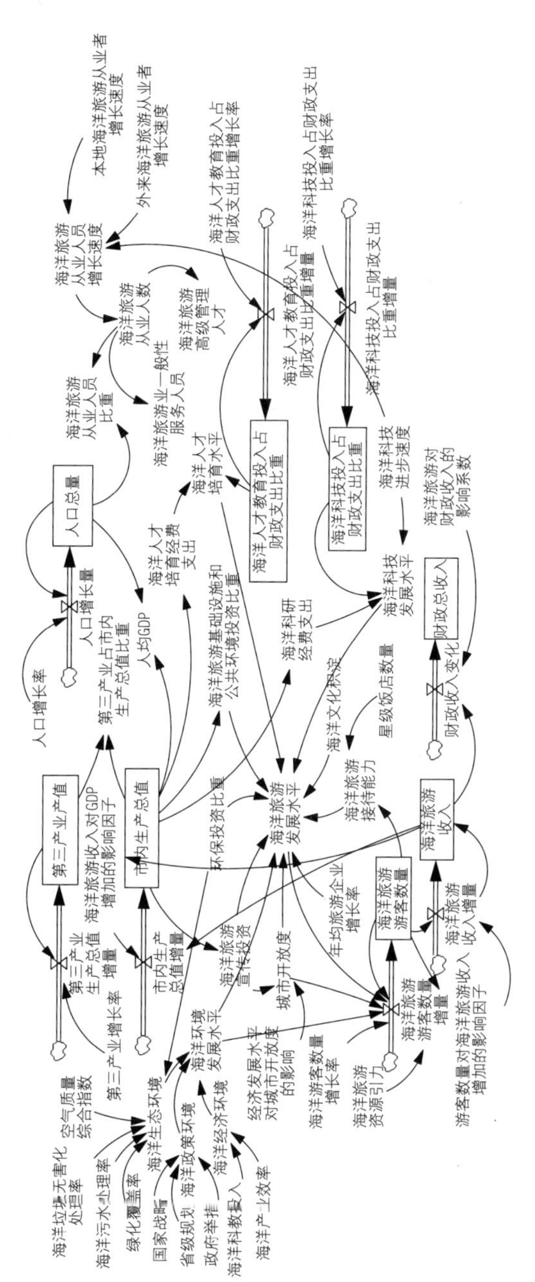

图 4 海洋旅游城市成长动态仿真流程图

4.3.2 主要方程式

方程式界定主要以各参数变量在现实中的相互关系为基础，同时结合文献分析法、专家咨询法等并借助 VENSIM 自带的“INTEG”“WITH LOOKUP”等函数对模型中的关系式予以补充，方程中各变量的相关系数则与上述各参数取值相对应，现将有代表性的方程及其构造加以说明，其余方程则归入附注①。

（1）TP =INTEG (PG, 871.51)

构造思路：人口总量在其初始数量的基础上受人口增长量的影响而累积变化，故借助“INTEG”积分函数构建起二者间的相互关系，继而对人口总量予以衡量。

（2）POPEIMT = PEIMT / TP

构造思路：海洋旅游从业人数与人口总量的比值即为海洋旅游从业人员比重。

（3）TIAFTPOGITC = TSOTE / GDP

构造思路：第三产业产值与市内生产总值的比值即为第三产业占市内生产总值比重。

（4）DLOMT=0.05*LODOMSAT+0.05*LODOE+0.05*MCA+0.05*CLOMT+0.15*OTC+0.15*MTPI+0.2*IIMTIAPE+0.1*UO+0.1* AATEGR +0.1* POIIEP

构造思路：海洋旅游发展水平受海洋旅游接待能力等各类因素的多重影响，借助参数取值以界定各类因素的影响程度，继而反映出海洋旅游发展水平。

（5）FITIOMTIBTNOT= WITH LOOKUP

(NOMT,([(2010,2.928)-(2025,5.615)],(2010,5.615),(2011,5.101),(2012,4.421),(2013,4.471),(2014,2.928),(2015,3.707),(2016,3.651),(2017,4.554),(2018,4.557),(2019,4.552),(2020,4.551),(2021,4.562),(2022,4.554),(2023,4.5),(2024,4.545),(2025,4.6)))

构造思路：通过收集青岛市自 2010 年至今历年的海洋旅游游客数量和海洋旅游收入，利用回归分析法测定出二者间的相关系数，在此基础上结合趋势外推法等界定出 2020～2025 年各年份所对应的系数取值，并运用“WITH LOOKUP”表函数映射出这两个软变量之间的相互关系，以此明确游客数量对海洋旅游收入增加的影响因子。

4.4 模型调试与检验

海洋旅游城市成长模型的有效性检验贯穿于建模始终，相关检验主要包括以下三个方面。

（1）运行性检验。利用 VensimPLE7.2 软件中自带的“Check Model”和“Units Check”检测功能，以验证模型结构、模型方程、系统参数以及各变量单位的合理性。

（2）结构性检验。此检验主要是整理相关的文献资料、咨询相关专家等，对模型的边界确定、变量选取、因果关系图及系统流程图、参数和方程的合理性进行验证。

（3）历史性检验。选取游客数量和第三产业产值作为主要变量，对两者在 2008～2018 年相应年份的模拟数据与历史数据加以对照，由计算可知，系统仿真值与实际值的平均误差介于–7.6%～6.2%，根据相关学者观点（刘志强等，2010；郭玲玲等，2017）平均误差在–10%～15%变动是可接受的，说明此模型的拟合度和可信度较高，能够较为真实地反映出系统的运行情况（表2）。

表2　历史数据和仿真结果分析

变量名称	类别值	2010	2012	2014	2016	2018
游客数量	历史值	4 504.70	5 717.51	6 843.94	8 081.12	10 000
	仿真值	4 504.70	5 583.80	6 921.85	8 582.64	10 645.7
	误差	0	–2.3%	1.1%	6.2%	0.01%
第三产业产值	历史值	2 629.12	3 578.04	4 450.36	5 476.18	6 768.92
	仿真值	2 629.12	3 447.52	4 211.36	5 054.88	6 420.31
	误差	0	–3.6%	–5.4%	–7.6%	–5.2%

资料来源：根据青岛市统计年鉴及 Vensim 仿真结果计算所得。

4.5　动态模拟与仿真分析

4.5.1　参数仿真设置

本文结合上述五大子系统和具体发展实际，从模型中选取海洋旅游基础设施和公共环境投资比重、环保投资比重、海洋科技投入比重和海洋人才教育投入比重四个变量作为调控参数（表3）。在明确调控变量的基础上，将海洋旅游城市的成长界定为四种发展模式（自然发展模式、低速发展模式、高速发展模式和协同发展模式），并借助游客数量、海洋旅游收入、海洋旅游从业人数、海洋旅游接待能力、空气质量综合指数以及海洋旅游发展水平的动态变化，对未来十年青岛作为海洋旅游城市的成长态势进行多情景仿真模拟（图 5），以比较其在不同模式下的演化路径，继而寻求最优决策模式。

表3　系统动力模型的情景设置与调控参数变化

变量名称	方案 1 自然发展模式	方案 2 低速发展模式	方案 3 高速发展模式	方案 4 协同发展模式
海洋旅游基础设施和公共环境投资比重	0.085	0.085	0.150	0.095
环保投资比重	0.005	0.018	0.005	0.008
海洋科技投入比重	0.015	0.015	0.026	0.020
海洋人才教育投入比重	0.071	0.084	0.071	0.078

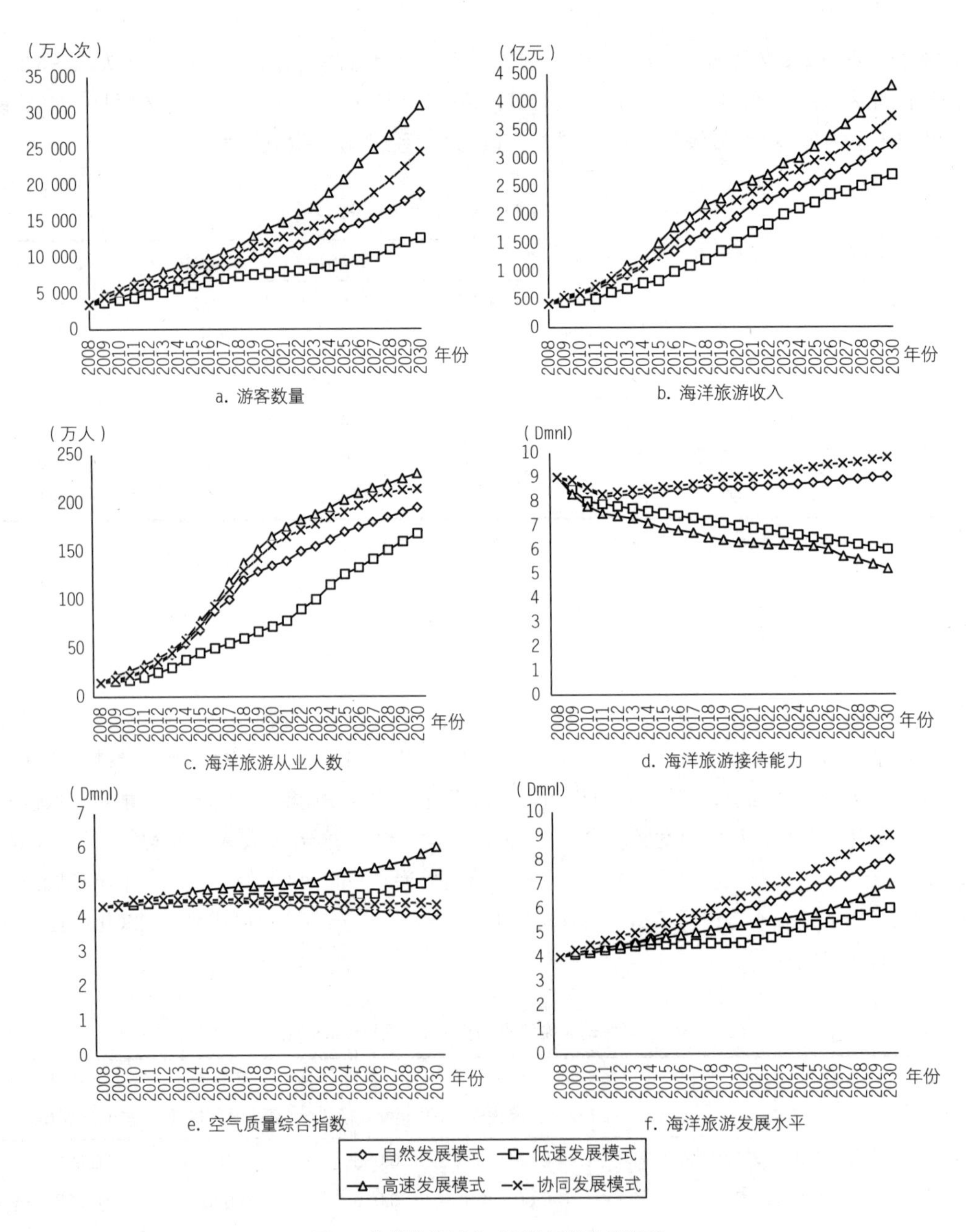

图5 海洋旅游城市成长的系统仿真结果

参照相关学者（张俊、程励，2019；章杰宽，2011；张丽丽等，2014）提出的调控方法，方案 1 自然发展模式的调控参数主要是由统计调查的原始数据处理所得，对海洋旅游城市成长实际态势进行仿真模拟，另外三个方案则以该模式的数据为基准，对各项投资比重予以限定，从而使得数据调控更具现实意义。具体而言，方案 2 低速发展模式在系统正常运行情境中，更强调发展的持续性，更为注重环境保护和教育投入，从而在生态环境和人才培育两个层面促进城市持续健康发展，该方案在保证旅游基础设施和公共环境投资、科技投入比重稳定的前提下，将环保投资比重提高为 0.018，教育投入比重增加至 0.084。方案 3 高速发展模式更关注资产性投资和科技投入对城市发展的巨大带动作用，与方案 2 所不同的是其在保证环保和教育投入比重稳定的前提下，将旅游基础设施和公共环境投资比重扩增至 0.150，科技投入比重上调为 0.026。方案 4 协同发展模式则将低速和高速模式相结合，根据现实情况适度上调参数，旅游基础设施和公共环境投资比重增加为 0.095，环保投资比重提高至 0.008，科技投入比重上升为 0.020，教育投入比重扩增至 0.078。

4.5.2 模拟模式比较

由四种方案下海洋旅游城市成长的系统仿真结果可知，协同发展模式的效果最好，该模式既能促进海洋旅游城市快速成长，又能降低由此而引发的海洋生态环境破坏、旅游基础设施压力增大等社会问题，为海洋旅游城市的持续健康成长提供了较为理想的模型。

较之于方案 1，方案 4 适度提高了资产性投资、环保投资和科教投资三个方面所占的比例，在该模式下的海洋旅游持续快速发展，城市接待能力和海洋生态环境质量不断提高，全方位促进了海洋旅游城市的建设和成长；方案 2 单纯注重城市可持续发展而忽视了公共设施投资和科技进步对其成长的重大推动作用，造成海洋旅游发展疲软、城市建设滞缓，制约了海洋旅游发展水平的进一步提高，不利于海洋旅游城市的建设与发展；就经济效益而言，方案 3 着重增加资产性投资比重，虽然旅游经济发展迅速，且其获利水平要优于模式 4，但该模式下对当地海洋旅游接待能力带来巨大压力，极大破坏了当地的海洋生态环境，且就海洋旅游发展水平而言远低于方案 4，从长远来看，片面增加投资、大力扩张建设等举措并不能使海洋旅游发展水平处于最优位势，也不利于海洋旅游城市的持续健康成长。

5 结果与讨论

5.1 仿真结果分析

方案 1 自然发展模式：在不改变系统参数的情景中，按照当前发展现状及趋势进行仿真模拟，仿真结果显示，海洋旅游城市成长速度较快。与 2008 年相比，游客数量、海洋旅游收入和海洋旅游从业人数在 2030 年将分别提高 5.4 倍、7.7 倍和 13.4 倍，呈快速发展态势，旅游对就业的带动能力较强。海洋旅游接待能力在 2008～2030 年呈“略下降（2008～2011）—上升（2011～2030）”的变化，并在 2011 年达到最低值，而空气质量综合指数则呈现出“略上升（2008～2011）—下降（2011～2030）”

的变化，除2011年相对较高外，其总体呈平稳态势，主要原因在于青岛市于2008年筹办奥帆赛后，其知名度和影响力得到大幅提升，游客数量的快速增长给当地的基础设施造成巨大压力，同时人数的激增对环境造成严重破坏，其空气质量综合指数在不断提高，这也从侧面印证了"空气质量综合指数值越大则综合污染程度越重"这一理论（《环境空气质量指数（AQI）技术规定（试行）》，2012）。而青岛作为中央于2011年批复的山东半岛蓝色经济区龙头城市、2014年世园会举办地，政府注重强化基础设施建设、加大环境保护力度，其旅游接待能力逐步提高、空境质量综合指数渐趋下降，并在相当长的一段时间内保持平稳状态。海洋旅游发展水平在2008～2030年比较稳定，保持平稳上升态势（高于低速发展模式和高速发展模式），2011年后其提升速度较前几年略快，主要受上述海洋旅游接待能力提高和环境质量综合指数下降的影响，由此可见，海洋旅游发展水平反映出海洋旅游城市的建设和成长，是由系统内众多要素共同作用的结果。

方案2低速发展模式：在减少各类资金投入后，旅游业发展相对疲软，海洋旅游发展水平是4个方案中最低的，海洋旅游城市的成长相对滞缓。游客数量和海洋旅游收入增速较慢，至2030年游客数量仅12 597.42万人，海洋旅游收入也只有2 698.5亿元。由于海洋旅游基础设施和公共环境投资减少，海洋旅游接待能力有所下降，环保投资比重减少则造成海洋生态环境水平降低，空气质量综合指数渐趋升高。同时，教育投入和海洋科技投入的减少在一定程度上影响了海洋旅游方面的人才输出，至2030年海洋旅游的从业人数仅为168万人，不利于海洋旅游的持续健康发展。

方案3高速发展模式：为加快海洋旅游城市的成长进程，本模式中的调控方式为着重提高资产性投资的比例，从而实现其快速发展。仿真结果表明，海洋旅游城市的成长最为迅速，游客数量、海洋旅游收入和海洋旅游从业人数是四种模式中发展最快、数值最高的。由于游客数量的激增在短期内对基础设施带来巨大压力，在前期其海洋旅游接待能力快速下降，同时因资产性投资的增加，基础设施伴随着海洋旅游的高速发展日渐完善，之后其海洋旅游接待能力降速趋缓并保持平稳态势。空气质量综合指数逐步提升，且远高于另外三种模式，这反映出在海洋迅速发展过程中，给海洋生态环境带来了巨大压力甚至超出其环保治理能力，环境发展水平迅速下降。海洋旅游发展水平增长缓慢，与低速发展模式基本持平，且远低于自然发展模式和协调发展模式，说明盲目扩大投资规模不利于海洋旅游城市的建设，只有统筹兼顾、综合施策才能真正构建起全面协调可持续的海洋旅游城市。

方案4协同发展模式：根据上述三种方案各自存在的问题，基于效率、环保、渐进、协调的发展策略，该模式下的具体操作中适度提高四个调控变量的数值，继而对相关参数进行仿真模拟。在该模式的仿真过程中，海洋旅游城市成长迅速，至2030年其游客数量、海洋旅游收入和海洋旅游从业人数高于自然、低速发展模式，仅次于高速发展模式。协同发展模式下海洋旅游接待能力、空气质量综合指数与方案1的自然发展模式态势相当，其海洋旅游接待能力在四种模式中位于最高水平，空气质量综合指数远低于低速、高速发展模式，略高于自然发展模式。海洋旅游发展水平则稳步提升，在四种模式中处于最高位置，这说明在该模式下青岛的海洋旅游接待能力、海洋旅游发展水平都得以较快提升，且相对较低的空气质量综合指数也表明该模式下的成长路径对环境的破坏程度最小，相对而言是一种“低投入、高发展、低排放”的优化模式。整体来说，协同发展模式集合了前三种模式的优点，有效地避免了其他成长路径中的不足和缺陷，此种模式下的海洋旅游城市成长处于最佳态势。

5.2 结论与讨论

海洋旅游城市成长受多重因素的综合作用、协同影响，是由各要素耦合而成的复杂动态系统，其内部存在着大量非线性关系并随时间发展而动态变化，系统动力学能够融合基础理论和计算仿真技术，建立起反映该城市成长模式的动态模型并对其进行综合仿真。就系统动力学在城市成长模式中的应用而言，部分文章仍停留在建模阶段，关于参数方程界定、模型测试和分析评估的论证略有不足，本研究则对该方法进行了较为完整的应用，其仿真结果表明，方案 4 协同发展模式既能促进海洋旅游城市的快速成长，又能减少一系列社会问题，要优于其他 3 种方案。与同类研究相似（张俊、程励，2019；张丽丽等，2014；章杰宽，2011；任焕丽，2018），本文在仿真过程中亦是通过选取调控参数及相关反馈变量，进而界定出最佳发展模式，所不同的是各项研究所选取的参数变量各有其特色，这主要是由于研究主体的差异及各主体的发展情境不同所导致的，并不影响研究结果的合理性与可靠性。

根据研究结果，本文提出海洋环境保护—基础设施建设—旅游投资优化—海洋人才培育的协调增进路径以促进海洋旅游城市的持续健康发展。①政府部门应合理借鉴国内外成功经验，完善相关法律体系，建立并落实行之有效的环保责任机制，如巴利阿里群岛征收旅游环境税这一举措，极大提高了破坏环境的违约成本，有力地保护了当地的生态环境（江海旭等，2012）。在强化正式约束的同时，亦需加强对当地居民和旅游者的非正式约束，通过培育其价值观念、行为习惯等规范其旅游行为。在海洋旅游城市建设过程中，要协调好生态平衡和人工绿化，最大限度降低人工开发对生态环境的不利影响，积极引入新的科学技术以完善海洋生态环境测评、预警与保护机制，从而建立起“智慧型海洋旅游城市”，增强海洋旅游发展的科学性、协调性和持续性。②在做好调查评估的基础上制定长期科学规划，持续增加海洋旅游基础设施和公共环境投资以提升基础设施的现代化程度。同时，以政府为主体利用好现代化设施积极承办各种国际组织和国际企业会议，从而使得会议展览业与旅游业相嫁接，使旅游淡季变成旺季，并产生高质量经济效益，从内外两个方面提升海洋旅游城市的吸引力和承载力。要注重引入智慧旅游设施，并以“人本化”为指导理念，结合旅游者的行为偏好和海洋旅游城市的客观实际进行合理布局，以推进“智慧型海洋旅游城市”建设，不断提高其成长的质量和水平。③在海洋旅游投资方面，各参与主体要提高服务能力和服务水平、建立健全投资保障机制以营造良好的海洋旅游投资软环境，加强高规格招商引资以保证其一流开发能力，在实地考察的基础上开展海洋旅游投资预警研究，制定完备的投资规划和相关制度法规，以此引导并规范海洋旅游投资。在投资过程中亦当结合发展实际，实施灵活的开发运作模式，如资产性投资的适度性、各类影响因素的全方位考量等。同时，要为海洋文化传承注入资金，最大限度挖掘本地的人文资源，并注重发掘整合与之相关的各类历史资源和民俗风情，将文化产业和度假旅游相结合，实现产业细分组合，打造多元旅游产品，为海洋旅游带来可持续的发展空间。④人力资源是海洋旅游城市成长的重要支撑，也是其转型升级的不竭动力，在优化教育领域投资的同时，要注重人才培养的专业化和多样化，在多个领域有目的地培育一批海洋旅游领域内的专业化人才（如海洋旅游城市的规划类、管理类人才等），并积极实施人才引进制度，落实人才优惠政策，使得内部培育和外部引入相结合，为城市的建设和发展提供优质人才资源，在“质”和“量”两个层面促进海洋旅游城市的又好又快成长。政府部门还应加强与各个地区、国家间的全方位合作，引入优质人才、学习先进经验，打造区域无障碍人才流动模式（林明太、郑惠娇，2009），进一步提高人力资源的使用效率，继而提高海洋旅游城市成长的质量和水平，将其打造成为国际性的海洋旅游城市。

本研究具有一定的理论价值和实践意义，但在仿真过程中也存在着部分局限性。一方面，为满足研究所需，在模型构建过程中部分参数选取的是历年数据平均值，对仿真结果会造成些许误差；另一方面，案例地选择上，本研究只选择青岛市作为研究对象，尚未检验本研究所构建的系统动力学模型的普适性和科学性，未来研究中将对其他沿海城市进一步展开论证，得出更多更有针对性的结论对策，对海洋旅游城市的成长进行更为深入的解读。

致谢

基金项目：山东省社会科学规划研究基金项目“全域旅游背景下的山东旅游公共服务体系研究”（18CGLJ39）；青岛市“双百调研工程”：建设国际时尚城青岛市会展业如何发力（2019-B-33）。

注释

① GPC = GDP/TP

GDP = INTEG (GDPIITC, 5666.19)

PPOTEIIFE =INTEG (IITPOMTEIIFE, 0.019)

IITPOMTEIIFE= PPOTEIIFE*TGROOTEIITPOFE

MPE =0.33*NS+0.33*PP+0.33*GI

PEIMT =72*(1+GROPEIMT)

RFMT=INTEG (IIRFT, 580.4)

IIRFT = NOMT*FITIOMTIBTNOT

NOMT =INTEG (IITNOMT, 4504.7)

LODOE=0.4*MEE+0.3*MIE+0.3*MPE

MEE=0.2*HDROMR+0.2*ROMST+0.2*EQCI+0.2*UGC+0.2*POIIEP

LODOMSAT = (0.33*MSATIAASOGDP +0.33*EOMSR)/1000+0.34*ROPIMSAT

POMSATIIFE = INTEG (IIPOMSATITFE, 0.0283)

IIPOMSATITFE = POMSATIIFE*GROMSATIAPOTFR

FR =INTEG (CIFR, 1990.54)

TSOTE =INTEG (IIOVOTI, 2629.12)

IIOVOTI = TSOTE*GROTI

TIFOMTIOGDPG = WITH LOOKUP

(RFMT,([(2010,0.102)-(2025,0.17)],(2010,0.102),(2011,0.103),(2012,0.111),(2013,0.117),(2014,0.122),(2015,0.137),(2016,0.144),(2017,0.149),(2018,0.152),(2019,0.155),(2020,0.158),(2021,0.16),(2022,0.163),(2023,0.165),(2024,0.167),(2025,0.17)))

参考文献

[1] GONZÁLEZ-PÉREZ, J M, REMOND-ROA R, RULLAN-SALAMANCA O, et al. Urban growth and dual tourist city in the Caribbean. Urbanization in the hinterlands of the tourist destinations of Varadero (Cuba) and Bávaro-Punta Cana (Dominican Republic)[J]. Habitat International, 2016, 58: 59-74.

[2] HĄCIA E. The development of tourist space in Polish Port cities[J]. Procedia Social and Behavioral Sciences, 2014, 151: 60-69.

[3] LU X L, YAO S M, GUO F, et al. Dynamic simulation test of a model of ecological system security for a coastal tourist city[J]. Journal of Destination Marketing & Management, 2019, 13: 73-82.

[4] MARTÍ P, NOLASCO-CIRUGEDA A, SERRANO-ESTRADA L. Assessment tools for urban sustainability policies in Spanish Mediterranean tourist areas[J]. Land Use Policy, 2017, 67(September 2017): 625-639.

[5] SCHIANETZ K, KAVANAGH L, LOCKINGTON D. The learning tourism destination: the potential of a learning organisation approach for improving the sustainability of tourism destination[J]. Tourism Management, 2007, 28(6): 1485-1496.

[6] 陈钢华，保继刚．专业化旅游城市的发展历程与动力机制——以三亚市为例[J]．旅游论坛, 2014, 7(1): 1-10.

[7] 董志文，孙静，李钰菲．我国沿海城市海洋旅游发展水平测度[J]．统计与决策, 2018, 34(19): 130-134.

[8] 郭玲玲，武春友，于惊涛，等．中国绿色增长模式的动态仿真分析[J]．系统工程理论与实践，2017，37(8): 2119-2130.

[9] 郭巧云．人力资源能力建设与提升中国城市竞争力问题探讨[J]．城市发展研究, 2005(3): 65-68+80.

[10] 郭伟，高颖，张鑫，等．全域旅游的系统动力学模型构建[J]．统计与决策, 2018, 34(21): 50-53.

[11] 胡振华，容贤标，熊曦．全国旅游城市旅游业发展和生态文明建设的协调度研究[J]．学术论坛，2016，39(9): 51-58.

[12] 黄颖．旅游城市品牌竞争力研究[D]．重庆：重庆师范大学, 2019.

[13] 江海旭，李悦铮，王恒．地中海海岛旅游开发经验及启示——以西班牙巴利阿里群岛为例[J]．世界地理研究, 2012, 21(4): 124-131.

[14] 金丽，赵黎明．国际旅游城市形成发展的动力机制[J]．社会科学家, 2007(6): 113-116.

[15] 李淑娟，李满霞．我国滨海城市旅游经济与生态环境耦合关系研究[J]．商业研究, 2016(2): 185-192.

[16] 林明太，郑惠娇．厦门旅游人力资源存在问题及对策研究[J]．资源开发与市场, 2009, 25(12): 1124-1127.

[17] 刘欢，杨德进，王红玉．国内外海洋旅游研究比较与未来展望[J]．资源开发与市场, 2016, 32(11): 1398-1403.

[18] 刘志强，陈渊，金剑，等．基于系统动力学的农业资源保障及其政策模拟：以黑龙江省为例[J]．系统工程理论与实践, 2010, 30(9): 158

[19] 罗明义. 论国际旅游城市的建设与发展[J]. 桂林旅游高等专科学校学报, 2004(2): 5-8.
[20] 麻学锋, 刘玉林. 旅游产业成长与城市空间形态演变的关系——以张家界为例[J]. 经济地理, 2019, 39(5): 226-234.
[21] 马晓龙, 金远亮. 城市土地利用变化与旅游发展的作用机制研究[J]. 旅游学刊, 2014, 29(4): 87-96.
[22] 马晓龙, 李维维. 城市旅游综合体的生成因子判定与作用机制研究[J]. 人文地理, 2016, 31(6):145-151.
[23] 彭华. 关于城市旅游发展驱动机制的初步思考[J]. 人文地理, 2000(1): 1-5.
[24] 任焕丽. 城市旅游化测度、系统动力学模型构建及仿真[D]. 大连: 辽宁师范大学, 2018.
[25] 宋振春, 李秋. 城市文化资本与文化旅游发展研究[J]. 旅游科学, 2011, 25(4): 1-9.
[26] 孙建竹. 基于 LCUTD 理论的黄山城市旅游发展驱动机制研究[D]. 河北: 燕山大学, 2009.
[27] 孙九霞, 陈浩. 粤港澳合作背景下的广州城市旅游成长机制研究[J]. 思想战线, 2008(3): 129-130.
[28] 王迪云, 夏艳玲, 李若梅. 城市旅游与城市文化协调发展——以长沙为例[J]. 经济地理, 2007(6): 1059-1062.
[29] 王妙妙, 章锦河, 张秀玲. 系统动力学在旅游研究中的应用[J]. 云南地理环境研究, 2010, 22(1): 105-110.
[30] 王旭科. 城市旅游发展动力机制的理论与实证研究[D]. 天津: 天津大学, 2008.
[31] 肖岚. 系统动力学的低碳旅游系统研究[J]. 经济问题, 2015(2): 126-129.
[32] 熊励, 王锟, 许肇然. 互联网支撑上海全球城市竞争生态优势提升研究——基于世界城市网络模型[J]. 中国软科学, 2018(9): 76-90.
[33] 徐红罡. 潜在游客市场与旅游产品生命周期——系统动力学模型方法[J]. 系统工程, 2001(3): 69-75.
[34] 徐君. 资源型城市系统演化的动力学分析[J]. 广西社会科学, 2011(2): 63-66.
[35] 佚名. 环境空气质量指数(AQI)技术规定(试行)[J]. 中国环境管理干部学院学报, 2012, 22(1): 44.
[36] 于跃洋. 大连海洋旅游现状分析及对策研究[D]. 桂林: 广西师范大学, 2017.
[37] 张广海, 孙文斐. 城市旅游发展动力机制评价分析——以山东滨海城市为例[J]. 中国海洋大学学报(社会科学版), 2010(4): 76-81.
[38] 张俊, 程励. 旅游发展与居民幸福: 基于系统动力学视角[J]. 旅游学刊, 2019, 34(8): 12-24.
[39] 张丽丽, 贺舟, 李秀婷. 基于系统动力学的新疆旅游业可持续发展研究[J]. 管理评论, 2014, 26(7): 37-45.
[40] 章杰宽. 区域旅游可持续发展系统的动态仿真[J]. 系统工程理论与实践, 2011, 31(11): 2101-2107.

[欢迎引用]

蔡礼彬, 朱哲哲. 基于系统动力学仿真的青岛海洋旅游城市成长模式分析[J]. 城市与区域规划研究, 2021, 13(1): 47-66.

CAI L B, ZHU Z Z. Research on growth model of Qingdao marine tourism city based on system dynamics modeling and simulation[J]. Journal of Urban and Regional Planning, 2021,13(1): 47-66.

长株潭核心区土地利用时空演化特征分析

汤放华　刘　耿　张鸿辉

An Analysis on Spatial-Temporal Evolution Characteristics of Land Use in the Changsha-Zhuzhou-Xiangtan Core Area

TANG Fanghua[1], LIU Geng[2], ZHANG Honghui[3,4]
(1. Architecture and City Planning School of Hunan City University, Yiyang 413000, China; 2. School of Geography and Planning, Sun Yat-Sen University, Guangzhou 510275, China; 3. College of Resources and Environmental Sciences, Hunan Normal University, Changsha 410081, China; 4. Guangdong Guodi Land Planning Science Technology Co. Ltd., Guangzhou 510650, China)

Abstract Using the Landsat remote sensing images, land use data and geographical conditions census data, this paper analyzes the spatio-temporal evolution of land use in the Changsha-Zhuzhou-Xiangtan core area from 1990 to 2015 and finds out the following results. In terms of changes in land use, Changsha-Zhuzhou-Xiangtan core area is mainly characterized by the conversion of arable land and park land into construction land, with less change in grassland, water area and unused land, and an unobvious change in the area of land use. In the core area, construction land increased from 3.68% in 1990 to 14.54% in 2015. As time goes on, the construction land in 15 counties grows at an increasing speed, and the construction land area and its proportion shows a rising trend. In terms of changes in landscape pattern, the landscape patches of different types of land use are separated due to human activities, and the landscape shape becomes more complex. Affected heavily by urban construction, the landscape pattern of arable land

作者简介
汤放华，湖南城市学院建筑与城市规划学院；
刘耿，中山大学地理科学与规划学院；
张鸿辉，湖南师范大学资源与环境科学学院、广东国地规划科技股份有限公司。

摘　要　文章利用 Landsat 影像数据、土地利用数据、地理国情普查数据，对长株潭核心区 1990～2015 年的土地利用时空演化进行分析。结果表明：土地利用变化方面，1990～2015 年，长株潭核心区的土地类型演化主要体现在耕地、园林地向建设用地的转化，草地、水域、未利用地向其他类型用地的转化较弱，且历年的用地面积变化不明显。长株潭核心区的建设用地面积占比从 1990 年的 3.68% 增加到 2015 年的 14.54%，各区县的建设用地扩展强度逐步增强，且建设用地面积和占比也随着时间的推移呈增加趋势。景观格局变化方面，各类型用地的景观斑块在人为干扰下分离趋势加强，景观形状趋于复杂。耕地的景观格局受城市建设影响最严重，最大斑块指数明显减少，斑块破碎化程度逐渐加强，而建设用地的最大斑块指数逐步上升，其用地扩展成连片趋势。对土地利用变化从经济、人口、政策三个方面进行了驱动因素分析，通过线性回归的方法，分别量化了这三个驱动因素对建成区面积的影响。文章在时空演化分析的基础上利用元胞自动机的方法对 2020 年建设用地空间布局进行模拟，模拟结果表明，建设用地的扩展以紧邻已有建设用地在条件合适的区域呈外延式扩展，建设用地的整体形态呈成片趋势，模拟结果可为后续规划建设提供参考和对照。

关键词　土地利用；时空演化；驱动因素；模拟；长株潭核心区

1　引言

快速城市化背景下，城市空间盲目扩展，土地利用类

becomes gradually fragmentized. In contrast, the largest patch index of construction land is gradually rising, and the construction land is going to be contiguous. In addition, the paper explores the driving factors of land use changes from the three aspects of economy, population and policy, and quantifies the influence of the three driving factors on the built-up area by using the linear regression method. On the basis of the analysis of spatio-temporal evolution, it simulates the spatial layout of construction land in 2020 by the cellular automata method. The results show that the expansion of construction land is adjacent to the existing construction land, which is an overall trend. These simulation results can provide reference and contrast for future planning.

Keywords land use; spatial-temporal evolution; driving factor; simulation; Changsha-Zhuzhou-Xiangtan core area

型无序演化，耕地、林地等不断被侵占，对生态系统的结构和功能产生了不利影响，引发了耕地大量流失、水资源更趋紧缺等一系列粮食安全隐患（闫梅等，2011；Deng et al.，2015）和生态安全隐患（Wu et al.，2011；Liu et al.，2015）。通过定量化技术摸清土地利用空间格局的演化特征及趋势，有助于对生态安全进行有效评估，辅助土地用途管制部门进行土地的科学规划和管控，使土地利用空间格局朝着健康的方向发展，降低生态风险。

同时，随着土地资源的日益紧缺和人地矛盾的日益突出，土地利用及覆被变化（LUCC）逐渐被国内外相关学者和组织所关注并成为当今土地利用研究的热点(何凡能，2015）。从早期的土地资源调查（王恒俊，1999），到土地利用空间格局变化研究(杨俊等，2014；韩会然等，2015；刘纪远等，2018），土地利用变化研究正逐步深入。遥感和地理信息系统技术的快速发展，也为土地利用变化的时空演变分析和定量研究提供了新的技术手段与支撑（Hao and Ren，2009；Zhang et al.，2012；满卫东等，2016）。目前，土地利用变化的时序演变分析主要包括：运用空间分析、统计分析、耦合度分析等手段研究土地空间格局变化的社会经济效益和生态环境效益（周卫东等，2012；张文忠等，2003；史坤博等，2016）；利用定量方法探讨土地空间格局变化的驱动因素和驱动机理(李月臣、何春阳，2008；任志远等，2011；Lambin et al.，2003；刘纪远等，2009）；利用 LandSHIFT 模型（Schaldach et al.，2011）、元胞自动机模型（Dewan et al.，2012；杨俊等，2015）、CLUE-S 模型（吴健生等，2012）等来模拟土地利用变化特征。长株潭地区是湖南城镇化发展的重点区域、全国“两型社会”的典型示范区，对其核心区的土地利用时空演化特征进行研究是了解该区域生态安全和生态环境质量状况的基础（傅丽华等，2012），是制定土地利用目标与任务并提出土地利用发展措施的重要依据（熊鹰等，2018）。针对长株潭地区土地利用变化研究多侧重于建设用地扩张或耕地、生态用地缩减等单一方面，较长时期土地利用变化时空特征研究相对较少的现状，本文以长株潭核心区为研究对象，采用遥感和地理信息等技术手段，对土地利用的时空演化特征进行分析，为该区域土地资源的合理开发利用、土地利用格局的优化、生态风险防范能力的提高提供参考。首先，对多源数据进行了预处理及融合校正；在此基础上对土地利用类型的转化方向、转化强度、空间格局变化进行了量化分析，并从经济、人口、政策三个方面构建了土地利用变化的回归模型；最后，基于驱动因子，以元胞自动机的方法构建了土地利用变化模拟模型，并根据模拟结果提出了规划的应对策略。

2　数据源与研究区域

2.1　研究区域

本研究的区域范围为长株潭核心区域，其地理位置在27°06′～28°50′N与112°03′～113°40′E之间，具体包括长沙市区、株洲市区、湘潭市区、长沙县、湘潭县、株洲县等“三市三县”地区，总面积约8 623平方千米，占长株潭城市群面积的17.02%。

2.2　数据源及预处理

2.2.1　数据源

本研究用到的主要数据源包括1994、2006年30米空间分辨率的Landsat遥感影像数据，1990、2000、2010年30米空间分辨率的土地利用数据，2015年0.6米空间分辨率的全国地理国情普查数据，行政界线、路网、水系、DEM等基础地理信息数据，以及相应研究区域范围内的人口、经济、社会等相关统计数据。

2.2.2　数据预处理

统一各类数据的空间参考，将坐标统一转至CGCS2000坐标系。对Landsat影像数据进行系统辐射校正、几何精校正和地形校正。考虑到遥感影像数据的空间分辨率特征及长株潭核心区的土地利用实际，制定土地利用分类体系，将用地分为耕地、林地、草地、水域、建设用地和未利用地计六大类，同时对1990、2000、2010年的土地利用数据和2015年的地理国情普查数据进行重分类，建立细分类型与这六大类的映射关系。数据处理过程如图1所示。

1994、2006年的Landsat遥感影像中林地、耕地和草地光谱特征较为相似，需做进一步处理和区分，将归一化水体指数（NDWI）大于0.12的作为水体，掩膜后得到影像1，将归一化植被指数（NDVI）大于0的作为建筑区，掩膜后得到影像2。基于样本选择，采用支持向量机（SVM）的方法将影像2分为耕地、林地、草地和未利用地，并将建筑用地和水域进行映射，最后对分类结果做主要、次要分析，得到最终分类结果。对分类结果精度进行评定，各时相分类结果的总体精度在80%以上，kappa

系数为 0.87 左右，处理结果满足应用要求（表 1）。

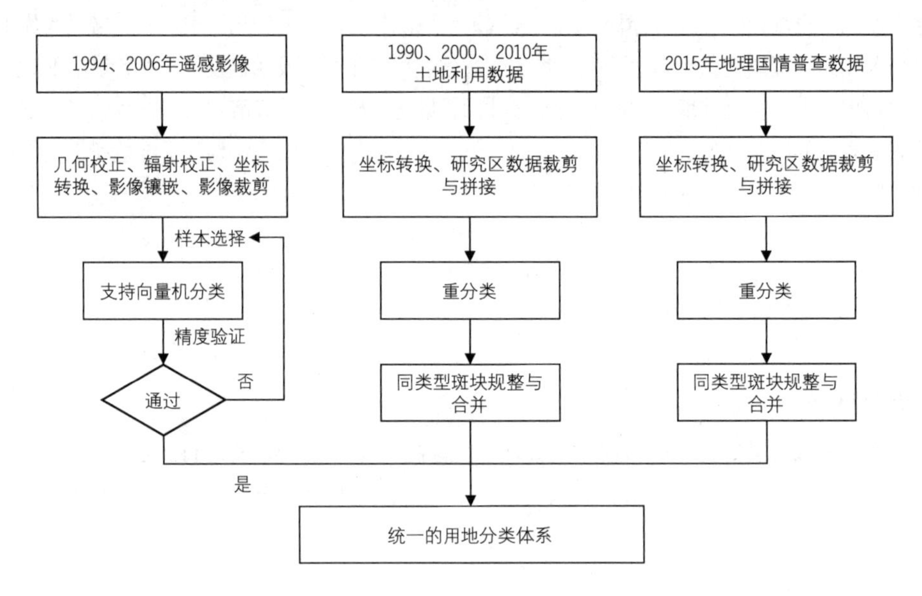

图 1　数据预处理流程

表 1　SVM 监督分类精度验证

类别	误分率	漏分率	生产者精度	用户精度
耕地	12.48（362/2 900）	6.03（163/2 701）	93.97（2 538/2 701）	87.52（2 538/2 900）
林地	4.29（117/2 730）	10.64（311/2 924）	89.36（2 613/2 924）	95.71（2 613/2 730）
草地	100.00（5/5）	100.00（94/94）	0.00（0/94）	0.00（0/5）
水域	23.41（166/709）	13.81（87/630）	86.19（543/630）	76.59（543/709）
建设用地	25.95（102/393）	2.02（6/297）	97.98（291/297）	74.05（291/393）
未利用地	0（0/0）	100.00（91/91）	0（0/91）	0（0/0）

3　研究方法

3.1　城市年均扩展强度指数

利用刘盛和所提出的城市年均扩展强度指数对长株潭 15 个区县的建设用地变化进行分异性比较。城市年均扩展强度指数是指在间隔年限内城市土地扩张面积占其土地总面积的百分比（Liu et al.,

2000），其公式为：

$$U_{t\sim t+n}=[(ULA_{t+n}-ULA_t)/n]/TLA\times 100 \tag{1}$$

其中，$U_{t\sim t+n}$、ULA_{t+n}、ULA_t 分别为研究单元的年均扩展强度指数、在 $t+n$ 及 t 年时的建设用地面积，TLA 为研究单元的总面积。

3.2 景观格局指数

土地利用是社会经济和生态因素长期相互作用的结果，其与经济发展水平、人口增长以及景观之间具有复杂的联系并形成各种类型的景观（岳文泽等，2005）。景观作为因子作用的综合体，其景观格局与景观特征反映了人类活动对土地利用的影响。描述景观格局的几何特征、揭示景观变化过程、分析格局所表示的特定生态过程及其空间对应关系，有助于更好地理解土地利用的变化过程和特征。

本文选用三个主要景观格局指数来表征土地利用的景观格局变化，其计算公式与指标含义具体如下（Li and Wu，2004）。

（1）斑块密度（*PD*）

斑块密度表征单位面积（A）上某种类型斑块的个数（N），其用于反映斑块的密集程度。

$$PD=\frac{N}{A} \tag{2}$$

（2）最大斑块指数（*LPI*）

最大斑块指数表征某一类型的最大斑块在整个景观中所占的比例。最大斑块指数的范围介于 0～100，反映优势景观类型，该值的变化可表达人类活动等对景观格局的影响。

$$LPI=\frac{max(aij)}{A}\times 100 \tag{3}$$

（3）景观形状指数（*LSI*）

景观形状指数表达整个景观被最小分析单元分割的可能性，斑块越不规则，*LSI* 指数值越高。

$$LSI=\frac{E}{2\sqrt{\pi A}} \tag{4}$$

3.3 元胞自动机模拟模型

利用元胞自动机（cellular automaton，CA）模拟模型进行长株潭核心区的建设用地变化模拟。CA 模型具有强大的空间运算能力，通过局部空间数据之间的相互作用可以对整个区域的变化进行推演（郭欢欢等，2011）。CA 模型以元胞为基本单元，将研究区域划分为若干元胞，各元胞具有不同的状态性质，其未来的状态由现有状态、邻居状态、转换规则等共同决定。通过模拟各元胞的状态变化过程，可以得出一定时间序列的土地利用动态变化过程。

CA 模型中的邻域实际上反映了中心与周围环境的相互作用关系。邻域对中心细胞的影响体现在两个方面：一是细胞状态取值；二是邻域内细胞的构型。以邻域为基础，具体的模拟方法和过程如下。

（1）区位变量选取。选取区县的吸引力、水系的吸引力、道路的吸引力、地形地貌的影响（DEM表示）四个因子作为区位变量。对各区位变量进行计算，其中水系、道路、区县的引力以欧式距离度量，距离越近，引力越强；地形的引力以高程度量，高程越高，引力越小。之后，对区位变量的引力进行标准化，使得各引力取值均为0～1，避免不同区位变量的量纲影响。

（2）邻域选择。本文选取的邻域为3×3的单元体。Moore 邻域内不包括自身的城市建设元胞数目为8。

（3）设置区位变量的权重。以各区位变量的引力值及权重系数，得到土地利用的适应性。

$$S = w_1 \times a_1 + w_2 \times a_2 + w_3 \times a_3 + w_4 \times a_4 \quad (5)$$

式中，S 为土地利用的适宜性，a_i（i=1，2，3，4）为区位变量，w_i（i=1，2，3，4）为相应的权重系数。权重系数根据 Logistic 逻辑回归方法确定（黎夏、刘小平，2007）。利用历史建设用地，通过保持其他权重参数不变，采用单一参数循环（MonoLoop）的方法（龙瀛等，2009），分别得到相应的模拟形态，将其与历史形态进行点对点对比，计算 kappa 指数。将具有最高 kappa 指数（其值为 0.68）的结果作为权重系数识别结果。确定权重后，得到建设用地扩展的适宜性空间特征。

（4）模拟模型。将上述土地利用适应性转化为某一元胞转换为建设用地的可能性，用一个负幂函数将土地利用适应性指标映射为元胞的建设用地转换概率。

$$M\{x, y\} = \frac{1}{1+e^{-S}} \quad (6)$$

式中，$M\{x, y\}$为位置$\{x, y\}$处变换为建设用地的全局概率。根据全局变化概率，可以得到元胞的建设用地转换概率：

$$P\{x, y\} = \exp(-u_1 \times M_{\{x,y\}} / M_{max}) \quad (7)$$

$P\{x, y\}$为位置$\{x, y\}$处的建设用地转换概率，$-u_1$ 为扩散系数，取值在 0～10，M$\{x, y\}$为位置$\{x, y\}$处建设用地的转换全局概率，M_{max} 为每次循环中全局概率最大值。

4 结果分析

4.1 土地利用变化分析

根据解译标志，选择训练样本 ROI1（耕地）、ROI2（园林地）、ROI3（水域）、ROI4（草地）、ROI5（建设用地）、ROI6（未利用地）六类，将用地分类统一后，得到了 1990～2015 年各时相土地利用变化分类及重分类结果。从历年用地变化来看，长株潭核心区的用地类型以耕地、林地、建设用地为主，建设用地呈不断扩展趋势。

对各用地类型的面积及其变化进行分析，得出：1990～2015 年，长株潭核心区土地利用结构以园林地和耕地为主，建设用地次之，水域、草地、未利用用地等用地类型的面积相对较少（表 2）。从土地类型结构百分比来看（图 2），耕地面积总体呈减少趋势，占比从 1990 年的 39.49%下降到 2015 年的 29.82%；园林地的用地面积始终居于首位，但总体呈缓慢减少趋势，在 2010～2015 年出现小幅度增加的现象；建设用地面积始终处于增加趋势，占比从 1990 年的 3.68%增加到 2015 年的 14.54%；水域面积和草地面积保持相对稳定的态势，未利用地面积占比极少，面积变化呈现轻微的波动。用地类型转化主要体现在耕地、园林地向建设用地的演化，水域、草地、未利用地向其他类型用地的转化较弱，类型转化不明显。

表 2　长株潭核心区土地利用演化（km^2）

土地利用类型	1990 年	1994 年	2000 年	2006 年	2010 年	2015 年
耕地	3 405.36	3 395.85	3 368.93	3 310.54	3 140.03	2 571.18
园林地	4 564.68	4 559.84	4 545.05	4 498.35	4 389.39	4 478.94
草地	32.71	31.91	31.81	31.43	30.80	33.61
水域	300.44	281.55	299.85	299.28	297.46	280.75
建设用地	317.42	351.51	374.97	480.70	760.17	1 253.65
未利用地	2.79	2.73	2.78	3.09	5.53	5.25

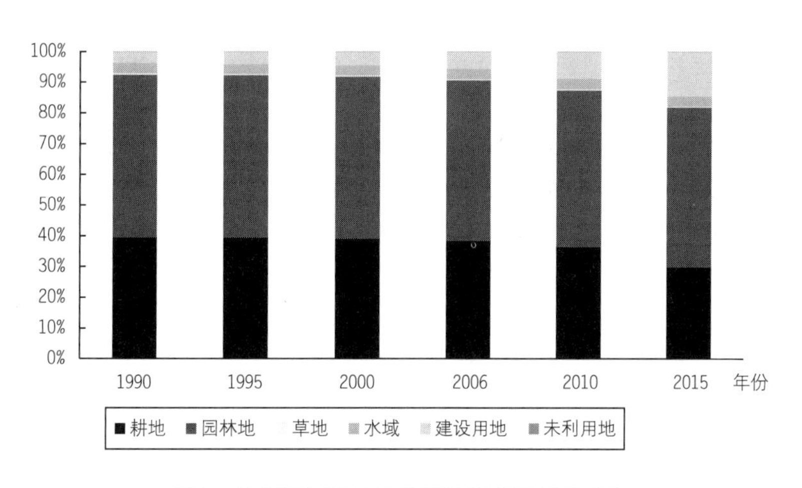

图 2　长株潭核心区各土地利用类型面积占比变化

对 1990～2015 年长株潭核心区 15 个区县的建设用地面积及占比进行分析（表 3），1990、1994、2000、2006、2010、2015 年各区县建设用地的面积占比平均值分别为 11.03%、12.65%、13.30%、15.38%、

22.59%、31.84%，建设用地面积和占比随着时间的推移呈增加趋势。各区县建设用地面积的绝对值随着时间的推移差距拉大，建设用地占比也表现出极端的不均衡性。其中，行政区与建制县之间的不均衡性最为明显，如2015年，芙蓉区的建设用地面积占比88.4%，而株洲县的建设用地面积占比只有1.84%。

表3 1990～2015年长株潭核心区15个区县建设用地面积及占比

区县	1990年		1994年		2000年		2006年		2010年		2015年	
	面积（km^2）	占比（%）	面积（km^2）	占比（%）	面积（km^2）	占比（%）	面积（km^2）	占比（%）	面积（km^2）	占比（%）	面积（km^2）	占比（%）
芙蓉区	13.95	32.72	20.54	48.18	20.89	49.00	21.44	50.30	30.07	70.55	37.68	88.40
天心区	25.02	18.04	27.23	19.63	27.57	19.88	33.82	24.39	50.72	36.57	76.45	55.13
开福区	20.62	10.68	22.64	11.73	25.20	13.06	32.77	16.98	60.82	31.51	81.76	42.36
雨花区	33.62	11.49	37.14	12.70	37.74	12.90	50.50	17.26	83.73	28.62	105.89	36.20
望城区	18.15	1.89	18.17	1.89	22.93	2.39	35.31	3.68	67.31	7.01	113.24	11.80
岳麓区	23.44	4.47	27.83	5.31	28.30	5.40	43.60	8.31	78.57	14.98	126.98	24.21
长沙县	31.93	1.83	41.33	2.37	43.56	2.50	61.75	3.55	113.78	6.54	148.38	8.52
芦淞区	9.31	13.30	9.42	13.46	10.20	14.57	12.05	17.21	16.44	23.48	23.54	33.62
株洲县	10.86	0.79	11.31	0.83	15.97	1.17	21.02	1.54	24.48	1.79	25.12	1.84
荷塘区	17.72	11.35	18.18	11.64	18.41	11.79	19.61	12.56	23.62	15.13	33.95	21.74
石峰区	24.35	15.12	24.42	15.17	28.44	17.66	28.96	17.99	37.08	23.03	45.05	27.98
天元区	3.32	2.19	5.20	3.42	6.83	4.49	12.70	8.35	28.85	18.98	53.30	35.07
雨湖区	16.85	26.95	17.52	28.02	17.57	28.09	18.09	28.93	21.22	33.94	29.57	47.29
岳塘区	26.62	12.99	28.03	13.67	30.52	14.89	36.00	17.56	48.73	23.77	80.54	39.29
湘潭县	41.56	1.65	42.45	1.69	44.68	1.78	52.85	2.10	73.32	2.92	104.60	4.16

长株潭核心区1990～1994、1994～2000、2000～2006、2006～2010、2010～2015年五个阶段的平均扩展强度为1.07、0.86、3.18、8.70、10.24，说明建设用地扩展强度总体呈增加趋势，耕地向建设用地的转化速度随时间的推移而加快。建设用地扩展方面：1990～1994年，长沙市较为剧烈，湘潭市平稳，株洲市迟缓，其中长沙市的长沙县、芙蓉区建设用地扩展速度较快，而长沙市的望城区、株洲市的芦淞区和石峰区年均扩展强度不足0.1，土地类型转化不明显；1994～2000年，株洲市和湘潭市同比增速，长沙市增速放缓，株洲市的株洲县、石峰区，长沙市的望城区，湘潭市的岳塘区、湘潭县等的建设用地扩展速度在各个区县中具有优势，而长沙的芙蓉区和天心区、株洲的荷塘区、湘潭的雨湖区建设用地扩展缓慢；2000年后，各区县的建设用地扩展强度明显增强，长沙市总体扩展强度较之于

株洲市和湘潭市具有显著优势（表 4）。建设用地扩展模式方面：1990～2015 年，长株潭核心区的区县表现出三种不同的建设用地扩展模式，分别为持续扩展型（开福区、芦淞区等）、先减速后增速型（芙蓉区、雨湖区等）、先增速后减速型（株洲县等）。

表 4　长株潭核心区 15 个区县建设用地年均扩展强度

所属市	区县	1990～1994 年	1994～2000 年	2000～2006 年	2006～2010 年	2010～2015 年
长沙市	芙蓉区	3.09	0.16	0.26	4.05	3.57
	天心区	1.03	0.16	2.94	7.93	12.07
	开福区	0.95	1.20	3.55	13.16	9.82
	雨花区	1.65	0.28	5.99	15.59	10.40
	望城区	0.01	2.23	5.81	15.02	21.55
	岳麓区	2.06	0.22	7.18	16.41	22.71
	长沙县	4.41	1.05	8.54	24.41	16.23
株洲市	芦淞区	0.05	0.36	0.87	2.06	3.33
	株洲县	0.21	2.19	2.37	1.62	0.30
	荷塘区	0.22	0.11	0.56	1.88	4.85
	石峰区	0.03	1.89	0.25	3.81	3.74
	天元区	0.88	0.76	2.75	7.58	11.47
湘潭市	雨湖区	0.31	0.02	0.25	1.47	3.92
	岳塘区	0.66	1.17	2.57	5.98	14.92
	湘潭县	0.42	1.05	3.83	9.60	14.68

由于用地变化主要体现在耕地与建设用地之间的演化，因此，建设用地的扩展情况与耕地的收缩情况具有对应性。

4.2　景观格局分析

斑块类型的景观格局演化方面，由表 5 可知，1990～2015 年，耕地、园林地、建设用地始终是长株潭核心区的主要景观成分。从斑块面积上来看，耕地面积在持续减少，从 3 405.36 平方千米减少到 2 638.39 平方千米；建设用地面积逐年增加，从 317.42 平方千米增加到 1 084.81 平方千米；园林地面积在 2000～2010 年呈轻微减少趋势，2010～2015 年又略微增加，总体上变化不大；草地面积呈持续减少趋势，在 2010～2015 年减少幅度较大，水域和未利用地面积呈随机震荡的变化形式。1990～2015 年，耕地的最大斑块指数明显减少，说明耕地景观受城市建设影响最严重，建设用地的大量增加造成其被分割为更小的斑块，破碎化程度加强；而建设用地的最大斑块指数逐步上升，说明建设用地的扩展成连片趋势；园林地、草地、水域、未利用地的斑块指数呈较小幅度随机震荡模式，这几种用地类型的斑块形状相对稳定。耕地、园林地、建设用地的景观斑块形状指数在1990～2015年持续增加，水域、草地、未利用地呈现先减少后增加的总体特征，表明所有景观斑块在人为干扰下分离趋势加强，景观形状趋于复杂。

表5　各用地类型景观指数

景观类型	年份	斑块面积（km^2）	占比（%）	斑块数目	斑块密度	最大斑块指数	景观形状指数
耕地	1990	3 405.36	39.49	1 087	0.13	8.49	121.82
	1994	3 395.85	39.38	1 080	0.13	9.59	121.32
	2000	3 368.93	39.07	1 038	0.12	8.95	124.06
	2006	3 310.54	38.39	1 246	0.14	8.82	125.80
	2010	3 140.03	36.41	1 739	0.20	3.41	124.92
	2015	2 638.39	30.61	1 641	0.19	2.73	138.74
园林地	1990	4 564.68	52.93	1 962	0.23	4.49	99.27
	1994	4 559.84	52.88	1 977	0.23	4.50	99.45
	2000	4 545.05	52.71	1 987	0.23	4.49	100.99
	2006	4 498.35	52.16	2 178	0.25	4.48	102.16
	2010	4 389.39	50.90	2 727	0.32	4.07	102.31
	2015	4 587.51	53.22	1 812	0.21	5.99	111.02
草地	1990	32.71	0.38	719	0.08	2.29	42.32
	1994	31.91	0.37	98	0.01	0.04	15.83
	2000	31.81	0.37	94	0.01	0.04	15.97
	2006	31.43	0.36	99	0.01	0.04	16.06
	2010	30.80	0.36	98	0.01	0.04	16.05
	2015	16.04	0.19	141	0.02	0.01	19.98
水域	1990	300.44	3.48	1 699	0.20	0.72	48.32
	1994	281.55	3.26	704	0.08	2.19	40.40
	2000	299.85	3.48	721	0.08	2.29	42.98
	2006	299.28	3.47	735	0.09	2.31	43.20
	2010	297.46	3.45	755	0.09	2.28	42.95
	2015	289.01	3.35	333	0.04	2.29	41.83

续表

景观类型	年份	斑块面积（km^2）	占比（%）	斑块数目	斑块密度	最大斑块指数	景观形状指数
建设用地	1990	317.42	3.68	98	0.01	0.04	16.19
	1994	351.51	4.08	1 699	0.20	0.84	47.79
	2000	374.97	4.35	1 748	0.20	0.81	50.81
	2006	480.70	5.57	1 878	0.22	1.10	55.29
	2010	760.17	8.82	1 930	0.22	1.79	58.51
	2015	1 084.81	12.59	1 243	0.14	2.42	53.20
未利用地	1990	2.79	0.03	7	0.01	0.01	4.36
	1994	2.73	0.03	6	0.01	0.01	4.22
	2000	2.78	0.03	7	0.01	0.01	4.36
	2006	3.09	0.04	10	0.01	0.01	4.96
	2010	5.53	0.06	53	0.01	0.01	9.63
	2015	3.86	0.04	68	0.01	0.01	12.36

4.3 土地利用变化驱动因素分析

土地利用变化的驱动因素主要来自于社会、经济、政策及自然人文等条件（张占录，2009；刘瑞等，2009；王婧、方创林，2011）。以长株潭核心区的建成区面积变化表征土地利用变化并选取影响建成区面积变化的驱动因子。总结长株潭核心区土地利用变化的影响因素及特征，选取长株潭核心区范围内的国内生产总值（GDP）作为经济因子、户籍人口总数作为人口因子、固定资产投资总额作为政策性因子共计三个驱动因子作为主要驱动因素。以2001～2015年共15年的中国城市统计年鉴数据作为数据源，研究驱动因子对土地利用变化的影响。

4.3.1 经济因子的驱动分析

以GDP作为自变量（以D表示，单位：亿元），建成区面积作为因变量（以U表示，单位：km^2），对二者的关系进行拟合，得出拟合方程。其中，回归方程R^2=0.974，拟合优度较高。回归方程显著性检验的概率为0，小于显著性水平0.05，被解释变量与解释变量的线性关系显著，可建立回归方程。常数项系数能通过t检验和F检验，得出的回归方程可行。

$$U = 232.65 + 0.029 \times D \tag{8}$$

由回归方程可知，GDP每增加1亿元，建成区面积将增加0.029平方千米，说明经济的发展速度与土地利用的转变强度呈正相关，建设的需求随着经济的发展而增加，经济发展速度越快，土地利用变化越剧烈。

4.3.2 人口因子的驱动分析

以户籍人口作为自变量（以 P 表示，单位：万人），建成区面积作为因变量（以 U 表示，单位：km^2），对二者的关系进行拟合，得出拟合方程。其中；R^2=0.933，通过 0.05 的显著性检验，常数项系数能通过 t 检验和 F 检验，得出可行的回归方程。

$$U = -3\,078.37 + 2.653 \times P \tag{9}$$

由回归方程可知，人口每增加 1 万人，建成区面积将增加 2.653 平方千米，说明城市化进程中，随着人口的增长，建设用地需求加强，土地利用变化的速度加快。

4.3.3 政策因子的驱动分析

以固定资产投资总额作为自变量（以 E 表示，单位：亿元），建成区面积作为因变量（以 U 表示，单位：km^2），对二者的关系进行拟合，得出拟合方程。其中，R^2=0.935，通过 0.05 的显著性检验，常数项系数能通过 t 检验和 F 检验，得出可行的回归方程。

$$U = 265.625 + 0.036 \times E \tag{10}$$

由回归方程可知，固定资产投资额每增加 1 亿元，建成区面积将增加 0.036 平方千米，说明政府的政策性引导和投资能在一定程度上影响和调节着土地利用变化的进程。

4.4 土地利用变化模拟及规划策略

以 2010 年土地利用格局为起始状态，CA 模拟循环 15 次，模拟得到 2015 年土地利用状态。再以 2015 年土地利用格局为起始状态，CA 循环 15 次，预测 2020 年建设用地分布格局，得到 2020 年的建设用地空间分布模拟结果。结果显示，建设用地的扩展以紧邻已有建设用地，在条件合适的区域呈外延式扩展为主，建设用地的整体形态呈成片趋势。

通过对长株潭核心区土地利用空间分布格局的模拟发现：长沙、株洲、湘潭三大城市的建设用地均表现为持续向外扩展模式，其中长沙以东南及北部为主要扩展方向，湘潭以西部及南部为扩展方向，株洲呈现南北纵向发展的格局；建设用地持续增加的情形下，耕地仍然表现出被持续侵占的趋势，草地、水域等在规划情景下减少幅度最小。在该情景下，规划行政管理应该注重对耕地侵占的管控，在突出区域生态地位的条件下优化长株潭的土地利用空间格局，以土地利用规划为基础，加强对生态环境的保护，设定城镇开发边界，确保土地资源的可持续性。

5 结论

1990～2015 年，长株潭核心区的土地类型演化主要体现在耕地向建设用地的转化，建设用地从 1990 年的占比 3.68%增加到 2015 年的 14.54%，草地、水域、未利用地这几种类型用地的类型转化较弱，历年用地面积变化不显著。长株潭 15 个区县的建设用地面积和占比随着时间的推移而增加，建设用地扩展强度整体上呈增强趋势。耕地的景观格局受城市建设影响最严重，斑块破碎化程度逐渐加强，而建设用地的最大斑块指数逐步上升，其用地扩展成连片趋势。各类型景观斑块在人为干扰下分离趋势加强，景观形状趋于复杂。GDP、人口总量、固定资产投资总额三个指标所对应的经济、人口、政策因子对土地利用变化的驱动作用明显，长株潭核心区 GDP 每增加 1 亿元、人口总量每增加 1 万人、固定资产投资总额每增加 1 亿元，分别对应城市建成区面积的增加量为 0.029、2.653、0.036 平方千米。通过元胞自动机的方法模拟长株潭核心区的建设用地空间分布，结果显示，建设用地的扩展以紧邻已有建设用地，在条件合适的区域呈外延式扩展为主，建设用地形态呈成片趋势。可以看出，在这 25 年间，长株潭核心区建设用地激增，耕地锐减，土地利用结构失调。耕地资源保护、城市空间拓展和生态环境建设之间的矛盾日益激烈，导致耕地、建设用地以及林地和草地的数量变化以及非持久性转换过程加剧。因此，需制定相应的管控措施，科学划定长株潭区域的生态保护红线、永久基本农田、城镇开发边界（“三线”），有效控制林地、草地的缩减态势及建设用地占用耕地，重点协调建设用地扩张与耕地及生态空间保护的矛盾。

致谢

国家自然基金面上项目“中国欠发达地区城市群建构中的新区域主义：以长株潭城市群为例”（41371182）；国家自然科学基金面上项目“耦合多智能体系统与深度学习算法的城市开发边界精细模拟研究”（41871318）；广东省国土空间规划“一张图”建设关键技术研究项目（GDZRZYKJ2020007）；羊城创新创业领军人才支持计划（2019016）。

参考文献

[1] DENG X Z, HUANG J K, ROZELLE S, et al. Impact of urbanization on cultivated land changes in China[J]. Land Use Policy, 2015, 45(45): 1-7.

[2] DEWAN A M, KABIR M H, NAHAR K, et al. Urbanisation and environmental degradation in Dhaka Metropolitan Area of Bangladesh[J]. International Journal of Environment and Sustainable Development, 2012, 11(2): 118-147.

[3] HAO H M, REN Z Y. Land use/land cover change (LUCC) and eco-environment response to LUCC in farming-pastoral zone, China[J]. Agricultural Sciences in China, 2009, 8(1): 91-97.

[4] LAMBIN E F, GEIST H J, LEPERS E. Dynamics of land-use and land-cover change in tropical regions[J]. Annual Review of Environment and Resources, 2003, 28(1): 205-241.

[5] LI H, WU J G. Use and misuse of landscape indices[J]. Landscape Ecology, 2004, 19(4): 000 000.

[6] LIU S S, WU C J, SHEN H Q. A GIS based model of urban land use growth in Beijing[J]. Acta Geographica Sinica, 2000, 55: 407-416.

[7] LIU Y Q, LONG H L, LI T T, et al. Land use transitions and their effects on water environment in Huang-Huai-Hai

Plain, China[J]. Land Use Policy, 2015, 47: 293-301.
[8] SANTÉ I, GARCÍ A M, MIRANDA D, et al. Cellular automata models for the simulation of real-world urban processes: a review and analysis[J]. Landscape & Urban Planning, 2010, 96(2): 108-122.
[9] SCHALDACH R, ALCAMO J, KOCH J, et al. An integrated approach to modelling land-use change on continental and global scales[J]. Environmental Modelling & Software, 2011, 26(8): 1041-1051.
[10] WU J, JENERETTE G D, BUYANTUYEV A, et al. Quantifying spatiotemporal patterns of urbanization: the case of the two fastest growing metropolitan regions in the United States[J]. Ecological Complexity, 2011, 8(1): 1-8.
[11] ZHANG Q Q, XU H L, FU J Y, et al. Spatial analysis of land use and land cover changes in recent 30 years in Manas River Basin[J]. Procedia Environmental Sciences, 2012, 12: 906-916.
[12] 傅丽华，谢炳庚，张晔. 长株潭核心区土地利用生态风险多尺度调控决策[J]. 经济地理, 2012, 32(7): 118-122.
[13] 郭欢欢，李波，侯鹰，等. 元胞自动机和多主体模型在土地利用变化模拟中的应用[J]. 地理科学进展，2011, 30(11): 1336-1344.
[14] 韩会然，杨成凤，宋金平. 北京市土地利用空间格局演化模拟及预测[J]. 地理科学进展, 2015, 34(8): 976-986.
[15] 何凡能，李美娇，肖冉. 中美过去300年土地利用变化比较[J]. 地理学报, 2015, 70(2): 297-307.
[16] 黎夏，刘小平. 基于案例推理的元胞自动机及大区域城市演变模拟[J]. 地理学报, 2007, 62(10): 1097-1109.
[17] 李月臣，何春阳. 中国北方土地利用/覆盖变化的情景模拟与预测[J]. 科学通报, 2008, 53(6): 713-723.
[18] 刘纪远，宁佳，匡文慧，等. 2010～2015年中国土地利用变化的时空格局与新特征[J]. 地理学报，2018，73(5): 789-802.
[19] 刘纪远，张增祥，徐新良，等. 21世纪初中国土地利用变化的空间格局与驱动力分析[J]. 地理学报，2009, 64(12): 1411-1420.
[20] 刘瑞，朱道林，朱战强，等. 基于Logistic回归模型的德州市城市建设用地扩张驱动力分析[J]. 资源科学, 2009, 31(11): 1919-1926.
[21] 龙瀛，韩昊英，毛其智. 利用约束性CA制定城市增长边界[J]. 地理学报, 2009, 64(8): 999-1008.
[22] 满卫东，王宗明，刘明月，等. 1990～2013年东北地区耕地时空变化遥感分析[J]. 农业工程学报，2016，32(7): 1-10.
[23] 任志远，李冬玉，杨勇. 关中地区土地利用格局模拟与驱动力分析[J]. 测绘科学, 2011, 36(1): 105-108.
[24] 史坤博，杨永春，张伟芳，等. 城市土地利用效益与城市化耦合协调发展研究——以武威市凉州区为例[J]. 干旱区研究, 2016, 33(3): 655-663.
[25] 王恒俊，雍绍萍. 东新村土地资源调查[J]. 水土保持研究, 1999, 6(1): 20-24.
[26] 王婧，方创琳. 城市建设用地增长研究进展与展望[J]. 地理科学进展, 2011, 30(11): 1440-1448.
[27] 吴健生，冯喆，高阳，等. CLUE-S模型应用进展与改进研究[J]. 地理科学进展, 2012, 31(1): 3-10.
[28] 熊鹰，陈云，李静芝，等. 基于土地集约利用的长株潭城市群建设用地供需仿真模拟[J]. 地理学报，2018, 73(3): 562-577.
[29] 闫梅，黄金川，彭实铖. 中部地区建设用地扩张对耕地及粮食生产的影响[J]. 经济地理，2011，31(7): 1157-1164.
[30] 杨俊，单灵芝，席建超，等. 南四湖湿地土地利用格局演变与生态效应[J]. 资源科学, 2014, 36(4): 856-864.
[31] 杨俊，解鹏，席建超，等. 基于元胞自动机模型的土地利用变化模拟：以大连经济技术开发区为例[J]. 地理学

报, 2015, 70(3): 461-475.

[32] 岳文泽，徐建华，徐丽华，等. 不同尺度下城市景观综合指数的空间变异特征研究[J]. 应用生态学报，2005, 16(11): 2053-2059.

[33] 张文忠，王传胜，吕昕，等. 珠江三角洲土地利用变化与工业化和城市化的耦合关系[J]. 地理学报，2003, 58(5): 677-685.

[34] 张显峰. 基于 CA 的城市扩展动态模拟与预测[J]. 中国科学院大学学报, 2000, 17(1): 70-79.

[35] 张占录. 北京市城市用地扩张驱动力分析[J]. 经济地理, 2009, 29(7): 1182-1185.

[36] 周卫东，孙鹏举，刘学录. 临夏州土地利用与生态环境耦合关系[J]. 四川农业大学学报, 2012, 30(2): 210-215.

[欢迎引用]

汤放华，刘耿，张鸿辉. 长株潭核心区土地利用时空演化特征分析[J]. 城市与区域规划研究, 2021, 13(1): 67-81.

TANG F H, LIU G, ZHANG H H. An analysis on spatial-temporal evolution characteristics of land use in the Changsha-Zhuzhou-Xiangtan core area[J]. Journal of Urban and Regional Planning, 2021,13(1): 67-81.

我国国家级城市群信息流多中心网络演变特征研究

吴　骞　高文龙　王一飞

Research on the Evolution of Multi-Center Network of National Urban Agglomeration Based on Baidu Index

WU Qian[1,2], GAO Wenlong[3], WANG Yifei[4]
(1. School of Architecture, Tsinghua University, Beijing 100084, China; 2. Beijing Key Laboratory of Spatial Development of Capital Region, Beijing 100084, China; 3. CAUPD Planning & Design Consultants Co., Beijing 100044, China; 4. China Academy of Urban Planning & Design, Beijing 100044, China)

Abstract Globally, urban development is gradually changing from single-central agglomeration to multi-center networking through decentralized agglomeration. At the same time, with the increasing maturity and popularity of Internet technology, information flow has become an important symbol of connection between cities in a region. Taking the eight national urban agglomerations that have been approved or played a leading role in regional development in China as of 2017 as examples, this paper measures the changes of the First Degree and Second Degree of information flow of each urban agglomeration by using Baidu index data of 2011 and 2017, and then classifies the trends of information flow centers and information flow networks in urban agglomerations. In addition, the paper analyzes the scenarios of various urban agglomerations to recognize the evolution of multi-center networks in eight national urban agglomerations and to provide a basis for the study of urban agglomeration development strategies in China.

Keywords multi-center network; Baidu index; information flow; national urban agglomeration

作者简介

吴骞，清华大学建筑学院、首都区域空间规划研究北京市重点实验室；
高文龙，中规院（北京）规划设计公司；
王一飞，中国城市规划设计研究院。

摘　要　全球区域城市发展正通过分散集聚，逐步从单中心集聚化走向多中心网络化，与此同时，随着互联网技术的日趋成熟与普及，信息流已成为区域内各城市之间联系的重要表征。文章以截至2017年我国已获批或具有区域发展引领作用的八大国家级城市群为例，利用2011年与2017年的百度指数数据，测算各城市群信息流首位度与次位度的变化趋势，进而对城市群的信息流中心与信息流网络的变化趋势进行分类，并对各类城市群进行分情景解析，认知八大国家级城市群的多中心网络演变进程，为我国城市群发展策略研究提供基础。

关键词　多中心网络；百度指数；信息流；国家级城市群

21世纪初期，霍尔（Hall，2006）指出，中国和欧洲都将出现以全球城市为核心，以高速公路、高速铁路、电信电缆等联结形成的“多中心巨型城市区域”（polycentric mega-city regions）。与此同时，2000年，《欧洲空间发展战略》（*ESDP*）提出多中心区域空间布局，一方面是区别于单中心集聚式发展的区域网络化发展结果；另一方面，这些中心作为区域对外交流的重要门户，甚至成为世界城市，将区域发展的成果辐射全球。而在我国，2006年《中华人民共和国国民经济和社会发展第十一个五年规划纲要》与2014年《国家新型城镇化规划（2014～2020年）》明确指出，把城市群（urban agglomeration）作为推进我国城镇化与新型城镇化的主体形态，以特大城市和大城市为龙头，带动城市群内各城市之间以及各城市群之间的分工协作与发展互补。城市群是指以中心城市为核心向周围辐射构成的多个城市的集合体（顾朝林，2011），是在特定地域范围内，以一个以上特大城市为核心，由至少三个以上大城市为构成单元，依托发达的交通通信等基础设施网络，所形成的空间组织紧凑、经济联系紧密并最终实现高度同城化和高度一体化的城市群体（方创琳，2014）。

基于卡斯特（Castells，1996）提出的“流空间”（space of flow），泰勒（Taylor，2010）提出的“中心流理论”（central place theory）等，在互联网日益普及的当下，国内外以信息流为研究核心的城市网络研究逐步开始增多（Townsend，2001；Malecki，2002；汪明峰、宁越敏，2006；孙中伟等，2010；甄峰等，2012）。在此基础上，基于全球最大的中文搜索引擎建立起来的“百度指数”平台于2013年正式上线，进一步丰富了城市网络的研究基础，推动了基于百度指数的城市网络研究。这些研究主要可以分为两类：第一类是利用百度指数分析单个城市区域内的信息流中心、网络结构形态以及演变特征（熊丽芳等，2013；蒋大亮等，2015；赵映慧等，2015；张宏乔，2016；赵映慧等，2017；胡国建等，2018）；第二类是在第一类的基础上，进一步与基于其他类型数据（如交通数据、企业联系数据等）和模型（引力模型）对该区域城市网络进行分析的结论进行对比，解析区域内信息流与其他流体的拟合关系（孙阳等，2017；郝修宇、徐培玮，2017；程利莎等，2017；王启轩等，2018）。

本文将在已有研究的基础上，以截至2017年我国已获批或具有区域发展引领作用的八大国家级城市群为对象，基于百度指数，对我国城市群信息流多中心网络化演变进行分类分析，以促进对我国城市群发展的整体认识。

1 研究地区概况

截至2017年，我国已形成八大国家级城市群，包括已批复的长江中游城市群、哈长城市群、成渝城市群、长江三角洲城市群、中原城市群、北部湾城市群，以及《国家新型城镇化规划（2014～2020年）》指出的“经济最具活力、开放程度最高、创新能力最强、吸纳外来人口最多”的京津冀城市群与珠江三角洲城市群。这些城市群都跨越了2～4个省级行政单位，包括10～30座城市不等（表1）。

表1 八大城市群城市名单

城市群名称	城市名单
长江中游城市群	湖北省（武汉、黄石、鄂州、黄冈、孝感、咸宁、仙桃、潜江、天门、襄阳、宜昌、荆州、荆门），湖南省（长沙、株洲、湘潭、岳阳、益阳、常德、衡阳、娄底），江西省（南昌、九江、景德镇、鹰潭、新余、宜春、萍乡、上饶、抚州、吉安）
哈长城市群	黑龙江省（哈尔滨、大庆、齐齐哈尔、绥化、牡丹江），吉林省（长春、吉林、四平、辽源、松原、延边）

续表

城市群名称	城市名单
成渝城市群	重庆市，四川省（成都、自贡、泸州、德阳、绵阳、遂宁、内江、乐山、南充、眉山、宜宾、广安、达州、雅安、资阳）
长江三角洲城市群	上海市，江苏省（南京、无锡、常州、苏州、南通、盐城、扬州、镇江、泰州），浙江省（杭州、宁波、嘉兴、湖州、绍兴、金华、舟山、台州），安徽省（合肥、芜湖、马鞍山、铜陵、安庆、滁州、池州、宣城）
中原城市群	河南省（郑州、洛阳、开封、南阳、安阳、商丘、新乡、平顶山、许昌、焦作、周口、信阳、驻马店、鹤壁、濮阳、漯河、三门峡），山西省（长治、晋城、运城、聊城、菏泽），安徽省（宿州、淮北、阜阳、蚌埠、亳州），河北省（邢台、邯郸）
北部湾城市群	广西壮族自治区（南宁、北海、钦州、防城港、玉林、崇左），广东省（湛江、茂名、阳江），海南省（海口、儋州、东方、澄迈、临高、昌江）
京津冀城市群	北京市，天津市，河北省（石家庄、唐山、保定、秦皇岛、廊坊、沧州、承德、张家口）
珠江三角洲城市群	香港地区，澳门地区，广东省（广州、深圳、佛山、东莞、中山、珠海、江门、肇庆、惠州、清远、云浮、阳江、河源、汕尾）

自2011年正式发布的《全国主体功能区规划》提出以城市群为支撑，建设“两横三纵”城市化战略格局以来，城市群发展逐步成为我国城市化的重要尺度，八大国家级城市群也得到了不同程度的发展：GDP年平均增长率最高达13.01%（成渝城市群），最低也有5.36%（哈长城市群）；城区建成区面积年平均增长率最高达21.64%（中原城市群），最低也有4.61%（哈长城市群）（图1、图2）。

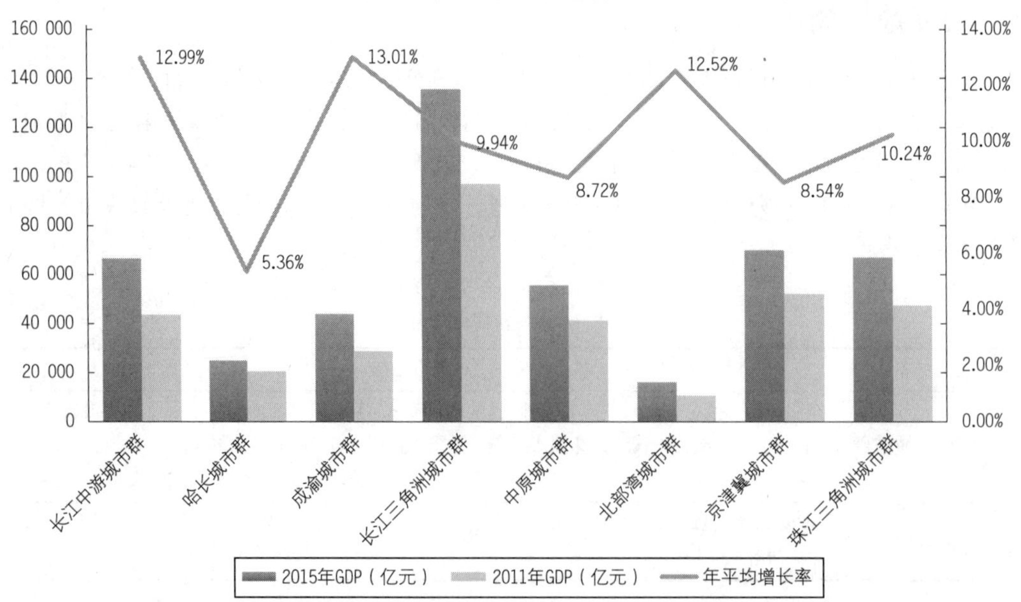

图1 2011年与2015年八大城市群GDP

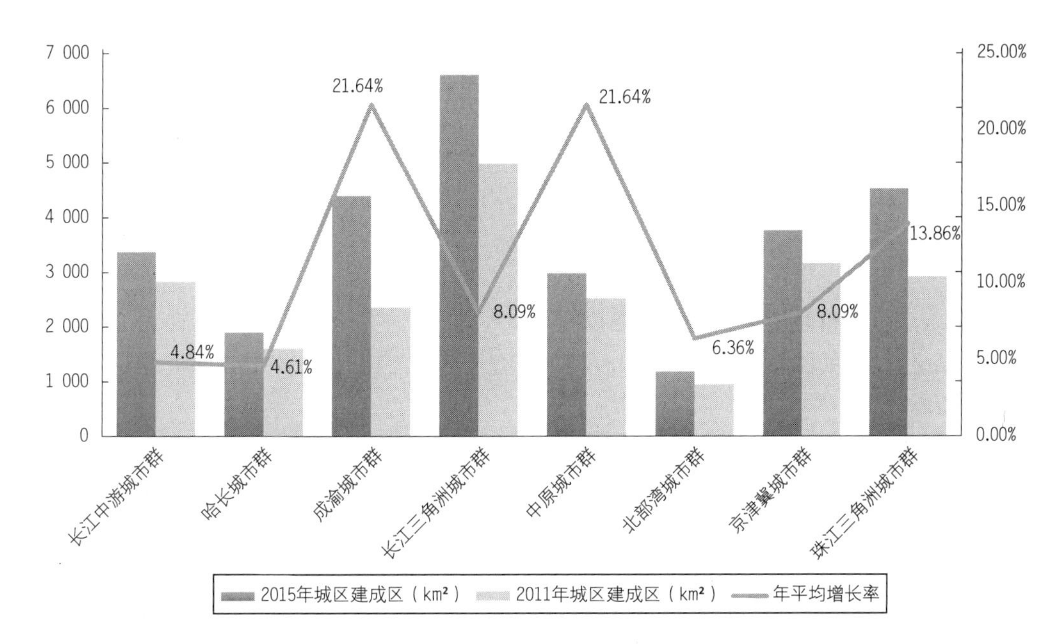

图 2　2011 年与 2015 年八大城市群城区建成区面积

2　研究数据与方法

2.1　数据来源

本文数据是来源于“百度指数”[①]大数据分享平台中 2011 年与 2017 年八大城市群内部两两城市之间的年平均“搜索指数”。“百度指数”是以百度海量网民行为数据为基础的数据分享平台，平台内的“搜索指数”则是以网民在百度的搜索量为数据基础，以关键词为统计对象，科学分析并计算出各个关键词在百度网页搜索中搜索频次的加权和。由于互联网的发展、普及，尤其是移动互联网的发展、普及，以我国最常用的搜索引擎——百度为基础的互联网关注度，能够在一定程度上反映城市之间的信息流联系。

2.2　研究方法

2.2.1　核心指标

城市 A 与城市 B 之间的信息流量用城市 A 和 B 之间的“搜索指数”乘积 R_k 表征，计算公式：$R_k = A_b \times B_a$（其中，A_b 为城市 B 用户对城市 A 的“搜索指数”，B_a 为城市 A 用户对城市 B 的“搜索指数”，k 为城市 A 与该城市群内其他城市两两组合的组合数，因此该城市群的城市数量为 k+1）。城市 A 在城市群内的信息流量为 N，为城市 A 与城市群内其他城市的信息流之和，计算公式：$N=R_1+R_2+R_3+\cdots+R_k$（熊丽芳等，2013）。

本文利用城市群信息流首位度 F 以及借鉴首位度测算理念衍生而来的次位度 S 两项指标，共同识别城市群的单中心、双中心、多中心特征，计算公式为：

$$F=N_1/N_2$$

$$S=N_2/N_3$$

其中，N_1 为某城市群内信息流量排名首位的城市所占据的信息流量，N_2 为某城市群内信息流量排名次位的城市所占据的信息流量，N_3 为某城市群内信息流量排名第三位的城市所占据的信息流量。

2.2.2 分析思路

由于本文重点关注的是“演变特征”，因此，将首先测算两个核心指标——信息流首位度 F 与信息流次位度 S 的年平均增长率，从而对八大国家级城市群多中心网络的变化趋势进行分类识别：当某城市群信息流首位度的年平均增长率为正值时，无论信息流次位度如何变化，该城市群的信息流演变特征都表征为信息流首位城市与次位城市差距拉大，即单中心集聚化趋势；当某城市群信息流首位度的年平均增长率为负值，信息流次位度为正值时，该城市群的信息流演变特征表征为信息流首位城市与次位城市差距减小而次位城市与第三位城市的差距拉大，即双中心集聚化趋势；当某城市群信息流首位度的年平均增长率为负值，信息流次位度亦为负值时，该城市群的信息流演变特征表征为信息流首位城市与次位城市差距减小而次位城市与第三位城市的差距亦减小，即多中心网络化趋势。

然后，借鉴国际研究经验，首位度超过 1.5 可视为单中心城市群（李涛、张伊娜，2017），并结合各城市群信息流首位度、次位度在八大国家级城市群中的排名变化情况，进一步识别各城市群是从何种状态向何种状态演变，从而对各类城市群进行情景再分类。

最后，运用 ArcGIS 软件的 Natural breaks 工具，按数据固有的自然组别分类，使得组内差异最小，组间差异最大，对各城市群信息流中心与信息流网络进行分级，进而分类分情景分析城市群信息流中心、网络结构的演变情况，并对各类各情景城市群演变特征进行现象解析。

3 八大国家级城市群信息流多中心网络化演变特征认知

3.1 八大国家级城市群信息流多中心网络化演变特征总体认知

总体来看，八大国家级城市群单位面积的信息流量②都得到了较大幅度的提高（表 2），这得益于我国互联网普及与互联网基础设施的快速建设。2017 年我国光缆总长度与互联网接入端口分别达到了 3 606 万千米与 7.6 亿个，相比 2011 年分别增长了 197.5%与 230.4%③，大大加强了我国城市群各城市之间的互动联系。在信息流整体得到强化的背景下，八大国家级城市群信息流中心的聚集化与网络化趋势却不尽相同。其中，哈长城市群、成渝城市群、京津冀城市群信息流体现出单中心聚集化趋势，长江中游城市群、北部湾城市群、珠江三角洲城市群信息流体现出双中心集聚化趋势，而长江三角洲城市群与中原城市群信息流则体现出多中心网络化的趋势（表 3）。

表 2　2011 年与 2017 年八大城市群单位面积信息流量规模对比

名称	年份	单位面积信息流量	年平均增长率
长江中游城市群	2011	0.03	54.8%
	2017	0.13	
哈长城市群	2011	0.02	43.2%
	2017	0.05	
成渝城市群	2011	0.03	129.1%
	2017	0.23	
长江三角洲城市群	2011	0.18	72.4%
	2017	0.96	
中原城市群	2011	0.05	44.8%
	2017	0.20	
北部湾城市群	2011	0.01	99.1%
	2017	0.07	
京津冀城市群	2011	0.09	43.8%
	2017	0.32	
珠江三角洲城市群	2011	0.12	70.4%
	2017	0.64	

表 3　八大城市群信息流中心与网络演变趋势识别

名称	首位度 *F* 年平均增长率	次位度 *S* 年平均增长率	趋势识别
长江中游城市群	–7.0%	33.9%	双中心集聚化趋势
哈长城市群	28.8%	–2.8%	单中心集聚化趋势
成渝城市群	14.9%	34.6%	单中心集聚化趋势
长江三角洲城市群	0	–21.7%	多中心网络化趋势
中原城市群	–5.5%	–9.5%	多中心网络化趋势
北部湾城市群	–14.3%	36.9%	双中心集聚化趋势
京津冀城市群	11.3%	–16.9%	单中心集聚化趋势
珠江三角洲城市群	–5.9%	15.6%	双中心集聚化趋势

3.2 信息流单中心集聚化趋势城市群演变特征分析

在信息流单中心集聚化趋势的城市群特征分析中，存在两种情景：第一种是哈长城市群，由近似双中心向单中心的信息流中心结构转变情景；第二种是成渝城市群与京津冀城市群，单中心信息流中心结构的进一步极化情景（图 3～5、表 4）。

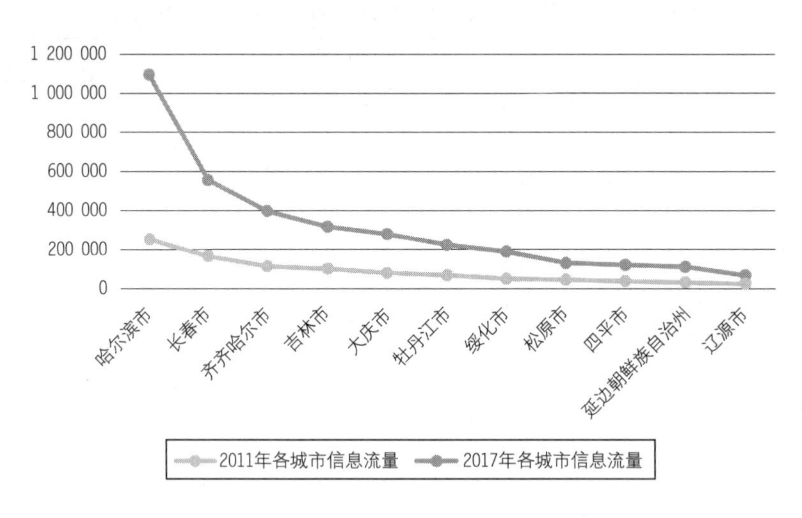

图 3　2011 年与 2017 年哈长城市群各城市信息流量分布

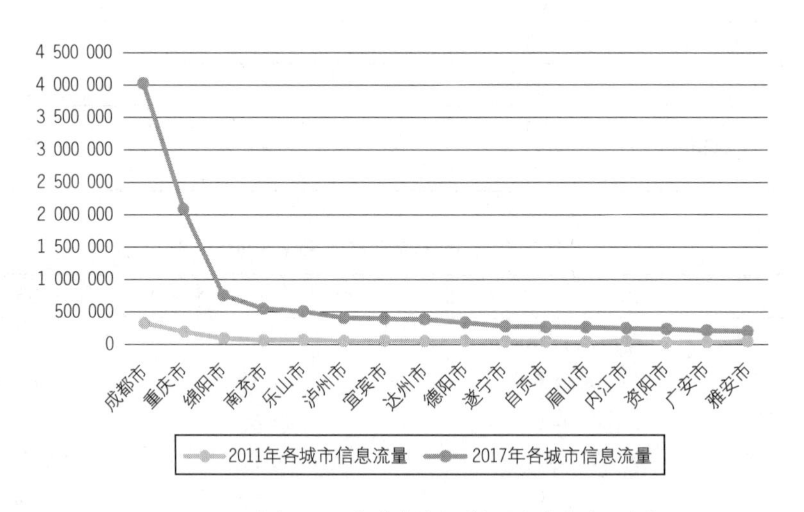

图 4　2011 年与 2017 年成渝城市群各城市信息流量分布

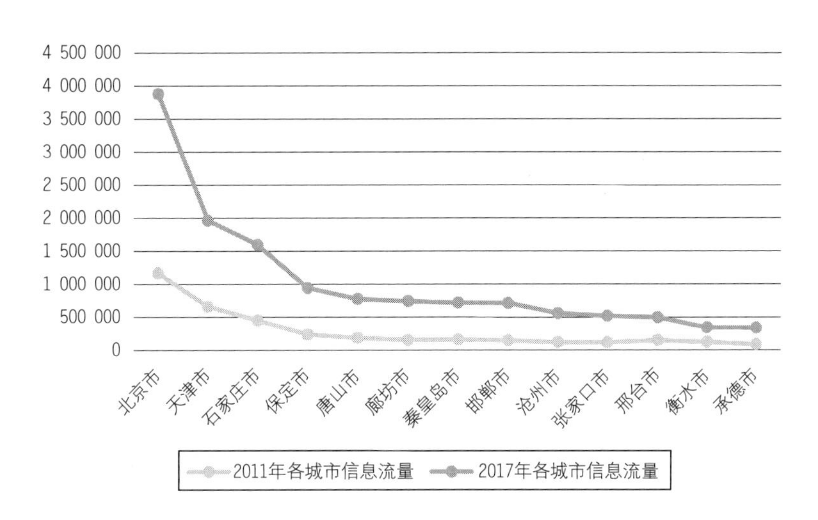

图 5　2011 年与 2017 年京津冀城市群各城市信息流量分布

表 4　信息流单中心集聚化趋势城市群的情景分类分析

名称	年份	首位度 F	在八大城市群中的首位度名次	次位度 S	在八大城市群中的次位度名次	情景分类
哈长城市群	2011	1.53	6	1.44	5	近似双中心→单中心
	2017	1.97	3（升 3）	1.40	6（降 1）	
成渝城市群	2011	1.68	4	2.05	1	单中心进一步极化
	2017	1.93	4（不变）	2.76	1（不变）	
京津冀城市群	2011	1.77	3	1.48	4	
	2017	1.97	2（升 1）	1.23	7（降 3）	

3.2.1　“近似双中心→单中心”情景——哈长城市群

哈长城市群从 2011 年较低的首位度 1.53（稍大于 1.5）演变为较高的首位度 1.97（排名上升 3 位），从哈尔滨、长春的双中心结构，演变为以哈尔滨为中心的单中心结构。信息流网络结构由 2011 年的“长春—吉林、松原”与“哈尔滨—齐齐哈尔、大庆、绥化、牡丹江”两片核心集群，演变为 2017 年的“哈尔滨—长春（—吉林）、齐齐哈尔、大庆、绥化、牡丹江、松原、延边”的核心集群。

2017 年哈尔滨产业结构已初步完成转型，形成以三产为主导的产业结构（10.8：28.7：60.5），而长春产业结构仍以二产为主（4.8：48.6：46.6），哈尔滨产业结构相对更优。同时，哈尔滨比长春的人口规模更大，在地区生产总值与城镇居民人均可支配收入差距不大的情况下，哈尔滨 2016 年年平均人口 960 万，高出长春 28%。这些原因造成哈尔滨城市吸引力逐步高于长春：哈尔滨迁入人口由 2011 年的 9.8 万人下降到了 2016 年的 8.6 万人，但长春迁入人口由 2011 年的 7.2 万人下降到了2016年的4.1万人，比哈尔滨的迁入人口降幅高出2.5倍；同时，2017年哈尔滨的商品房销售面积1 248.5万平方米，增长19.7%，均高于长春同年的商品房销售面积（1 147.2万平方米）与增长率（12.7%）。

3.2.2 “单中心进一步极化”情景——成渝城市群与京津冀城市群

成渝城市群与京津冀城市群首位度一直处于较高的水平并进一步提升，成渝城市群与京津冀城市群由2011年的首位度1.68与1.77分别上升到1.93（保持第4的排名位次）与1.97（排名上升1位），分别以成都、北京为中心的成渝城市群、京津冀城市群单中心特征显著度进一步凸显。信息流网络结构也基本保持“成都—重庆、绵阳、南充、乐山、泸州、宜宾、达州、德阳、遂宁、自贡、眉山、内江、资阳、雅安”与“北京—天津、石家庄、保定、唐山、廊坊、秦皇岛、邯郸、沧州、张家口”的核心集群不变。

在成渝城市群，成都本身的商业（全国十大热门购物中心中有八个位于北上广深一线城市，其他两个为成都远洋太古里及南京万达广场建邺店）吸引力与“洋气”程度（成都拥有包括美国、德国、法国在内的16座领事馆，而重庆拥有包括英国、日本在内的10座领事馆，不管从国家实力还是数量上讲，成都都领先于重庆）都相对重庆更加深厚。加之近年来，通过高新区、天府新区引进的腾讯、亚马逊、吉利德科学、IBM、英特尔等高新技术产业以及“蓉漂”人才政策，大大提升了城市对信息网络有所偏好的中青年人的吸引力，从而拉开了与重庆的吸引力差距。另外，从收入上也可看出，成都的吸引力高于重庆，2011年成都城镇居民人均可支配收入从23 932元上升至2017年的38 918元，年平均增长率8.4%，而重庆从2011年的20 250元增长至2017年的24 153元，年平均增长率3.0%。

在京津冀城市群，多数“中”字头企业、国家级设施以及其他一些企业的总部或分区总部等都设置于首都北京，多数国际性活动在我国首次举办都在北京，使得北京在承担政治中心、文化中心的同时，也成为我国的经济和金融管理中心、高端研发中心、信息中心、交通中心、旅游中心、国际交往中心，八大中心共汇一地所带来的发展机会，所创造的发展平台，吸引着众多的人口与功能的聚集（胡兆量，2014）。与此同时，畿辅地区，尤其是河北地区，为拱卫首都地区发展与安全，承担着供应北京、天津生产生活资源的职能而受到一定程度的发展限制[④]。另外，京津两市大型交通枢纽的容量以及聚集效应，覆盖了河北大部分范围，河北省大量客货运输由京津两大运输枢纽来完成，压缩了河北自身交通枢纽的发展空间，石家庄机场的客流量少于全国几乎所有省市自治区首府城市机场的客运量[⑤]（陆大道，2015）。

3.3 信息流双中心集聚化趋势城市群演变特征分析

在信息流双中心集聚化趋势的城市群中，三个城市群体现出三种不同的演变情景：第一种是长江中游城市群，由多中心（三中心）向双中心的信息流中心结构转变；第二种是北部湾城市群，由单中心向近似双中心的信息流中心结构转变；第三种是珠江三角洲城市群，一直保持着双中心的信息流中心结构，且双中心特征的显著度有所提高（图 6～8、表 5）。

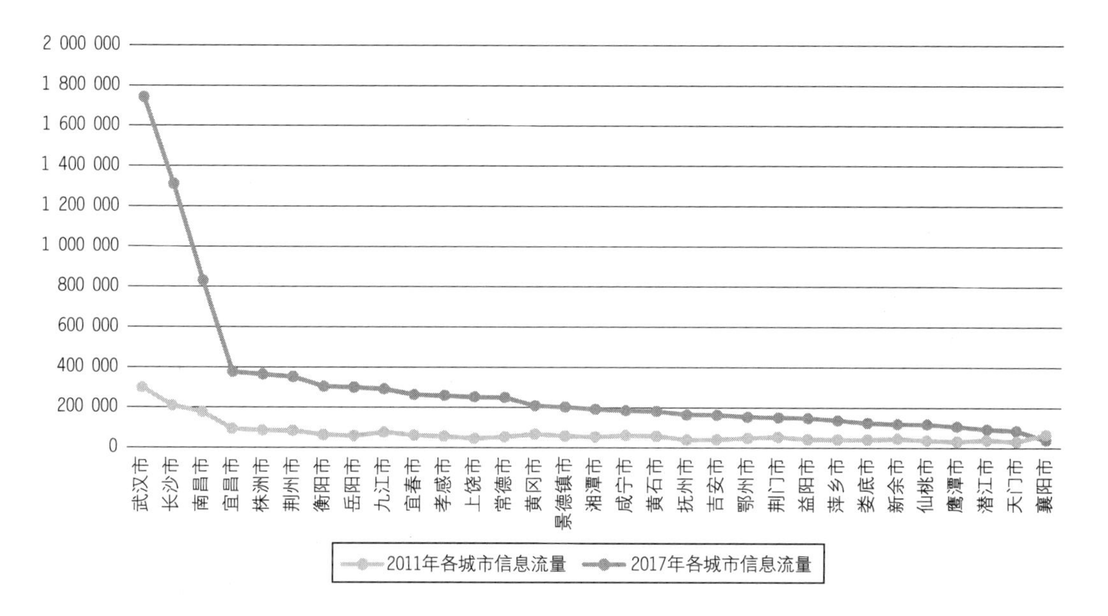

图 6　2011 年与 2017 年长江中游城市群各城市信息流量分布

图 7　2011 年与 2017 年北部湾城市群各城市信息流量分布

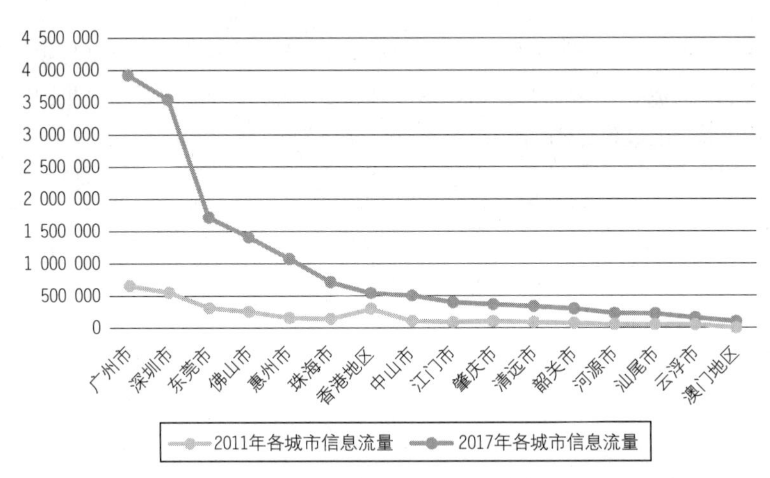

图8 2011年与2017年珠江三角洲城市群各城市信息流量分布

表5 信息流双中心集聚化趋势城市群的情景分类分析

名称	年份	首位度F	在八大城市群中的首位度名次	次位度S	在八大城市群中的次位度名次	情景分类
长江中游城市群	2011	1.43	7	1.18	8	多中心→双中心
	2017	1.33	7（不变）	1.58	4（升4）	
北部湾城市群	2011	1.82	2	1.22	7	单中心→近似双中心
	2017	1.56	5（降3）	1.67	3（升4）	
珠江三角洲城市群	2011	1.19	8	1.79	2	双中心特征显著度提高
	2017	1.12	8（不变）	2.07	2（不变）	

3.3.1 “多中心→双中心”情景——长江中游城市群

长江中游城市群首位度基本不变，次位度由2011年的1.18大幅上升为1.58（排名上升4位），南昌的信息流中心特征显著度有所下降，但仍然保持着以武汉、长沙、南昌为中心的三中心结构。武汉、长沙、南昌三大长江中游城市群信息流中心与其他城市的信息流量差距增大，在以武汉、长沙、南昌为中心的三片信息流网络核心集群，影响力都有所减弱，尤以南昌核心集群影响力弱化最为明显，由2011年的“南昌—九江、宜春、上饶、景德镇、抚州、新余、吉安、鹰潭”，演变为2017年的“南昌—九江、宜春、上饶、景德镇、抚州、吉安”的核心集群，新余与鹰潭退出了南昌核心集群。

多年来，南昌作为长江中游城市群的三大中心城市之一，不论是经济总量、人口规模、产业结构、人均可支配收入都处于劣势地位。其中，2017年南昌地区生产总值为5 000亿元，与长沙的1.0万亿元及武汉的1.3万亿元不在同一数量级；长沙与武汉的第三产业占比均突破了50%，而南昌第三产业占比仅为42%。同时，江西人口、人才流失严重，2017年人口流失排名全国第五，据第六次全国人口普查数据显示，江西十年间流失近700万人而位居全国第二；2018年省份本地人才流失率（大学本科及其以上），江西以63.5%排名全国第一，而作为江西省会的南昌必然首当其冲，导致城市影响力进一步减弱。另外，长江中游城市群，2016年，三城市以不足1/10的面积，占据长江中游城市群超1/3的经济总量、近1/5的人口和2/3的高校人才，与其他城市差距过大，缺乏起到中间带动作用的次级城市，无法形成整体协同效应。

3.3.2 “单中心→近似双中心”情景——北部湾城市群

北部湾城市群首位度由2011年的1.82大幅下降至2017年的1.56（排名下降3位，稍大于1.5）的同时，次位度由1.22大幅上升至1.67（排名上升4位），北海的信息流次中心特征显著提升。信息流网络结构由2011年的“南宁—北海、玉林、防城港、钦州、湛江、海口、茂名、阳江”，演变为2017年的“南宁—北海、湛江、海口、玉林、防城港、钦州”与“北海—南宁、海口（—儋州）、湛江（—茂名）、钦州”的两片核心集群。值得注意的是，整体来看，南宁、北海两大北部湾城市群信息流中心与其他城市的信息流量差距增大。

北部湾城市群整体发展水平相对较低，仍处于起步阶段，城市群中目前缺乏一线城市或较强的二线城市。南宁作为北部湾城市群的“一核”、人口与GDP最大的城市、广西首府，区域辐射能力首屈一指，但2011～2017年，北海呈现出更强的魅力和潜力。北海银滩、涠洲岛等景区享誉海内外，同时也是国家历史文化名城；北海契合北部湾城市群向东南亚海上开放的重要角色，发展前景良好，基础设施建设得到大幅提升。作为古代海上丝绸之路起点港，北部湾重要节点城市，北海市拥有4E级机场、4个万吨级以上泊位的北海港。同时，2014年开通高铁，海陆空交通全面促进北海确立枢纽地位。开放合作成效显著，北海陆续获批国家科技兴贸创新基地（电子信息）、国家加工贸易产业梯度转移重点承接地等定位，北海高新区2015年升级为国家级高新区，入选“2017年度中国最具投资潜力城市50强”[⑥]。

3.3.3 “双中心特征显著度提高”情景——珠江三角洲城市群

珠江三角洲城市群首位度从2011年的1.19下降至2017年的1.12（保持倒数第1的排名位次），次位度一直较高，并由2011年的1.79继续上升至2017年的2.07（保持第2的排名位次），深圳的信息流次中心特征显著度有所提升。广州、深圳两大北部湾城市群信息流中心与其他城市的信息流量差距增大，导致信息流网络结构的核心集群影响力有所弱化，由2011年的“广州—深圳、东莞、佛山、惠州、珠海（—澳门）、香港”与“深圳—广州、东莞、香港、佛山、惠州、珠海（—澳门）”，演变为2017年的“广州—深圳、东莞、佛山、惠州、珠海（—澳门）、香港”与“深圳—广州、东莞、香港、佛山、惠州”的核心集群，2011年在核心集群中的中山、肇庆、江门、清远，2017年从核心集群中退出。

在珠江三角洲城市群作为八大国家级城市群中首位度最低的城市群，多年来一直保持着广深两极带动的发展态势，而近年来深圳通过人才、改革红利和高新技术产业吸引力，促进深圳、广州信息流流量此消彼长，双中心格局在强化中重构：一方面，互联网为代表科创产业成为城市转型发展的新动力，深圳以平均年龄32岁的充裕人才储备，迎来了以腾讯、华为、大疆为代表的科技公司，中国平安为代表的金融公司全球总部，众多跨国企业、大型国内企业的南方总部落户；另一方面，深圳作为改革开放的桥头堡，一直以来是政策创新和联动港澳的先行区，在粤港澳大湾区和“一带一路”背景下，机场、高铁、城际铁路、高速的建设进入爆发阶段，深莞惠合作以及与河源、汕尾“3+2”经济圈合作进一步加快，深圳对外的影响力不断加强⑦。

3.4 信息流多中心网络化趋势城市群演变特征分析

在信息流多中心网络化趋势的城市群中，两个城市群亦有两种不同的演变情景：第一种是长江三角洲城市群，一直保持着多中心的结构特征，并且多中心特征的显著度有所提高；第二种是中原城市群，一直保持着单中心的结构特征，但首位度与次位度都有所下降，呈现出多中心发展趋势（图9、图10、表6）。

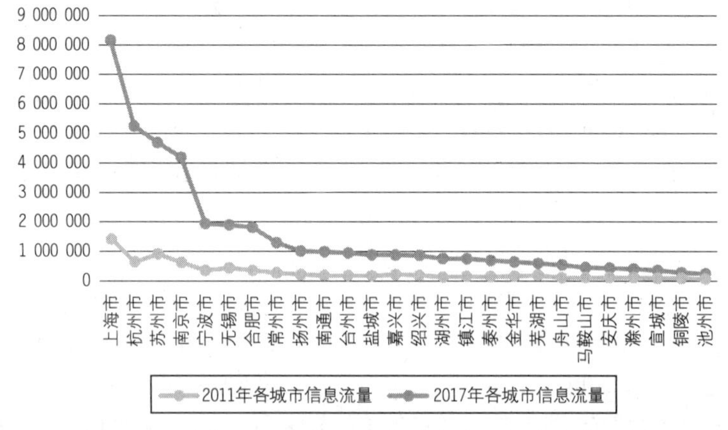

图9 2011年与2017年长江三角洲城市群各城市信息流量分布

图10 2011年与2017年中原城市群各城市信息流量分布

表6 信息流多中心网络化趋势城市群的情景分类分析

名称	年份	首位度 *F*	在八大城市群中的首位度名次	次位度 *S*	在八大城市群中的次位度名次	情景分类
长江三角洲城市群	2011	1.55	5	1.43	6	多中心特征显著度提高
	2017	1.55	6（降1）	1.12	8（降2）	
中原城市群	2011	3.27	1	1.58	3	单中心特征显著度下降
	2017	3.09	1（不变）	1.43	5（降2）	

3.4.1 “多中心特征显著度提高”情景——长江三角洲城市群

长江三角洲城市群首位度稳定保持在1.55左右（排名下降1位），次位度由2011年的1.43下降至2017年的1.12（排名下降2位）。上海、杭州、苏州、南京四大北部湾城市群信息流中心与其他城市的信息流量差距增大，导致信息流网络结构的核心集群影响力有所弱化，2011年作为核心集群内城市的镇江、泰州、芜湖，在2017年从核心集群内退出。

长江三角洲城市群近年逐渐成熟，区域分工逐渐定型，形成互补平衡，协同演进的格局：三省一市区域开放优势同步发挥，除了上海自贸区取得重要成果外，浙江省已建成五个境外经贸合作区，南京江北新区、舟山群岛新区升级为国家级新区；创新驱动也遍地开花，浙江的杭州自主创新示范区、城西科创大走廊等创新平台、特色小镇新模式促使杭州地位升级，上海的科创中心建设、江苏的苏南自主创新示范区建设卓有成效；再者，区域产业合作逐步深化，浙沪共同打造张江平湖科技园，沪苏联合建设大丰产业联动集聚区、苏滁现代产业园，沪苏浙在安徽投资亿元以上项目2 671个；另外，城市大事件成为协同发展触媒，杭州通过G20峰会大大提高国际知名度，乌镇世界互联网大会、乌镇戏剧节提升了苏南地区的国际影响力，同时三省一市协同举办了中国华东进出口商品交易会、浙江投资贸易洽谈会、中国国际徽商大会等投资经贸活动、首届中国—中东欧国家创新合作大会等科技交流活动[8]。

3.4.2 “单中心特征显著度下降”情景——中原城市群

中原城市群首位度从2011年的3.27下降至2017年的3.09（保持第1的排名位次），次位度从2011年的1.58下降至1.43（排名下降2位），单中心特征显著度有所下降。信息流网络的层级化特征减弱，以郑州为中心的核心集群影响力得到强化，信息流网络结构由2011年的“郑州—洛阳、南阳、新乡、开封、平顶山、商丘、信阳、许昌、安阳、周口、焦作、驻马店、濮阳、漯河、三门峡、鹤壁”，演变为2017年的“郑州—洛阳、南阳、新乡、开封、平顶山、商丘、信阳、许昌、安阳、周口、焦作、驻马店、濮阳、邯郸、漯河、三门峡、鹤壁、菏泽、邢台、聊城、运城、晋城、长治、蚌埠”的核心集群，增加了邯郸、菏泽、邢台、聊城、运城、晋城、长治、蚌埠八座城市。

中原城市群超过3.0的信息流首位度是八大城市群之最，郑州作为全国强省会的代表，集聚了全省优势资源，起步高铁时代中原“米”字形的枢纽地位，在此背景下，以洛阳、南阳、开封为代表的次级城市，利用河南巨大的人口红利，有效吸收郑州的经济外溢和带动作用，中原城市群呈现出极化发展减弱的态势。以洛阳为例：城镇化率由2011年的46.13%增长到2017年的56.0%，总人口由656.71万增至710.14万；产业结构由“二三一”向“三二一”渐进，2017年第三产业增加值占GDP的比重达44.3%；创新发展成为新动能，新增国家级科技企业孵化器4个、众创空间2个、省国际科技合作基地3个，新增高新技术企业38家，与清华大学等科研院所实现研发合作，中国创新创业大赛先进制造行业总决赛、“直通硅谷”创业创新大赛成功举办；另外，《功夫诗·九卷》《隋唐百戏城》《天下洛阳》等演艺精品使洛阳知名度显著提升，洛阳市2017年接待游客1.23亿人次，区域影响力不断扩大⑨。

4　结论与讨论

本文利用“百度指数”数据，通过对信息流首位度、次位度在2011年与2017年之间的变化分析，对我国八大国家级城市群的信息流多中心网络演变特征进行了分类识别，并结合信息流首位度、次位度的年度数据与多中心网络分级分布图像，对各类城市群进行了分情景的解析。研究结论表明：八大国家级城市群大部分仍处于单中心或双中心的集聚化发展阶段，包括具有多中心网络化趋势的中原城市群也体现出明显的单中心特征；从长江三角洲城市群与中原城市群信息流多中心网络化趋势的内因分析可见，高新技术产业、具有重大影响力的城市大事件等在次级城市的落地，是促进次级城市主动发展，推动城市群信息流多中心网络化趋势的重要因素。

基于百度“搜索指数”的信息流聚集与消散表征不仅反映一座城市已有经济实力，更反映“未来”潜力，反映不同类型人口流动的意愿，如人才政策对就业人群关注度的吸引，优质的旅游文化品牌对游客的吸引，具有国际、全国影响力的城市大事件、区域交通基础设施的建设等对投资商的吸引，是对城市影响力的综合体现。因而，本研究利用百度“搜索指数”数据，分类分析八大国家级城市群信息流多中心网络演变特征，能够较为前瞻性地、综合地呈现我国城市群的整体发展态势，为我国城市群发展策略的分类研究提供一定的基础。同时，本研究仍存在一些不足之处，如由于百度指数平台的“用户所在城市”选项中，没有设置直辖市所辖区县，这对于直辖市行政区划面积占比较大的城市群——成渝城市群信息流多中心网络化演变特征的表征准确性有所影响，需要采取新数据或新方法，以期进一步佐证成渝城市群信息流多中心网络化演变特征。

注释

① “百度指数”，http://index.baidu.com。

② 设某城市群内的信息流总量为 T，$T=(N_1+N_2+N_3+\cdots+N_j)/2$，则该城市群单位面积的信息流量计算公式为

$E=T\times\frac{1}{S}$，其中，S 为该城市群的总面积，单位为 m^2。

③ 数据来源于中国互联网络信息中心在京发布的第 41 次《中国互联网络发展状况统计报告》。

④ 如京津两市在河北省建设迁安铁矿、涉县铁矿及钢铁厂，在行政上都分别设立了“飞地”，张家口、承德、秦皇岛、唐山地区是保障京津两市淡水供应的密云、潘家口和官厅等水库的主要径流形成区及水源涵养区。

⑤ 2018 年，石家庄机场年吞吐量以 1 133.3 万人次排名全国第 34 位，吞吐量是北京的近 1/9，天津的近 1/2。

⑥ 数据来源于《北部湾城市群发展规划》《2017 年海口市国民经济与社会发展统计公报》《2017 年三亚市国民经济与社会发展统计公报》《2017 年南宁市国民经济与社会发展统计公报》《北海市国民经济和社会发展第十三个五年规划纲要》。

⑦ 数据来源于《2017 年深圳市国民经济与社会发展统计公报》《2017 年广州市国民经济与社会发展统计公报》《深圳市国民经济和社会发展第十三个五年规划纲要》《广州市国民经济和社会发展第十三个五年规划纲要》。

⑧ 数据来源于《2016 年长三角地区合作与发展报告》。

⑨ 数据来源于《2017 年郑州市国民经济与社会发展统计公报》《2017 年洛阳市国民经济与社会发展统计公报》《洛阳市国民经济和社会发展第十三个五年规划纲要》《郑州市国民经济和社会发展第十三个五年规划纲要》。

参考文献

[1] CASTELLS M. The rise of the network society[M]. Oxford: Blackwell, 1996.

[2] HALL P, PAIN K. The polycentric metropolis: learning from mega-city regions in Europe[M]. Earthscan, London, 2006.

[3] MALECKI E J. The economic geography of the Internet's infrastructure[J]. Economic Geography, 2002, 78(4): 399-424.

[4] TAYLOR P J, HOYLER M, VERBRUGGEN R. External urban relational process: introducing central flow theory to complement central place theory[J]. Urban Studies, 2010, 47(13): 2803-2818.

[5] TOWNSEND A M. Networked cities and the global structure of the Internet[J]. American Behavioral Scientist, 2001, 44(10): 1697-1716.

[6] 程利莎，王士君，杨冉. 基于交通与信息流的哈长城市群空间网络结构[J]. 经济地理, 2017, 37(5): 74-80.

[7] 方创琳. 中国城市群研究取得的重要进展与未来发展方向[J]. 地理学报, 2014, 69(8): 1130-1144.

[8] 顾朝林. 城市群研究进展与展望[J]. 地理研究, 2011, 30(5): 771-784.

[9] 郝修宇，徐培玮. 基于百度指数和引力模型的城市网络对比——以京津冀城市群为例[J]. 北京师范大学学报(自然科学版), 2017, 53(4): 479-485.

[10] 胡国建，陈传明，侯雨峰，等. 基于百度指数的黑龙江省城市网络研究[J]. 地域研究与开发，2018，37(1): 58-64.

[11] 胡兆量. 北京城市人口膨胀的原因及控制途径[J]. 城市问题, 2014(3): 2-4.

[12] 蒋大亮，孙烨，任航，等. 基于百度指数的长江中游城市群城市网络特征研究[J]. 长江流域资源与环境，2015，24(10): 1654-1664.

[13] 李涛，张伊娜. 企业关联网络视角下中国城市群的多中心网络比较研究[J]. 城市发展研究，2017，24(3): 116-124.

[14] 陆大道. 京津冀城市群功能定位及协同发展[J]. 地理科学进展, 2015, 34(3): 265-270.
[15] 孙阳, 张落成, 姚士谋. 长三角城市群“空间流”网络结构特征——基于公路运输、火车客运及百度指数的综合分析[J]. 长江流域资源与环境, 2017, 26(9): 1304-1310.
[16] 孙中伟, 贺军亮, 金凤君. 世界互联网城市网络的可达性与等级体系[J]. 经济地理, 2010, 30(9): 1449-1455.
[17] 汪明峰, 宁越敏. 城市的网络优势: 中国互联网骨干网络结构与节点可达性分析[J]. 地理研究, 2006, 25(2): 193-203.
[18] 王启轩, 张艺帅, 程遥. 信息流视角下长三角城市群空间组织辨析及其规划启示——基于百度指数的城市网络辨析[J]. 城市规划学刊, 2018(3): 105-112.
[19] 熊丽芳, 甄峰, 王波, 等. 基于百度指数的长三角核心区城市网络特征研究[J]. 经济地理, 2013, 33(7): 67-73.
[20] 张宏乔. 流空间视角下的城市网络特征分析——以中原城市群为例[J]. 资源开发与市场, 2016, 32(10): 1218-1222.
[21] 赵映慧, 高鑫, 姜博. 东北三省城市百度指数的网络联系层级结构[J]. 经济地理, 2015, 35(5): 32-37.
[22] 赵映慧, 李佳谣, 郭晶鹏. 基于百度指数的成渝城市群网络联系格局研究[J]. 地域研究与开发, 2017, 36(4): 55-59+129.
[23] 甄峰, 王波, 陈映雪. 基于网络社会空间的中国城市网络特征——以新浪微博为例[J]. 地理学报, 2012, 67(8): 1031-1043.

[欢迎引用]
吴骞, 高文龙, 王一飞. 我国国家级城市群信息流多中心网络演变特征研究[J]. 城市与区域规划研究, 2021, 13(1): 82-98.
WU Q, GAO W L, WANG Y F. Research on the evolution of multi-center network of national urban agglomeration based on Baidu index[J]. Journal of Urban and Regional Planning, 2021,13(1): 82-98.

城市群形成理论建构与实证分析

——产业演进视角

牛方曲　王　芳

Theoretical Framework and Empirical Analysis of Urban Agglomeration Formation from the Perspective of Industrial Evolution

NIU Fangqu[1,2], WANG Fang[3]
(1. Institute of Geographical Sciences and Natural Resources Research, CAS, Beijing 100101, China; 2. Collaborative Innovation Center for Geopolitical Setting of Southwest China and Borderland Development, Yunnan 650500, China; 3. School of Public Management of Inner Mongolia University, Hohhot 010070, China)

Abstract As urban agglomerations (UAs) have been attached an increasing importance in China's national socio-economic development strategies, they have also become a heated topic in academic research. However, research on the expansion mechanism of UAs is still weak, and the theoretical system has not yet formed. Therefore, this paper explores the formation mechanism of China's UAs, analyzes the expansion process of UAs. It argues that during the formation of an UA, the manufacturing industry in core cities develops in advance. When the economic development reached a certain level, it is common to see increasingly tense land use, gradually increased land prices, and increased operating costs. Then some manufacturing industries were gradually relocated to surrounding cities, driving the development of surrounding cities. Meanwhile, the producer services of core cities were able to gather together, serving the whole urban agglomeration. Spatial expansion of urban agglomerations and industrial structure evolution will lead to changes in the labor market and

作者简介
牛方曲，中国科学院地理科学与资源研究所、中国西南地缘环境与边疆发展协同创新中心；
王芳（通讯作者），内蒙古大学公共管理学院。

摘　要　城市群在国家发展战略中日益得到重视，也成为学界研究的热点，但目前关于城市群形成扩展机制的研究仍然薄弱，理论体系尚未形成。文章构建了城市群研究理论框架，基于此解析了城市群扩张过程，认为：在城市群空间形成过程中，核心城市制造业首先得以发展，在经济发展至一定水平后，用地开始紧张、地价逐步攀升、经营成本上升；为寻求更低成本，部分制造业逐步外推至周边城市，带动周边城市发展，同时核心城市的生产性服务业得以集聚并服务于整个城市群；城市群空间扩张、产业结构演变将导致劳动力市场和就业结构发生变化，形成高收入群体，引发收入分配、空间公平性等社会秩序问题，同时经济的发展会引起资源环境等问题；此外，随着周边城市的不断发展，彼此联系不断加强，形成复杂的城市网络。基于该框架，文章以长三角城市群为例解析了城市群扩张过程，并对比分析了京津冀城市群发育滞后的原因。文章对城市群这一“黑盒”做了进一步破解，在探索城市群扩张机理、建构城市群研究理论体系上迈出了一步，理论框架给出了亟须进一步探索的研究内容。

关键词　城市群；扩张机制；制造业；京津冀；长三角

1　引言

城市群是高度一体化和同城化的城市群体，在中国日益受到关注，被认为是国家参与全球竞争与国际分工的地域单元，是加快推进城市化进程和城乡统筹的主体空间形

employment structure, causing the formation of high-income groups, which will trigger social order problems, such as even income distribution and spatial inequity. At the same time, economic development will cause problems concerning resources, the environment, etc. In addition, with the continuous development of neighboring cities, and as the links between cities become stronger, a complex urban network forms. Based on this framework, the paper takes the Yangtze River Delta urban agglomeration as an example and analyzes the expansion process of urban agglomerations. It also explores the reasons for the inadequate development of the Beijing-Tianjin-Hebei urban agglomeration. It further decodes the "black box" of urban agglomerations, and takes a step forward in exploring their expansion mechanism and constructing the theoretical system, from which one can see what needs further exploration.

Keywords urban agglomeration; expansion mechanism; manufacturing; Beijing-Tianjin-Hebei; the Yangtze River Delta

态，是中国未来经济发展最具活力和潜力的核心增长极，决定着我国经济发展的态势和格局（方创琳，2016）。2006年发布的国家"十一五"社会经济发展规划纲要明确提出，要把城市群作为推进城镇化的主体形态。2011年发布的"十二五"社会经济发展规划纲要提出，"以大城市为依托，以中小城市为重点，逐步形成辐射作用大的城市群"，"在东部地区逐步打造更具国际竞争力的城市群，在中西部有条件的地区培育壮大若干城市群"，并首次提出全国应重点发展21个主要城市化地区，形成"两横三纵"的空间格局。2016年发布的国家"十三五"社会经济发展规划纲要更进一步明确了全国重点发展19个城市群，优化提升东部城市群，建设京津冀、长三角、珠三角为世界级城市群，提升山东半岛、海峡西岸开发竞争水平，培育中西部城市群（方创琳，2016）。国务院发布实施的若干文件体现出城市群发展的国家战略地位。城市群研究也成为学者们关注的焦点。

国外关于"城市群"的研究已经有很长的历史，提出了诸多概念。1898/1902年英国城市学家霍华德（Howard）在其著作《明日的田园城市》（*Garden Cities of Tomorrow*）中提出了城市集群（town cluster）的概念（Howard，1965），较早地萌芽了城市群的概念。1957年，戈特曼（Gottmann）提出了"Megalopolis"（大都市带）的概念，被认为是最先提出了城市群的概念，是现代意义上城市群研究的开拓者（Gottmann，1957）。此外，还出现其他诸多概念，如集合城市（conurbation；Geddes，1915）、城镇密集区（Fawcett，1932）、都市区（ecumunopolis；Doxiadis，1970）、城乡融合区（desakota；McGee，1989）、扩展大都市区（dispersed metropolis；Lynch，1980）、巨型城市区（Mega-city；Friedmann，1986）、都市圈（张伟，2003）、全球城市区（Scott，2001）等。相关概念虽然接近，但互有差异。中国学者将上述概念引入中国，出现了"城市群"的概念，但由于对国外概念的理解与翻译存在差异，加之中国行政区划特征明显及空间尺度上的差异，中国的城市群与国外相关概念难以完全对应（牛方曲等，2015）。关于城市群概念、评价指标等有学者做过系统梳理和总结（王丽等，2013；姚士谋等，2015；Fang and Yu，2017）。

目前城市群研究主要从三个方面展开。①城市群空间范围的识别，常用的方法有：采用社会经济属性数据识别城市群，例如，GDP、人口、城市化率、路网、土地利用、灯光分布等指标（王丽等，2013，宁越敏，2011；张倩等，2011；胡序威等，2000；胡序威，2003）；用表征联系强度的数据识别城市群边界（如交通流、信息流、交通成本等），通常会面临数据获取的困难（顾朝林、庞海峰，2008；顾朝林，2001；苗长虹、胡志强，2015）；据空间形态识别城市群，认为城市群的外部形态是城市群所有要素增长的综合表征（方创琳，2011b；王伟，2009）。②城市群扩张因素和驱动机制研究，涉及的驱动要素包括移民（Fang and Yu，2017）、经济全球化（Scott，2001）、政策和市场（Webster et al.，2003）、空港（Matsumoto，2004）、劳动分工（Bertinelli and Black，2004）、交通的改善、农村就业机会的减少、劳动者素质的提升（Mata et al.，2007；Cui et al.，2019；Han，2018）等。这些因素或为外部因素，或与城市群发展互为因果。③城市群内部结构及发展状况评价，例如空间结构（冯长春等，2014；施建刚、裘丽岚，2009）、城市体系（牛方曲、刘卫东，2016；顾朝林、庞海峰，2008；孙阳等，2016；邓丽君等，2010；Fang et al.，2018）、竞争力（方创琳，2011a；王发曾、吕金嵘，2011；许学强、程玉鸿，2006；高鹏等，2019）、产业（段小薇等，2016；郭荣朝、苗长虹，2010）等。由于对于城市群未形成完全统一的认知，研究方法、指标和结果均有差异。

文献回顾可知，目前关于城市群形成过程、扩张机制的研究相对薄弱，城市群是如何形成并扩张的？仍然有待破解。此外，城市群研究有待进一步系统化，期待理论体系的建构。着眼于此，本文从产业演进视角建立城市群研究理论框架，探索城市群扩张机制，并以长三角和京津冀城市群为例，对城市群空间扩张过程开展实证分析，回答诸如“长三角城市群如何形成”“京津冀城市群为什么发育滞后”等问题。

2 城市群扩张理论框架建构

学者们提出的诸多城市群概念不乏共性部分：城市群是空间相邻且紧密联系的城市群体。这也表明城市群形成过程是区域经济一体化过程。在该过程中，核心城市经济首先得以发展，取得要素集聚，进而与周边城市建立分工并引领带动整个区域发展的过程，详述如下。

（1）产业结构升级。核心城市制造业首先得以发展，随着制造业的不断发展核心城市用地开始紧张，地价攀升，运营费用增加。为寻求更低的经营成本，部分制造业逐步外移至周边城市，工厂与办公室空间上分散化。经济活动的“空间分散，业务关联”现象导致公司运行机制、空间组织模式发生变化，进一步增强了企业对中央管控功能的需求，从而增强了核心城市的地位。之后随着公司跨区域（城市）运作越多，管控功能越复杂，战略性要求就越高，包括公司的管理、协调、服务和金融。由于管控功能复杂化，大公司会将其外包，逐渐由专业的服务公司代为完成，即生产性服务业，如法律、会计、金融、公共关系、管理咨询等。如此一来，生产性服务业集聚于核心城市，受益于彼此邻近但所服务的对象可以很远，从而提供区域性服务。生产性服务业与其隶属机构形成区域网络，进一步强化了核心城市商业中心的重要地位。

（2）就业结构和社会空间变化。核心城市生产性服务业的发展引发劳动力市场和消费空间发生巨大变化，产生了越来越多的高收入的职位。高收入群体的增长带来日常消费文化的变化，他们需要的服务或产品通常会产生劳动密集型岗位，从而出现大量服务于高收入人群的低收入的工作职位，而生产和销售服务于低收入群体的低端产品和服务也将进一步产生更多的低收入岗位。如此引发城市内部社会经济分异，甚至社会收入极化问题。

（3）生态环境与城市网络。核心城市与周边城市的分工与合作将导致城际发展差异。由于高端服务业和公司总部在核心城市集聚，而制造业外推，将吸引高素质人口向核心城市集聚，不但导致城际经济发展差距的出现，同时导致周边城市环境污染的加剧，如此将引发一系列社会效应，诸如公平性、生态环境问题。城市群扩张过程，周边城市与核心城市联系加强的同时，周边城市之间联系也会不断加强，从而形成复杂的城际联系网络。

上述过程如图1所示。城市群研究涉及诸多领域，形成有机的体系。根据上述框架，城市群空间演进过程是核心城市制造业外移至周边城市，带动周边城市发展，同时核心城市的生产性服务业得以集聚发展的过程。着眼于此，以下将以长三角城市群、京津冀城市群为例，实证分析城市群动态演进过程，并解析城市群发展过程中存在的问题及原因。

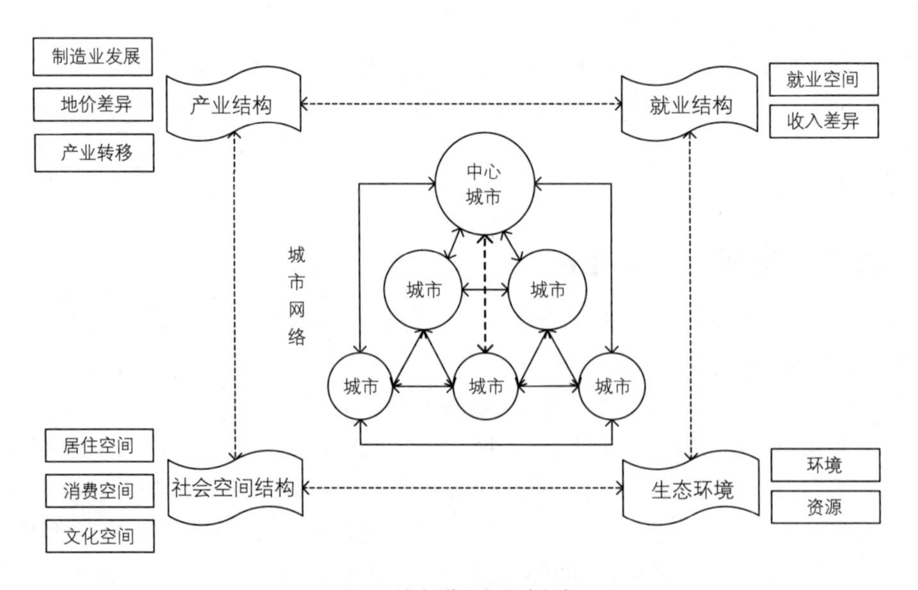

图1 城市群研究理论框架

3 案例区域及数据

3.1 案例区选择及数据

中国长三角城市群发展最为成熟，而京津冀城市群发育水平相对滞后（孙东琪，2013；方创琳，2011b；苗长虹、王海江，2006）。本文以长三角城市群为案例区实证分析城市群演进机制，并基于研究结论进一步解析京津冀城市群发展迟缓的原因。“一带一路”建设、长江经济带与京津冀协同发展是中国三大发展战略，因此，以长三角和京津冀城市群为例具有重要的现实意义。

京津冀案例区包括首都北京以及环绕北京的河北省及天津市，具体包括北京市、天津市、石家庄市、唐山市、秦皇岛市、邯郸市、邢台市、保定市、张家口市、承德市、沧州市、廊坊市、衡水市，共 12 个市（2 个直辖市、10 个地级市）。长三角城市群具体包括上海、苏南沿江八市，以及与上海相邻的嘉兴市，具体包括上海市、南京市、无锡市、常州市、苏州市、南通市、扬州市、镇江市、泰州市、嘉兴市，共 10 个市（1 个直辖市、9 个地级市）。城市群空间范围是模糊且不断变化的，难以给出明确的研究边界（Fang and Yu，2017）。就国家战略规划而言，长三角城市群还包括杭州、绍兴、宁波等浙北城市（中华人民共和国国务院，2016），旨在统筹规划区域经济发展。本文旨在探索城市群演进机制。我们认为，尽管中国的沿海与长江是中国的重要发展轴线，形成 T 字形（陆大道，2002），但沿江各市的经济联系更为紧密，而沿海各市的发展得益于其优异的对外区位优势，彼此联系较弱。换言之，较之沿江各市，沿海城市经济发展对上海依赖较弱。例如，宁波的制造业、义乌小商品市场（Marsden，2017）均以对外联系为主。有学者将杭州湾作为城市群，而不包括苏南地区（周德等，2015；李强等，2009），也说明了两者之间具有一定的独立性。本文的重点是探索城市群演进过程，而非边界的划定。

数据方面，中国于 1992 年邓小平南方讲话后全面推进市场经济，因此本文以 1990 年为起始时间点，直至 2015 年，时长 25 年。较长的研究时段更具说服力，但也让研究人员面临数据空缺的问题，如此长时段各城市细分产业数据（尤其是生产性服务业）未能完全统计。而制造业和服务业对应于第二和第三产业，为此，本文采用第二、第三产业的变化表征制造业和服务业的发展。数据来源于各市的统计年鉴，采用全国 1978=100 统计值。空间数据方面采用的是地市（直辖市）尺度的行政区划数据。

3.2 案例区概况

由图 2 所示的两大城市群的经济增长态势，1990 年京津冀与长三角地区的经济发展水平相差无几，之后随着改革开放深入推进，两地区的经济水平均逐渐提升。但长三角地区的经济增速明显高于京津冀地区，两地的差距逐渐加大，说明区域整体而言，长三角地区经济发展更快。相比全国的经济总量，京津冀城市群经济总量所占比重在 1990 年后呈现出明显的下降趋势，1995 年后基本保持不变（图 2），表明整体的经济增长速度接近全国总体水平，2015 年全国占比仍然低于 1990 年。由于北京、天津两直辖市的经济发展水平在全国处于前列，可以推断出，北京周边地区经济发展水平总体落后于全国平均水平。长三角城市群地区经济全国占比 1990～2005 年平稳增长，2005 年后略有下降。经济的全国占比表明长三角经济对于全国的经济贡献要明显高于京津冀地区。

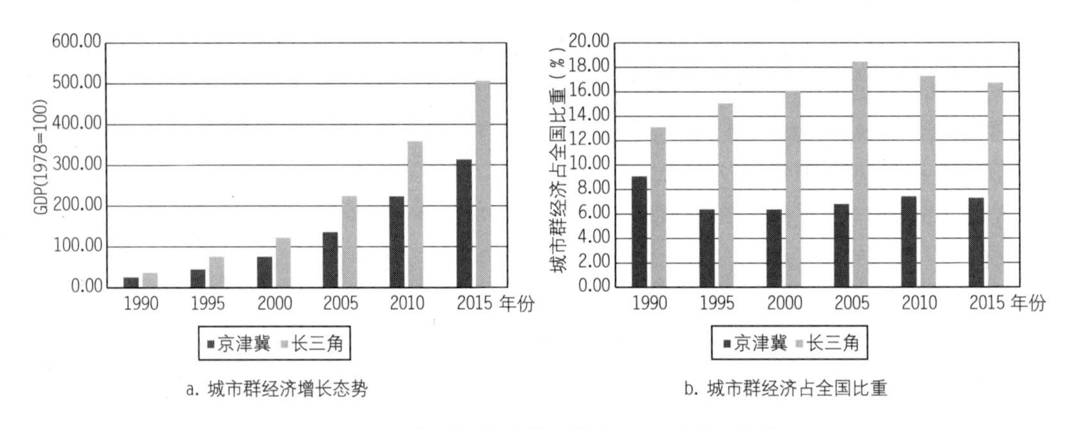

a. 城市群经济增长态势　　b. 城市群经济占全国比重

图 2　城市群经济增长态势及其对全国经济的贡献度

图 3 是两大城市群经济发展变异系数的变化过程。由图 3 可知，1990 年以来京津冀城市群的变异系数始终高于长三角城市群变异系数，表明京津冀地区发展并不充分，首都北京经济发展水平较高，而周边城市经济明显落后，形成“灯下黑”现象。从 2015 年的变化趋势可以看出，京津冀变异系数有进一步增长之势，表明地区发展差异有加剧之势。由核心城市经济之于城市群经济的比重可以进一步看出，1995 年后北京市经济之于京津冀比重高于上海经济之于长三角的比重，且北京经济之于京津冀城市群比重 2015 年后有增长之势，而上海经济之于长三角的比重呈下降之势。这进一步印证了北京与周边城市发展差距在加大，而上海与周边城市差距有缩小之势，也表明长三角经济总量的提升得益于各市的整体发展。

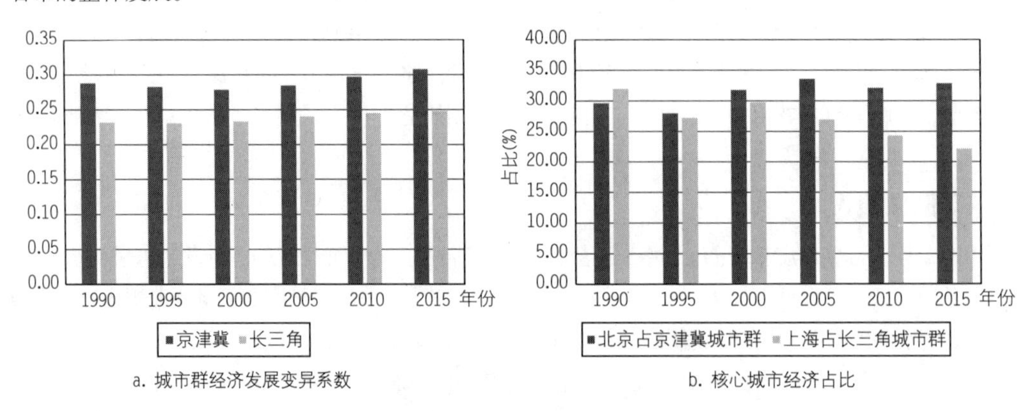

a. 城市群经济发展变异系数　　b. 核心城市经济占比

图 3　城市群经济发展空间差异

4 城市群时空演进过程实证分析

4.1 长三角城市群演进过程

4.1.1 核心城市产业演进

核心城市上海产业结构演进如图 4 所示，1990 年上海的工业化水平已经很高，第二产业占比最高。三次产业占比排序分别为第二产业、第三产业、第一产业（“二三一”）。1990 年之后，第二产业比重逐渐下降，第三产业占比逐步攀升并于 2000 年超过第二产业，产业结构升级为“三二一”。2000～2005 年，第二产业占比略有上升，对应的第三产业占比有所下降，可见该阶段制造业在上海有了进一步的发展。之后第二产业占比继续下降，而服务业占比继续攀升。

根据前文理论框架，城市群形成过程中，核心城市制造业首先得以发展，进而外推至周边城市，与此同时，核心城市生产性服务业得到进一步发展。核心城市上海产业结构演进过程印证这一论断（产业结构由“二三一”变为“三二一”）。而制造业外推必然促进周边城市第二产业逐步发展。下文将进一步探究周边城市产业变化，印证城市群扩张机制的同时，洞悉长三角城市群扩张过程与趋势。

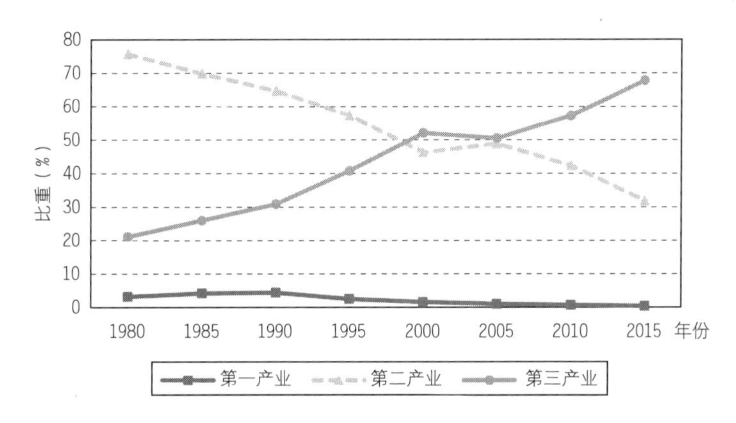

图 4 核心城市上海产业结构演进

4.1.2 长三角城市群扩张过程与趋势分析

从长三角城市群第二产业产业时空格局来看（表 1），1990 年二产占比最高的是上海、无锡，而苏州与常州也较高，表明早期上海和苏南地区（苏州、无锡、常州）四个市第二产业已经有了很好的发展。但毗邻上海的嘉兴市，产业发展却较为落后。该现象与上述关于研究区的论断相符，即上海的辐射带动主要在于沿江一带，进一步印证了研究区选择的合理性。

1990 年之后，随着服务业的发展，核心城市上海的二产占比下降，制造业外扩，周边城市第二产业得以发展，至 1995 年二产占比最高的是紧邻上海的苏州市。苏州市承接上海制造业，致使其第二产业比重跃居第一。之后至2000年，制造业进一步外扩，无锡的二产占比达到最大。截至2005年，常州的第二产业比重增长高出了周围地市，但同时苏州的二产占比也有所增加。结合上海产业结构的演进过程（图4），2000～2005年，上海的第二产业比重略有增长，而非下降，这使得与其相邻的苏州第二产业也有所增加。截至2010年，紧邻上海的嘉兴市的二产比重达到最高，另外，镇江市的二产占比同样较高，高于常州，表明制造业进一步扩展并开始惠及南部的嘉兴市。到2015年，远处的镇江第二产业发展达到很高的水平，同时，泰州的二产占比也有了很大的提升。据此可以推断，未来第二产业进一步发展的将是泰州和南通。

表1 长三角城市群第二产业占比演化

	1990年	1995年	2000年	2005年	2010年	2015年
上海市	64.7	57.3	46.3	48.9	42.3	31.8
南京市	54.4	52.1	45.8	49.8	45.4	40.3
无锡市	67.1	59.6	58.7	60.5	55.4	49.3
常州市	61.1	59.7	56.1	61.1	55.3	47.7
苏州市	61.0	60.2	56.5	66.6	56.9	48.6
南通市	45.0	50.2	50.1	56.1	55.1	48.4
扬州市	53.3	56.1	53.0	56.3	55.1	50.1
镇江市	57.1	56.5	56.6	60.6	56.4	49.3
泰州市	45.9	48.0	49.4	58.0	55.0	49.1
杭州市	50.7	53.8	51.3	50.9	47.8	38.9
宁波市	56.8	56.3	55.6	54.8	55.1	51.2
嘉兴市	49.9	57.5	54.2	58.8	58.2	52.6
湖州市	43.9	52.0	54.0	54.8	54.9	49.3
绍兴市	52.9	59.9	58.8	60.3	56.1	50.5
舟山市	32.3	33.8	29.6	39.7	45.5	41.1
台州市	41.1	53.0	52.6	52.6	51.7	44.1

上述扩张过程很好地诠释了城市群扩张过程并印证了理论框架关于城市群扩张机制的论断。基于上述分析，长三角城市群空间演进过程和趋势如表2所示。

此外，由上述分析可知南京并不在城市群扩张过程内。作为江苏省的省会，南京有着很好的经济发展水平，其远离上海，对上海的依赖较弱也是情理之中。为进一步佐证南京是否承接上海的第二产业转移，我们进一步分析了南京产业结构演进过程（图5）。1990年南京的产业结构组成为“二三一”，2015年产业结构升级为“三二一”。对比上海产业结构演进过程可以发现，虽然在经济体量上南京低

表 2　长三角城市群空间扩张过程及趋势

1990 年	1995 年	2000 年	2005 年	2010 年	2015 年	2020 年*
上海	上海	上海	上海	上海	上海	上海
	苏州	苏州	苏州	苏州	苏州	苏州
		无锡	无锡	无锡	无锡	无锡
			常州	常州	常州	常州
				镇江	镇江	镇江
				嘉兴	嘉兴	扬州
					扬州	泰州
						南通

* 城市群空间扩张趋势预测。

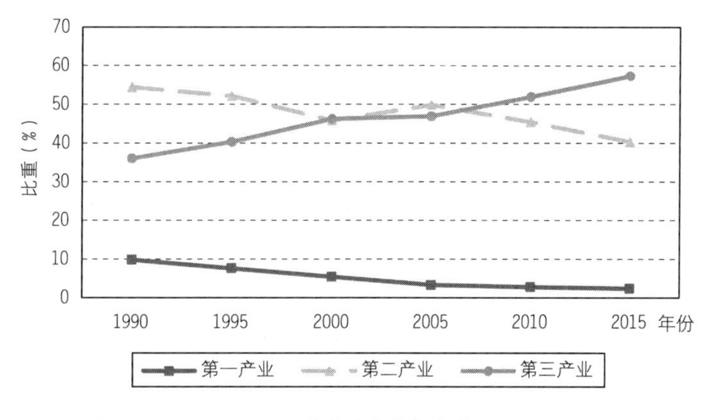

图 5　南京产业结构演进

于上海，但产业结构演进过程类似，表明两个城市存在竞争关系，南京的发展并非得益于上海的产业转移。这也进一步佐证了上述城市群扩展过程分析结果的合理性。

4.2　京津冀城市群发育滞后原因透析

长三角案例分析有力地佐证了本文的理论假设，即城市群形成过程中，核心城市制造业首先得以发展，进而外推至周边城市，同时核心城市生产性服务业得到进一步发展。根据该理论模型，我们可以推断京津冀城市群发育滞后的原因是，核心城市北京的制造业未能得到充分发展并进一步外推至周边城市，因此，未能带动周边城市发展，致使区域经济一体化水平较低。着眼于此，以下将从核心城市及周边城市产业结构演进过程两方面对京津冀城市群发展滞后成因作实证分析。

4.2.1 核心城市北京产业结构演进过程

北京产业结构演进过程如图6所示，1990年，第二产业占比明显低于上海市（图4），之后随着改革开放和市场经济进一步发展，北京的第二产业迅速下降，服务业迅速提升并在2015年服务业占比远高于第二产业。该过程表明，北京的服务业并非在第二产业需求的驱动下而发展，是在制造业并未得以充分发展并达到饱和情况下，开始致力于服务业的发展。

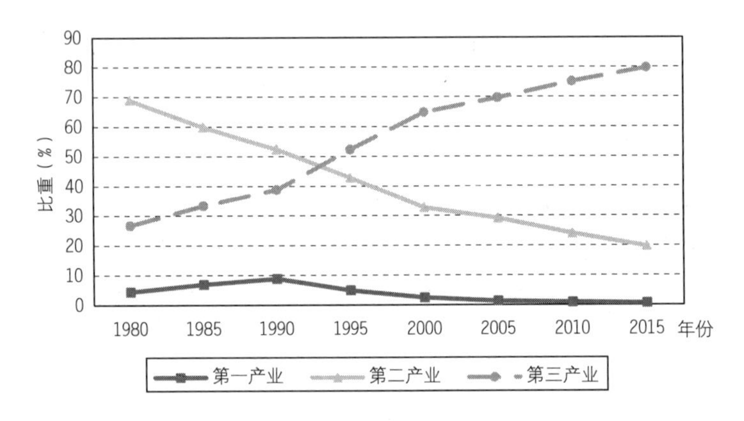

图6　北京产业结构演进

至此产生的疑问是，第二产业未能得以充分发展，服务业何以生存？根据劳瑞模型理论（Lowry，1964），一个城市的产业可以分为基础部门（basic sector）和服务部门（retail sector），其中基础部门的产品和劳务销往城市之外，为城市带来收入，是城市之所以存在的根本；服务部门指的是那些服务于城市自身运转的部门。由此可见，一个城市的服务部门的产值不可能高于基础部门。北京的“服务业”得以高速发展并超出第二产业，显然并非完全服务于城市自身运转，而是包含有服务于其他地区的生产性服务业，这部分服务业属于可以为城市带来收入的“基础部门”。而北京制造业未得以充分发展并带动周边城市，不会对生产性服务业产生巨大的需求，由此可知，北京的服务业是面向全国或国际，这与其国际化大都市定位较为吻合，助推了北京市的现代化进程，但必然导致其对周边城市经济发展带动较弱。

4.2.2 京津冀地区产业结构时空演变

从表3看出，1990、1995年天津二产比重高于北京，表明城市群发展初期，天津制造业占比已经很高，而非来自北京的产业转移；2000、2005年二产占比最高的分别为衡水、邢台，二者远离北京；而2010、2015年唐山二产比重最高。上述产业结构时空演进过程表明，该地区制造业并未呈现由核心城市外溢的过程，即周边城市的经济发展未能得到北京的有力带动。该过程与核心城市北京的产业结构演变分析结果相吻合。

表 3 京津冀城市群第二产业占比演化

	1995 年	2000 年	2005 年	2010 年	2015 年
北京市	42.8	32.7	29.1	24.0	19.7
天津市	55.7	50.8	56.0	53.1	46.5
石家庄市	47.8	46.5	48.5	48.6	45.1
唐山市	47.0	50.5	57.3	58.1	55.1
秦皇岛市	37.7	36.4	38.8	39.5	35.6
邯郸市	44.1	47.6	50.3	54.2	47.2
邢台市	40.9	52.2	57.3	55.6	45.0
保定市	39.5	44.6	48.8	51.6	50.0
张家口市	41.8	42.3	44.7	43.0	40.0
承德市	32.8	44.7	50.9	51.0	46.8
沧州市	44.1	50.1	53.4	50.6	49.6
廊坊市	43.0	51.6	54.1	53.6	44.6
衡水市	52.2	53.7	53.0	50.7	46.2

4.2.3 北京产业结构演进驱动因素分析

北京从 20 世纪 90 年代开始，在结构主义驱动下，开展了“退二进三”产业调整政策，即着力发展第三产业、转移或改造第二产业。在政策的推动下，北京传统工业用地实现了腾退，著名的 CBD 就是在这样的背景下、在旧产业区基础上建设起来的，这种区域范围大幅度的产业重组大约经过了 20 年。这段时间北京第二产业占比持续下降，而三产占比持续上升，并于 1994 年超过了第二产业。与上海产业结构演进作对比，1990 年北京的第二产业占比只有约 50%，远低于上海的 64.7%。显然，北京在宏观政策背景下，制造业并未得到充分发展并外推至周边城市，转而发展服务业，区域经济一体化程度低，城市群发育滞后。

北京发展历程中也有部分产业外迁，例如为改善北京环境质量、减少污染，钢铁产业外迁至唐山市。但这种产业转移是宏观政策调控结果，并非市场驱动。整体搬迁、空降的产业对当地的就业吸纳能力有限，是否适合当地发展、当地是否具备承接条件有待考量，还引发了当地环境问题。当然周边城市未能得以充分发展存在多种原因，下文将进一步讨论。

5 结语

本文构建了城市群研究理论框架，认为城市群形成过程中核心城市制造业首先得以发展，随着经济的发展，核心城市用地紧张、地价上升；为寻求更低的运营成本，制造业逐步外移至周边城市，从而带动周边城市发展，同时核心城市成为企业总部和高端服务业的集聚地。实证中，本文基于该框架解析了长三角城市群扩张过程、京津冀城市群发育滞后的成因。长三角地区核心城市上海经济发展伴随着产业转移，很好地带动了周边城市发展；而京津冀地区，核心城市北京在20世纪90年代实行了“退二进三”政策，产业发展出现了跳跃，第三产业得以飞速发展，助推迈向国际化大都市，核心城市的制造业未得以充分发展并向外转移而带动周边城市，导致区域一体化程度低，城市群发育滞后。

城市群发展会受多方面因素影响，如政府决策、当地发展条件、体制机制等，本文是从空间经济角度揭示了京津冀城市群发展滞后的原因，对城市群这一“黑盒”作进一步破解，在探索城市群扩张机理，建构城市群研究理论体系上迈出一步，为开拓城市群理论研究奠定良好基础。同时本研究还有诸多工作有待深化。生产性服务业聚集于核心城市、受益于彼此邻近，但服务于整个城市群，生产性服务业专业化发展及空间组织模式变化过程有待进一步探索；如图1理论框架所示，城市群空间扩张、产业结构演变将导致劳动力市场和就业结构发生变化，形成高收入群体，引发收入分配、空间公平性等社会秩序问题，同时经济的发展会引起资源环境等问题；此外，随着周边城市的不断发展，彼此联系不断加强，形成复杂的城市网络，各方面相互联系形成一个复杂综合体。未来将基于该理论框架开展系统性研究，该理论框架也将在不断探索中趋于完善。

致谢

衷心感谢国家自然科学基金项目（41801149、42071153），内蒙古自治区高等学校“青年科技英才支持计划”（NJTY-20-B09）对本研究的资助；两位匿名审稿人和编辑部所提建设性意见对本文的提升给予了很大帮助，在此一并感谢。

参考文献

[1] BERTINELLI L, BLACK D. Urbanization and growth[J]. Core Discussion Papers Rp, 2004, 56(1): 80-96.
[2] CUI X G, FANG C L, WANG Z B, et al. Spatial relationship of high-speed transportation construction and land-use efficiency and its mechanism: case study of Shandong peninsula urban agglomeration[J]. Journal of Geographical Sciences, 2019, 29(4): 549-562.
[3] DOXIADIS C A. Man's movement and his settlements[J]. Ekistrics, 1970, 29(1): 173-179.
[4] FANG C L, YU D L. Urban agglomeration: an evolving concept of an emerging phenomenon[J]. Landscape and Urban Planning, 2017, 162: 126-136.
[5] FANG C L, YANG J Y, FANG J W. Optimization transmission theory and technical pathways that describe multiscale urban agglomeration spaces[J]. Chinese Geographical Science, 2018, 28(4): 543-554.
[6] FAWCETT C B. Distribution of the urban population in Great Britain, 1931[J]. Geographical Journal, 1932, 79(2): 100-113.
[7] FRIEDMANN J. The world cities hypothesis[J]. Development and Change, 1986, 17(1): 69-83.
[8] GEDDES P. Cities in evolution: an introduction to the town-planning movement and the study of cities[M].

London: Williams and Norgate, 1915: 23-34.
[9] GOTTMANN J. Megalopolis or the urbanization of the northeastern seaboard[J]. Economic Geography, 1957, 33(3): 189-200.
[10] HAN F, XIE R, Fang J Y. Urban agglomeration economies and industrial energy efficiency[J]. Energy, 2018,162(11): 45-59.
[11] HOWARD E. Garden cities of to to morrow[M]. MIT Press,1965.
[12] LOWRY I S. A model of metropolis[M] Santa Monica CA, Rand Corp oration, RM-4035-RC. 1964.
[13] LYNCH K. Good city form[M]. Boston: University of Harvard Press, 1980: 35-79.
[14] MARSDEN M. Actually existing silk roads[J]. Journal of Eurasian Studies, 2017, 8(1): 22-30.
[15] MATA D D, DEICHMANN U, HENDERSON J V, et al. Determinants of city growth in Brazil[J]. Journal of Urban Economics, 2007, 62(2): 252-272.
[16] MATSUMOTO H. International urban systems and air passenger and cargo flows: some calculations[J]. Journal of Air Transport Management, 2004,10(4): 239-247.
[17] MCGEE T G. New regions of emerging rural-urban mix in Asia: implications for national and regional policy[M]. Bankok Press, 1989.
[18] SCOTT A J. Global city-region: trends, theory, policy[M]. Oxford: Oxford University Press, 2001.
[19] WEBSTER C, LAI L W C. Property rights, planning & markets[M]. UK: Edward Elgar, 2003.
[20] 邓丽君，张平宇，李平．中国十大城市群人口与经济发展平衡性分析[J]．中国科学院研究生院学报，2010, 27(2): 154-162.
[21] 段小薇，李璐璐，苗长虹，等．中部六大城市群产业转移综合承接能力评价研究[J]．地理科学，2016, 36(5): 681-690.
[22] 方创琳．中国城市群形成发育的新格局及新趋向[J]．地理科学, 2011, 31(9): 1025-1034.
[23] 方创琳，鲍超，马海涛. 2016 中国城市群发展报告[M]．北京：科学出版社, 2016.
[24] 方创琳，关兴良．中国城市群投入产出效率的综合测度与空间分异[J]．地理学报, 2011, 66(8): 1011-1022.
[25] 方创琳，毛其智，倪鹏飞．中国城市群科学选择与分级发展的争鸣及探索[J]．地理学报, 2015, 70(4): 515-527.
[26] 冯长春，谢旦杏，马学广，等．基于城际轨道交通流的珠三角城市区域功能多中心研究[J]．地理科学，2014, 34(6): 648-655.
[27] 高鹏，何丹，宁越敏，等．长江中游城市群社团结构演化及其邻近机制——基于生产性服务业企业网络分析[J]．地理科学, 2019, 39(4): 578-586.
[28] 顾朝林．城市群研究进展与展望[J]．地理研究, 2011, 30(5): 771-784.
[29] 顾朝林，蔡建明，牛亚菲，等．中国城市地理[M]．北京：商务印书馆, 1999: 35-49.
[30] 顾朝林，庞海峰．基于重力模型的中国城市体系空间联系与层域划分[J]．地理研究, 2008, 27(1): 1-12.
[31] 郭荣朝，苗长虹．基于特色产业簇群的城市群空间结构优化研究[J]．人文地理, 2010, 25(5): 47-52.
[32] 胡序威．对城市化研究中某些城市与区域概念的探讨[J]．城市规划, 2003(4): 28-32.
[33] 胡序威，周一星，等．中国沿海城镇密集地区空间集聚与扩散研究[J]．北京：科学出版社, 2000: 44-48
[34] 霍华德．明日的田园城市[M]．金经元，译．北京：商务印书馆, 2000: 35-55.
[35] 李强，周锁铨，向亮，等．杭州湾城市群热岛时空特征分析[J]．科技通报, 2009, 25(4): 395-401+418.

[36] 陆大道. 关于“点—轴”空间结构系统的形成机理分析[J]. 地理科学, 2002, 22(1): 1-6.

[37] 苗长虹, 胡志强. 城市群空间性质的透视与中原城市群的构建[J]. 地理科学进展, 2015, 34(3): 271-279.

[38] 苗长虹, 王海江. 中国城市群发育现状分析[J]. 地域研究与开发, 2006, 25(2): 24-29

[39] 宁越敏. 中国都市区和大城市群的界定——兼论大城市群在区域经济发展中的作用[J]. 地理科学, 2011, 31(3): 257-263.

[40] 牛方曲, 刘卫东. 基于互联网大数据的区域多层次空间结构分析研究[J]. 地球信息科学学报, 2016, 18(6): 719-726.

[41] 牛方曲, 刘卫东, 宋涛, 等. 城市群多层次空间结构分析算法及其应用——以京津冀城市群为例[J]. 地理研究, 2015, 34(8): 1447-1460.

[42] 施建刚, 裘丽岚. 城市群内城市分级方法比较研究——以成都平原城市群为例[J]. 城市问题, 2009(12): 19-22+32.

[43] 孙东琪, 张京祥, 胡毅, 等. 基于产业空间联系的“大都市阴影区”形成机制解析——长三角城市群与京津冀城市群的比较研究[J]. 地理科学, 2013, 33(9): 1043-1050.

[44] 孙阳, 姚士谋, 陆大道, 等. 中国城市群人口流动问题探析——以沿海三大城市群为例[J]. 地理科学. 2016, 36(12): 1777-1783.

[45] 王发曾, 吕金嵘. 中原城市群城市竞争力的评价与时空演变[J]. 地理研究, 2011, 30 (1): 49-60.

[46] 王丽, 邓羽, 牛文元. 城市群的界定与识别研究[J]. 地理学报, 2013, 68(8): 1059-1070.

[47] 王伟. 中国三大城市群经济空间宏观形态特征比较[J]. 城市规划学刊, 2009(1): 46-53.

[48] 许学强, 程玉鸿. 珠江三角洲城市群的城市竞争力时空演变[J]. 地理科学, 2006, 26(3): 257-265.

[49] 姚士谋, 陈振光, 叶高斌, 等. 中国城市群基本概念的再认知[J]. 现代城市, 2015, 10(2): 1-6.

[50] 张倩, 胡云锋, 刘纪远, 等. 基于交通、人口和经济的中国城市群识别[J]. 地理学报, 2011, 66(6): 761-770.

[51] 张伟. 都市圈的概念、特征及其规划探讨[J]. 城市规划, 2003, 27(6): 47-50.

[52] 周德, 徐建春, 王莉. 环杭州湾城市群土地利用的空间冲突与复杂性[J]. 地理研究, 2015, 34(9): 1630-1642.

[53] 中华人民共和国国务院. 长江三角洲城市群发展规划[EB/OL]. 2016-6[2018-6-11].http://www.ndrc.gov.cn/zcfb/z cfbghwb/201606/t20160603_806390.html.

[欢迎引用]

牛方曲, 王芳. 城市群形成理论建构与实证分析——产业演进视角[J]. 城市与区域规划研究, 2021, 13(1): 99-112.

NIU F Q, WANG F. Theoretical framework and empirical analysis of urban agglomeration formation from the perspective of industrial evolution[J]. Journal of Urban and Regional Planning, 2021,13(1): 99-112.

从赛事空间到消费空间

——国际冬奥雪上项目承办地空间发展趋势研究

刘钊启　吴唯佳　赵　亮

From Sporting Event Space to Consumer Space: Research on the Spatial Development Trend of Host Towns of the Winter Olympics

LIU Zhaoqi[1], WU Weijia[1,2], ZHAO Liang[1]
(1. School of Architecture, Tsinghua University, Beijing 100084, China; 2. Beijing Key Laboratory of Spatial Development of Capital Region, Beijing 100084, China)

Abstract In the context that China is upgrading its consumption model and has won the bid for the 2022 Winter Olympics, China's ice & snow towns face the following problems: the single service function and organizational rigidity under a heavy dependence on the sporting event-led path; the sprawl of ski resorts and towns under the market-oriented approach that is contrary to ecological progress; and the scenic model that separates the ski resort and town organization restricts improvement of the service level. To address these problems in terms of function, scale and layout of China's ice & snow towns, this paper takes the places for sports of the Winter Olympics which are practiced on snow as research objects, urban construction land and ski road as spatial analysis elements, and explores the spatial development pattern of ice & snow towns in the world through a comparative study and summary of international cases. Based on the theory of production of consumer space, the paper establishes an analytical framework from three aspects: the service function of consumer space consisting of world consumer culture, Winter Olympic culture and local culture; the scale of the space itself and the service relations attached to the space; and the service-oriented value that affects the spatial layout of the town. It argues that the transformation of development driving force from sporting event led to consumer-led is

摘　要　在我国消费升级与冬奥申办成功的背景下，针对我国冰雪小镇发展存在的赛事引领路径依赖下服务功能单一与组织僵化、市场导向下的雪场—城镇无序蔓延有悖生态文明、景区模式割裂雪场—城镇组织制约服务水平提升的功能、规模及布局方面的问题，文章以冬奥会雪上项目承办地为研究对象，城镇建设用地和雪道作为空间分析要素，通过国际案例横向比较与历史梳理的方法，探究国际冰雪小镇空间发展规律。基于消费空间生产理论，研究从全球消费文化、冬奥文化、地方文化对消费空间服务功能的内容构建，空间本身及空间内附着服务关系规模的形式构建，以及影响小镇空间布局的服务导向价值构建三个方面建立分析框架，认为从赛事主导走向消费主导的发展动力转化是冰雪小镇功能、规模、布局演进的根本原因。具体而言，功能层面国际冬奥雪上项目承办地存在消费文化、地方文化重塑下的城镇—雪道职能大众化；规模层面存在空间消费、空间内消费生产下的城镇—雪道差异化增长；布局层面存在后赛事服务价值转向下的城镇—雪道蔓延化布局的发展趋势。文章以此趋势为基础提出了对我国冰雪小镇开发建设功能组织、规模、布局层面的启示与建议。

关键词　冰雪小镇；空间趋势；冬奥会；消费空间

1　引言

随着我国民生保障政策与供给侧改革不断推进，城乡居民消费规模、水平、结构不断优化，追求多样化、高品

作者简介
刘钊启、赵亮，清华大学建筑学院；
吴唯佳（通讯作者），清华大学建筑学院、首都区域空间规划研究北京市重点实验室。

the fundamental reason for the evolution of the function, scale and layout of ice & snow towns. Specifically, in terms of function, the places for sports of the Winter Olympics which are practiced on snow witness the popularization of the function of the town and snow road under the reshaping of consumer culture and local culture; in terms of scale, the town and snow road see differentiated growth under the production of spatial consumption and intra-spatial consumption; and in terms of layout, the town and snow road witness a sprawling development trend under the service value shift in the post-sporting event period. Accordingly, it puts forward suggestions for China's ice & snow town development and construction from the aspects of function, scale and layout.

Keywords ice & snow town; space trend; Winter Olympics; consumer space

质的休闲方式成为社会消费的主流[①]。与此同时，2022 年冬奥会的成功申办，使滑雪运动成为促进全民健身的选择之一（唐佳梁，2018）。2015 年申奥成功以来，我国年滑雪人次自 1 250 万上升至 2018 年的约 2 100 万(Vanat,2019)，保持年均 18%的高速增长。2018 年，中国作为全球唯一的滑雪人口快速增长市场，发展前景巨大。

滑雪产业与旅游、零售、制造、建筑等部门关联紧密，对区域落实新型城镇化战略、实现脱贫攻坚目标、探索发展动力转型等亦具有重要意义（刘花香，2018）。受巨量滑雪消费需求和过热资本投资的双重驱动，近年来中国冰雪小镇数量以几何增长方式快速增加（王世金等，2019）。据《2018 中国冰雪产业白皮书》数据显示，2016 年我国冰雪小镇的经济规模达到 220 亿元水平，占冰雪旅游市场规模的 55%（吴铎思，2019）。按照联合国世界旅游组织方式测算，2021～2022 年，我国以冰雪文创、冰雪运动、冰雪制造、冰雪度假地产、冰雪会展为主要内容的特色小镇产值将达到 2.92 万亿元（杨宏生，2019）。

同步于经济社会发展阶段，冰雪小镇的扩张驱动机制也处在不断的变化与组合中。在生态文明、供给侧改革、消费升级叠加的社会背景下，探究冰雪小镇发展的空间结构特征、发展动力机制及结构优化路径，对于引导冰雪小镇健康发展具有一定的理论意义。

2 我国冰雪小镇发展困境研究综述

源于冰雪小镇对国家、区域发展的现实意义，既有研究从产业动力、规划布局、运营模式、文化特色等层面对我国冰雪小镇发展进行了实证与逻辑层面的分析，形成了一定的研究基础。通过文献梳理，可以将我国冰雪小镇发展存在的问题总结为以下方面。

2.1 赛事引领路径依赖下服务功能单一与组织僵化

李振（2019）、王赵坤（2019）等认为赛事引领模式已成为我国冰雪小镇发展的重要模式。因冰雪小镇在初创阶段通常面临资金、客源有限等发展“瓶颈”，高水平赛事举办与城市、区域经济、社会发展水平高度关联，赛事推广与城市发展存在双向促进作用（许忠伟，2019；王赵坤，2019），依托赛事可以起到吸引社会资本、营销城镇、拓展消费市场的作用。此外，赛事对城镇景观节点、基础设施、旅游流线、空间结构布局影响巨大，对快速回收成本也具有显著正面效应（马洁，2013）。我国冰雪产业最为密集的北京—张家口、吉林市—哈尔滨—牡丹江地区这一模式主导的发展特征尤其显著（表1）。以张家口市崇礼区为例，作为2022年冬奥雪上项目的承办地之一，冬奥大事件给本地区发展带来了大量的社会资本与国家投入，系列赛事与民生建设工程推动了崇礼区的快速发展。区域层面，京张铁路崇礼支线、延崇高速等区域交通工程增加了崇礼区与首都北京的联系。城区层面，城区范围由原有的县城西湾子拓展到西湾子—红旗营—太子城三组团，道路、供水、污水、天然气等市政设施设施骨架也随之拓展，为全区的城镇化提供了空间保障。服务层面，服务赛事的冬奥场馆，服务民生的住宿、餐饮、医疗等设施建设快速推进，提升了游客接待能力。2019年崇礼区七大滑雪场接待滑雪游客首次突破百万人次，同比增长25.9%，成为全国大众滑雪和旅游度假的重要目的地（新华社，2019）。

表1　我国部分冰雪旅游发达城镇承办部分大型赛事情况

城市（镇）	滑雪场	赛事
崇礼区	密苑云顶	2022年冬奥会自由式滑雪和单板滑雪比赛
		2017～2018年雪季空中技巧世界杯和U型池世界杯
	万龙	2005～2006年国际雪联高山滑雪SALOMON系列赛
		2018～2019年国际雪联高山滑雪积分赛、国际雪联高山滑雪远东杯赛等
	太舞	2017～2018年自由式滑雪雪上技巧世界杯
		2018～2019年国际雪联高山滑雪远东杯赛
吉林市	松花湖	2019年世界杯滑雪登山赛
		2017～2018年国际雪兰高山滑雪远东杯
	北大壶	国际雪联自由式滑雪世界杯
		第六届亚洲冬季运动会
		全国第八届、第九届、第十二届冬季运动会
		全国户外拓展大赛等
亚布力镇	亚布力度假区、体委滑雪场	全国第五届、第七届、第十届冬季运动会雪上赛事
		第三届亚洲冬季运动会
		第四届亚洲少年高山滑雪锦标赛
		第24届世界大学生冬季运动会雪上项目

资料来源：滑雪场宣传网站。

尽管依托赛事是冰雪小镇拓展国际影响力、成为世界级冰雪旅游目的地的必经之路，但国际上世界知名冰雪小镇在选择赛事助推发展策略后续也面临着一系列转型问题。高德特（Gaudette，2017）认为冬奥会在长期的游客流量提升和城市形象改善方面体现出不稳定性，弗格森（Ferguson，2011）认为赛事对城市的改善仅停留在设施与文化层面，对经济与社会层面影响有限。国内政府主导是赛事型冰雪小镇的显著特征，自上而下的管理组织容易造成功能与组织僵化现象：经营方面过于依赖门票与装备出租，营收模式单一（王世金等，2019）；服务方面依托基于运动员村拓展形成功能有限的住宿、餐饮、运动综合体，服务拓展有限；城镇发展动力方面聚焦竞技性而忽视了冰雪小镇文化与服务的提升，造成冰雪产业独大、外延性产业匮乏（郜邦国、沈克印，2018）；公共投入方面重设施建设、轻服务环境（张伟、单琛蕾，2018），难以形成运动文化氛围与多元功能叠加效应（王赵坤，2019），制约冰雪小镇健康可持续发展。

2.2 市场导向下雪场—城镇无序蔓延有悖生态文明

人工造雪所产生的能源消耗、化学污染、温室气体排放和雪道与城镇建设所造成的景观破坏、水土流失、区域生物总量减少等环境影响冲击普遍存在，不仅需要技术层面的应对，也需要从理念与制度层面的应对措施。刘花香等（2018）认为我国冰雪小镇开发普遍存在重经济效益，弱环境保护的建设理念。尽管制度层面以环境影响评价制度为代表的事前预防体系已经建立，但是在对生态总量、污染物控制、开发影响评价、生态经济效益平衡关注干预保护的强制性手段欠缺（刘向君，2014；姚小林，2019），易产生雪场数量巨大但滑雪旅游人次较小，经济效益低下但生态成本巨大等雪场规模失序、恶性竞争问题（王世金等，2019）。同样以崇礼区为例，截至2019年，崇礼区7个大型雪场拥有169条雪道，总长161.7千米（徐周新，2019）。通过梳理相关雪场2030年左右的规划情况，发现相关雪场规划雪道以年均10%的速率增长，到2030年这些雪场未来规划雪道总长度约400千米[②]。若没有科学的组织管理，大量的雪场建设将给区域生态环境造成严重冲击。

2.3 景区模式割裂雪场—城镇组织制约服务水平提升

出于开发与管理层面的考虑，我国冰雪小镇大多采取雪场运营在空间上自成一体的景区模式（郭宁，2013），雪场与城镇割裂是冰雪小镇发展的又一“瓶颈”，这种割裂体现在产业、交通与服务设施层面。产业层面，由于设施标准、客户人群、消费水平等因素差异，冰雪相关的二、三产业与周边城镇的产业相对独立，难以形成宜业、宜居、宜游的合理“闭环”（李振、任保国，2019）。交通层面，冰雪小镇通常地处山区、景点分散，现有城镇公共交通通常难以全面覆盖，目前相当一部分冰雪小镇接送游客的交通工具采用单一的小型面包车等传统公交方式，缺少现代化、大运量的交通方式（徐莹，2019），制约了服务能力与容量的提升。服务设施层面，城镇与滑雪场的医疗、通信、能源等设施由于需求的时空不匹配，共享共建困难，低水平重复建设现象严重（王赵坤，2019），导致设施规模效应难以形成（柳宛君，2019）。

3 基于消费空间生产的研究框架

3.1 理论基础

冰雪小镇是滑雪旅游积雪资源、旅游资源、文化景观在空间上的相互关系与组合形式的供给物质或空间载体（王世金等，2019）。冰雪小镇的空间布局、扩展与演变结构的形成及其变化受气候资源禀赋、文化、赛事、资本运作模式、经济基础、客源市场等多方面的影响和制约。因此，我国冰雪小镇发展问题解决应建立在对冰雪小镇发展规律的客观认识上。借鉴国际著名冰雪小镇的发展转型规律，可以为我国冰雪小镇发展提供合理的思路。

如何认识冰雪小镇的发展规律是本文要解决的首要问题。“二战”后，由于福特制、工业经济、生产社会向后福特制、知识经济、消费社会的转型（谢富胜，2007），消费社会成为当前社会的主要背景。消费主义是理解当代社会一个非常中心的范畴（孙建茵、冯引，2020）。冰雪小镇的发展遵循消费导向下资本的增值与空间生产逻辑。因此，本文以消费空间生产为线索，对国际上影响力最大的冰雪小镇群体——冬奥会雪上项目承办地的发展进行分析。

所谓消费社会，是指消费在整个社会制度安排中处于优先考虑地位（谭佩珊等，2019）。从这一视角出发，冰雪小镇的发展可视为消费行为供给主体政府—市场应对消费者需求变化的空间互动结果（范锐平，2019），这种互动不断重塑城镇空间结构（顾朝林等，2000），使其符合消费的过程与习惯。

既有理论对消费空间生产可以从内容构建、形式构建、价值构建三个层面进行理解。内容层面，文化多样性是导致消费功能分化与拓展的主要原因，全球资本文化结合代表地方的文字、符号、象征等真实地方素材（谭佩珊等，2019），使特定的空间构建出符合文化符号的功能与商品（王苑、于涛，2019；赵玉萍等，2019；季松，2013）。形式构建层面，空间消费涉及物质使用性商品、物质购买性商品、视觉刺激性商品、情感体验性商品等（包亚明，2006）。因此，空间中的消费和空间本身的消费是消费空间的两种主要形式，前者如购物、餐饮、服务，后者如空间游玩、光顾、观赏（季松，2009）。二者关系正如列斐伏尔（1974）的论述：“空间内弥漫着社会关系，空间不仅被社会关系支持，也生产着社会关系。”价值构建层面，利润增值是空间组织与拓展的根本逻辑，空间成为资本主义追求剩余价值的中介和手段（季松，2010；哈维，2003），被有意图和目的性地生产出来，因此，资本创造从低收益空间流向高收益空间，具有特殊价值的空间如节点、入口、边缘、核心等被不断纳入空间消费生产中。

3.2 研究框架

基于以上理论基础，针对我国冰雪小镇在功能、规模、布局层面存在的问题，本文从全球消费文化、冬奥文化、地方文化对消费空间服务功能的内容构建，空间本身及空间内附着的服务关系规模的形式构建，以及影响小镇空间布局的服务导向价值构建三个方面，分析冰雪小镇的城镇建设用地与雪道的空间发展趋势。选择城镇建设用地和雪道作为分析要素是因为二者是滑雪消费与服务发生的场所及空间载体。通过历史梳理与横向比较的方法，以冬奥雪上项目承办地为案例，探究冰雪小镇空间功能、规模、布局的趋势演变（图1）。

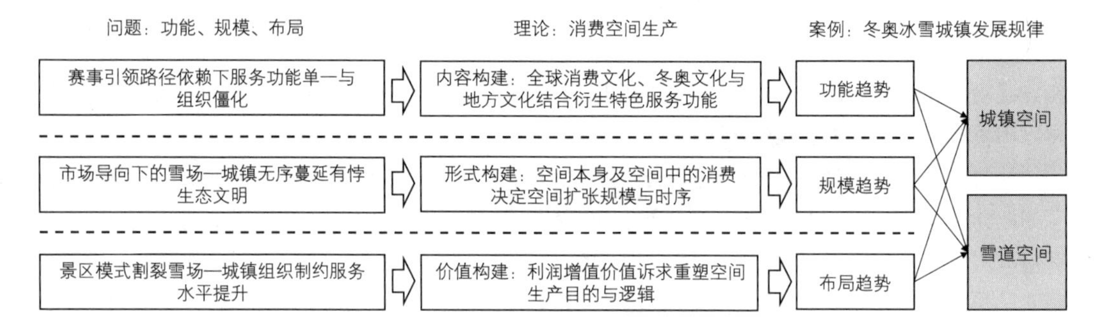

图1　本文研究框架

3.3 研究范围与数据来源

研究范围以冬奥会运动员村为圆心，以10千米为半径，形成范围在300平方千米左右的研究范围。现状雪道数据来源为opensnowmap.org数据库，该数据库是一个基于用户编辑的开源数据库，包含全球范围内的雪道矢量数据。现状土地利用数据来源于GLC30数据库与卫星影像，历史雪道与建设用地历史数据则来源于skimap.org提供的历史地图，历史地图信息见表2。

表2　冬奥雪上项目承办地历史地图资料

冬奥会(届)	雪上项目承办地	研究范围涉及雪场个数	历史地图数量	起始年限
1	霞慕尼	1	35	1924
2、5	圣莫里兹	1	21	1985
3、13	普莱西德湖	1	3	1932
4	加尔米施—帕滕基兴	1	12	1964
6	奥斯陆	1	4	2006
7	科尔蒂纳丹佩佐	1	6	1967
8	斯阔谷	2	50	1952

续表

冬奥会(届)	雪上项目承办地	研究范围涉及雪场个数	历史地图数量	起始年限
9、12	因斯布鲁克	5	20	1984
10	格勒诺布尔	5	40	1961
11	札幌	5	11	1971
14	Jahorina，萨拉热窝	1	3	2007
15	Canmore，卡尔加里	2	15	1988
16	Les Saisies，阿尔贝维尔	3	27	1988
17	利勒哈默尔	1	7	1993
18	白马村，长野	5	12	2005
19	帕克城，盐湖城	2	84	1976
20	塞斯特列雷，都灵	1	9	1990
21	惠斯勒，温哥华	2	80	1978
22	Esto-Sadok，索契	4	12	2005
23	Yong Pyong，平昌	2	7	1998
合计		46	457	

注：本研究关注的是冬奥举办时期及之后的雪道发展，因圣莫里兹、普莱西德湖、加尔米施—帕滕基兴、萨拉热窝、长野、奥斯陆冬奥举办时期历史地图历时不满足数据需求，故在后续定量研究中排除以上地区。

资料来源：根据 skimap.org 整理。

4 国际冬奥小镇城镇—雪道空间发展趋势

通过对冬奥冰雪城镇与雪道的分析，发现其在功能、规模、布局演进方面存在以下趋势。

4.1 功能趋势：消费文化、地方文化重塑下的城镇—雪道职能大众化

冬奥符号所带来的名气、人力与资本，为原本存在的地域特色职能发展与复兴带来契机。为了促进消费，迎合不同趣味群体，地方文化与冬奥文化、消费文化在国际冬奥雪上项目承办地叠加，衍生出新的服务职能，城市空间随之产生消费功能分化（季松，2013）。

4.1.1 城镇：冬奥文化+本地文化的特色功能演化

历史上大部分冬奥雪上项目承办地在举办冬奥之前是风景优美的小城镇，如圣莫里兹是治疗皮肤病的传统温泉沐浴区[③]；加尔米施—帕滕基兴曾是儿科和青少年风湿病专业治疗中心[④]；普莱西德湖最早因其良好的空气用于集中治疗结核病[⑤]。另一些则是发展较为成熟的城市，如因斯布鲁克、奥斯陆等，但其需要新的增长动力促进城市持续发展。冬奥为这些城镇拓展了国际冰雪服务职能，成为世界级的冬季旅游目的地。

进入后奥运时代，大多数冬奥雪上项目承办地依托冬奥遗产与本地特色，实现了从滑雪度假到综合服务的职能转型（Morello，2014）。绝大多数承办地衍生出了四季旅游服务；普莱西德湖、奥斯陆、科尔蒂纳丹佩佐、格勒诺布尔、卡尔加里、阿尔贝维尔、利勒哈默尔、盐湖城、惠斯勒等地则依托音乐、电影、文学、啤酒等旅游文化休闲服务职能成为休闲城市；圣莫里兹、因斯布鲁克、札幌则依托原有的良好空气、温泉等资源成为疗养城市；圣莫里兹、奥斯陆、因斯布鲁克、格勒诺布尔则依托冬奥带来的名声与人流，发展了商务会议功能；奥斯陆、因斯布鲁克、格勒诺布尔、卡尔加里在冬奥过程中宣传了优势与本地特色，基础上扩大了金融贸易、科技研发的优势。而索契、平昌等新兴的冬奥雪上项目承办地，则由于后奥运时期发展有限，目前仍为单一的冰雪旅游度假区，冬奥遗产价值仍在开发与利用过程中（表3）。

表3 冬奥雪上项目承办地所在城镇主要功能与活动

冬奥会（届）	雪上举办地	冰雪旅游	四季旅游	文化休闲	医疗	会议商务	金融贸易	科技研发
1	霞慕尼	●	●	-	-	-	-	-
2、5	圣莫里兹	●	●	-	●	●	-	-
3、13	普莱西德湖	●	●	●	-	-	-	-
4	加尔米施—帕滕基兴	●	-	-	●	-	-	-
6	奥斯陆	-	●	●	-	●	●	-
7	科尔蒂纳丹佩佐	●	●	●	-	-	-	-
8	斯阔谷	●	●	-	-	-	-	-
9、12	因斯布鲁克	●	●	-	●	●	●	●
10	格勒诺布尔	●	●	●	-	●	-	●
11	札幌	●	●	-	●	-	●	●
14	萨拉热窝	-	●	●	●	●	-	-
15	Canmore，卡尔加里	●	-	●	-	-	●	●
16	Les Saisies，阿尔贝维尔	●	●	●	-	-	-	-
17	利勒哈默尔	●	●	●	-	-	-	-
18	白马村，长野	●	-	-	-	-	-	-
19	帕克城，盐湖城	●	●	●	-	-	-	-
20	塞斯特列雷，都灵	●	●	-	-	-	-	-
21	惠斯勒，温哥华	●	●	●	-	-	-	-
22	Esto-Sadok，索契	●	-	-	-	-	-	-
23	Yong Pyong，平昌	●	-	-	-	-	-	-

注：1. “●”代表有；“-”代表无。2.本研究中文化休闲是指依托音乐、电影、文学、啤酒等旅游文化休闲服务职能；医疗是指作为区域中心的医疗服务功能。

基于地方文化、消费文化的专业化与特色化消费功能拓展，是冬奥雪上项目承办地城镇发展的主要趋势。在复兴地方文化、宣传城市的包装过程中，城市本身成为可消费的商品（季松，2009），除可供销售或出租的住宅、写字楼等商品房外，新闻中心、运动员村，从公共服务职能中拓展了消费职能，转变为可观、可玩、可游和可以体验的消费空间；基于城镇历史基础的特色优势，如文化旅游、科研、医疗、商务等专业化功能也都更充分的向大众开放，成为特色职能拓展的重要方向（王士兰、吴德刚，2004）。

4.1.2　雪道：面向大众弱化竞技性的雪道构成演进

相对于早期的冬奥雪上项目举办地，新兴承办地如索契、平昌、都灵等高级、专业级雪道比例较高，通常占全部雪道的50%以上，体现出明显的赛事空间特征。随着滑雪场市场化运营的不断推进，雪道构成整体呈现出专业性降低而娱乐性提升的趋势，霞慕尼、圣莫里兹、因斯布鲁克、科尔蒂纳丹佩佐、帕克城等消费服务较为完善的冬奥雪上项目承办地中级、初级雪道占比通常超过50%。其中，中级雪道由于在游客群体中适应性广泛，兼具竞技性与娱乐性，成为成熟雪场中占比最高的雪道类型（图2）。

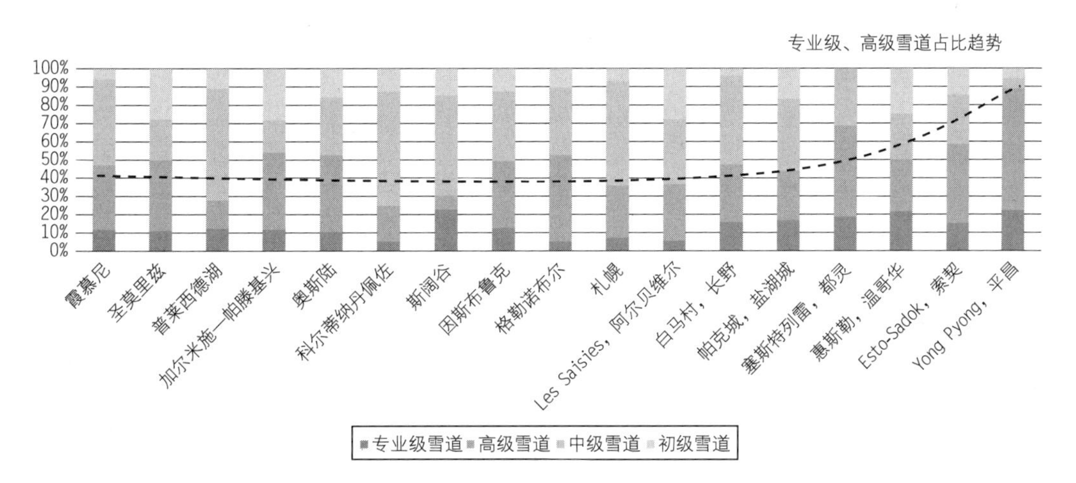

图2　2018年历届冬奥雪上项目承办地雪道构成

资料来源：opensnowmap.org 数据库。

4.2　规模趋势：空间消费、空间内消费生产下的城镇—雪道差异化增长

遵循资本增值与积累规律，在消费空间生产过程中，资本裹挟城镇及车站、机场、旅游景点等附属设施，都成为利润与价值的生产工具。尽管同样是空间生产，城镇—雪道规模扩张差异却体现了“空间中的消费”与“空间消费”二者差异。城镇附着了以消费关系为代表的经济、社会关系，城镇规模扩张不仅涉及第二次资本循环，同时还涉及以生产服务为目的空间第三次循环；而雪道作为单纯的消费体验空间，其内部的消费与社会关系相对简单，生产的技术与流程也相对成熟。因此，在现实世界

中，雪场规模可以随赛事与消费市场的波动不断增减，而城市作为消费体验、视觉消费、职住供给的场所，其规模则需要接受就业与消费市场的检验，规模增长相对缓慢和稳健。

4.2.1 城镇：空间本身与消费关系双重构建下的稳健增长

冬奥小镇不仅是赛事与服务活动的空间容器，同时承担着人流、物流、信息流等要素的组织与传递职能。由于冬奥服务网络构建的系统性难度，冬奥雪上项目承办地增量建设基本上是既有城镇基础上的完善扩张，非空间的人力、管理、信息交通等社会网络构建与维系成本制约了城镇的快速增长。

以冬奥为参照点可以将冬奥小镇的发展划分为三个阶段。第一阶段，在冬奥举办前后 5 年，出于服务赛事的目的，随着资本与发展要素的持续注入，城镇建设进入快速增长时期，附着于建设用地上服务当地人群、游客、运动员的基础设施、公共服务也进入快速增长阶段，建设用地最高会以年均 3%～5%的速度增长，并在冬奥前 1～2 年达到高峰。第二阶段为冬奥结束后的 5～15 年，由于冬奥热点效应的持续，城镇建设仍保持一定惯性增长，但逐渐回归常态的建设趋势以及冬奥超前建设需要消化，使城镇建设通常较为缓慢，建设用地长期增长速率大多保持在 0.5%～1.5%。第三阶段为后冬奥时期，即冬奥会后 15 年左右，随着冬奥刺激效应殆尽以及过热资本退出，城镇发展面临动力选择与增速分化：有的城市抓住全球消费社会契机，利用冬奥遗产和地方特色实现转型，城镇规模实现进一步增长，如格勒诺布尔、阿尔贝维尔、盐湖城等城市；有些城市则由于转型滞后与设施陈旧，城镇发展陷入停滞与收缩，如白马村、萨拉热窝等（图 3、表 4）。

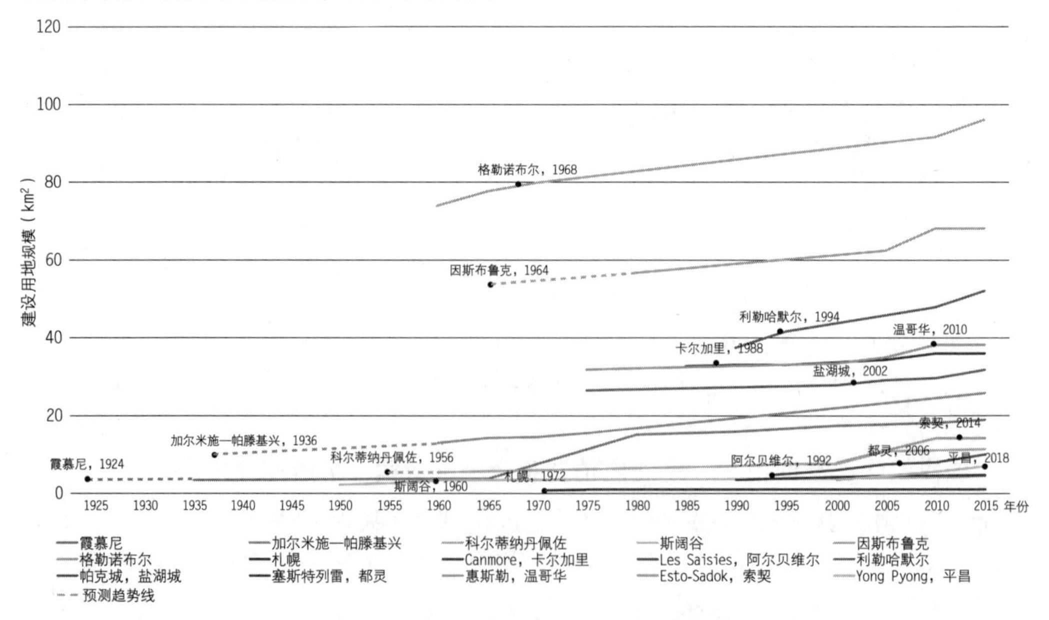

图 3 冬奥举办前后雪上项目承办地城镇建设用地规模增长情况

注：冬奥雪上项目承办地建成初期是指首张历史地图显示时期，不同地区建成初期年限详见表 1。

资料来源：根据 skimap.org 历史地图与 opensnowmap.org 数据库整理。

表 4　冬奥雪上项目承办地建成初期与现状建设用地规模及增速

城市	建成初期建设用地规模（km^2）	现状建设用地规模（km^2）	建设用地规模年均增速（%）
霞慕尼	3.72	18.89	2.04
科尔蒂纳丹佩佐	5.34	11.37	1.26
斯阔谷	2.30	4.51	1.23
因斯布鲁克	51.22	68.13	0.52
格勒诺布尔	70.67	96.11	0.68
札幌	181.99	196.55	0.19
Canmore，卡尔加里	31.60	36.02	0.43
Les Saisies，阿尔贝维尔	5.31	10.05	2.14
利勒哈默尔	19.95	52.06	3.24
帕克城，盐湖城	25.67	31.83	0.39
塞斯特列雷，都灵	3.46	4.75	0.57
惠斯勒，温哥华	32.12	38.22	0.58
Esto-Sadok，索契	9.81	14.23	3.78
Yong Pyong，平昌	3.10	6.25	4.57
平均	31.87	42.06	1.54

资料来源：skimap.org 数据库。

4.2.2　雪道：基于自然限制的活动体验消费空间灵活生产

出于消费社会转型与资本驱动的同质动因，整体来看，冬奥雪上项目承办地周边雪场规模增长与城镇建设用地规模变化趋势一致，但在增速上更加迅猛。赛事前后是雪道增长最为迅速的阶段，都灵、索契、平昌等地可以在这一时期实现 5%左右的年增长速率，使雪道规模在短期翻倍成为可能。雪道空间因蕴含的服务体验功能相对单一，通常仅涉及工程建设而不涉及社会网络构建，因而其增长受社会要素制约较小，增长更为灵活（图 4、表 5）。

尽管受资本与市场驱使雪道可以在短时间内实现快速增长，但其增长仍受客观自然、技术工程限制。在市场需求充裕的情况下，一方面由于缆车的经济、技术边界，雪道不会以滑雪大厅为原点无限延伸；另一方面由于滑雪运动 40%左右的适宜坡度、1 000～2 000 米的最大适宜落差限制，据此推算，雪道距离城镇纵深最长不会超过 5 千米。从案例事实情况看，雪道基本上都围绕城镇服务基地 5 千米左右进行建设。

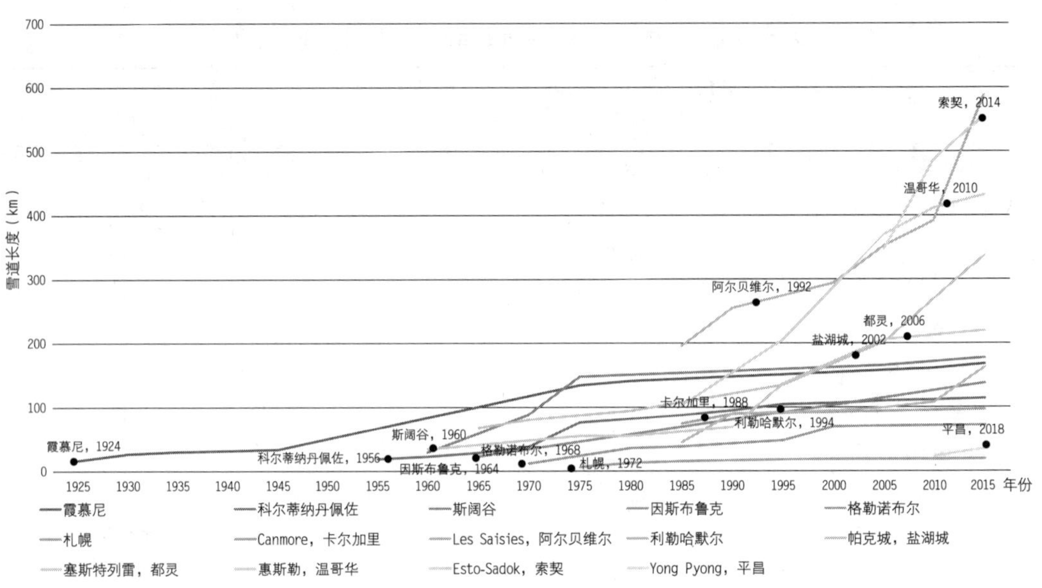

图4 冬奥举办前后雪上项目承办地雪道规模增长情况

资料来源：根据 skimap.org 历史数据整理。

表5 冬奥雪上项目承办地建成初期与现状雪道规模及增速

城市	建成初期雪道规模（km）	现状雪道规模（km）	雪道规模年均增速（%）
霞慕尼	17.94	167.94	2.80
科尔蒂纳丹佩佐	19.54	114.12	2.98
斯阔谷	28.99	177.42	3.34
因斯布鲁克	25.10	138.06	3.14
格勒诺布尔	12.32	71.73	3.99
札幌	6.82	19.17	2.61
Canmore，卡尔加里	73.10	96.50	0.92
Les Saisies，阿尔贝维尔	204.04	587.64	3.58
利勒哈默尔	43.93	162.54	4.45
帕克城，盐湖城	69.77	337.00	3.19
塞斯特列雷，都灵	35.38	219.68	3.37
惠斯勒，温哥华	106.64	431.89	4.77
Esto-Sadok，索契	330.48	555.20	5.32
Yong Pyong，平昌	24.11	34.97	7.70
平均	71.29	222.41	3.72

资料来源：根据 skimap.org 历史数据整理。

4.3 布局趋势：后赛事服务价值转向下的城镇—雪道蔓延化布局

大卫·哈维（2003）认为，消费社会通过创造特殊空间和有效的空间结构，来克服空间障碍以发展资本社会。所谓有效的空间结构，是指超越物理邻近保证各部分的高效连接与合理组织和消费活动的顺畅及便捷的空间组织。冬奥小镇的设计初衷是满足赛事以及运动员的赛事与生活需求，在后奥运时代服务消费的价值转向下，空间的布局不必片面追求雪道与服务设施邻近通过便捷的交通联系，合理的空间组织，吸引人的景点设置，丰富的活动体验可以对游客产生更大的吸引力。因此，消费空间布局有了走向更大空间范围动机，整合更多的旅游景点、服务资源，提升系统整体功能完善度与业态复合度成为消费空间发展的必然。

4.3.1 城镇：由单中心走向多组团以在更大范围内组织服务

城镇空间在不同发展阶段布局体现出一定的阶段特性，从消费空间的视角审视，这与冬奥冰雪承载地发展的主导价值逻辑转向有关。在冬奥举办前后的 5 年左右时间，基于利用现有公共服务设施便利性，尽快投入使用服务赛事的考量，增量空间通常布局在城镇内部空地与城镇边缘；冬奥后的 5～15 年，出于功能拓展、服务消费大众的目的需要，随着既有城镇、滑雪场底端有限用地的饱和，以及多元功能拓展的需要，建设用地范围开始向外围生态空间蔓延。冬奥后 15 年左右，出于提升服务质量、效率与整合功能的考虑，地方城镇开始整合存量具有特殊文化功能的飞地景点，随着功能的逐渐耦合，空间组织也趋向复杂，形成更大范围的服务空间（图 5）。

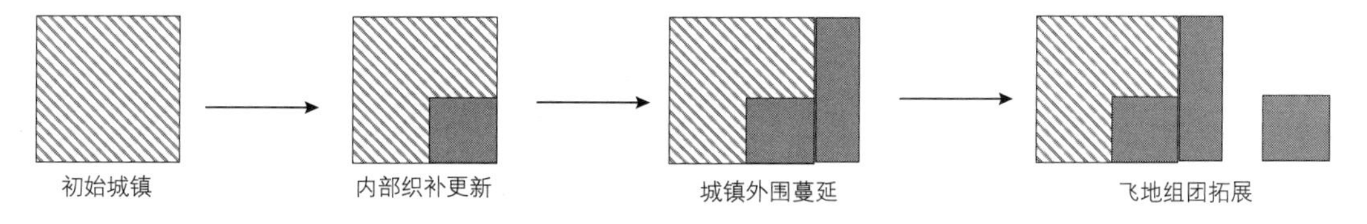

图 5 冬奥雪上项目承办地建设用地变化趋势

资料来源：根据 opensnowmap.org 数据库整理。

4.3.2 雪场：由独立扇面走向雪场网络以服务游客

消费社会转向下，出于自身扩张需求以及城镇增长的锚点效应，雪道整体呈现网络蔓延的趋势。冬奥前后 5 年的赛事时期新建雪道由于服务需求单一，在空间上大多呈连接城镇与山顶的扇面形态，因此提供的雪道难度、体验具有一定局限性。冬奥后 5～15 年及更远的时期，在顺应冬奥承办地的服务功能大众化、娱乐化的趋势过程中以及消费文化创造多元体验的引导下，一方面，中、低等级雪道的建设需求促使雪场向低海拔地区拓展；另一方面，为串联不同景观、地形、难度的雪场创造更多元的游玩体验，不同扇面的雪场实现了物理联系，互通有无实现雪场间合作双赢的同时，营造雪场的规模效应。此外，由于雪道的发展必须以城镇建设用地作为服务锚点，随着城镇的碎片化布局，客观上为雪道向外蔓延扩张提供了支撑，在这样的合力下，逐渐形成了冬奥雪上项目承办地周围遍布山间的网络状雪场群（图6）。

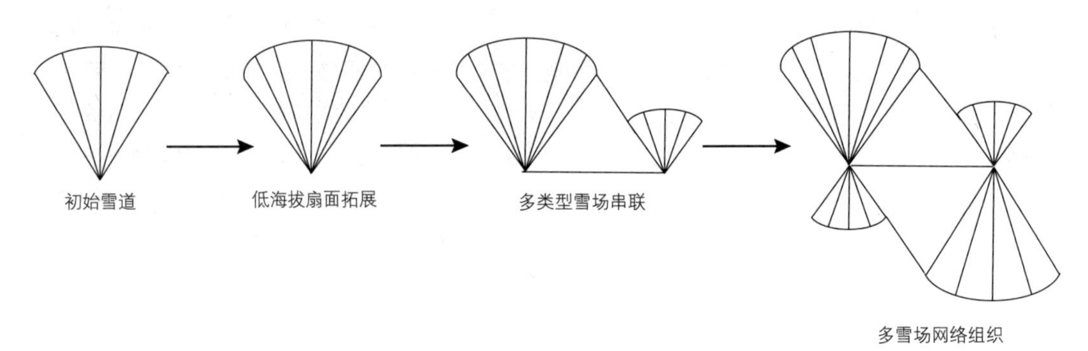

图6 冬奥雪上项目承办地雪道变化趋势

资料来源：根据 opensnowmap.org 数据库整理。

5 国际规律对我国冰雪小镇建设的启示

从赛事主导走向消费主导的发展动力转化是冰雪小镇功能、规模、布局演进的根本原因。基于当前社会发展进程与主流价值客观看待冰雪小镇发展的规律，是总结对我国冰雪小镇发展有益启示的必要前提。

功能层面，在我国目前服务领域供给侧改革、提振内需的社会期望下，消费符号的塑造、赛事空间的消费转型与区域特色塑造息息相关，地方文化成为旅游服务升级所仰赖的长期发展动力来源。为了应对消费社会下冰雪小镇必然面临的转型升级，在冰雪小镇发展初期功能策划过程中，对历史要素的保护、特色文化的塑造要有前瞻性，避免全球消费文化冲击下地方风格的丧失，产生千镇一面的后果，同时为未来依托本地文化特色的功能拓展创造可能。

规模层面，在大城市虹吸效应显著且普遍进入存量时代，中小城镇面临人口、发展要素外流的现实背景下，冰雪小镇的健康发展可以为一些具有发展条件的地区带来建设用地、城镇人口、经济总量的全面增长，这既符合区域均衡增长的国家方针，也是对冰雪市场需求增长的客观回应。位于重要区位的土地作为稀缺资源具有发展不可替代性，因此，在冰雪小镇开发中，在尊重市场的同时应避免不良竞争与过度开发：城镇方面，防止房地产等投机土地导致的人—地、市场—供给的不匹配；雪道方面，尊重自然限制及其快速生产的现实，在满足市场需求的同时避免过度建设，建立雪道开发的动态退出与调整机制，实现雪道的弹性增长，从而实现保护生态环境的目标。

布局层面，在更大空间内组织城镇并形成雪场群尽管会带来显著规模效应，但是对空间组织与管理亦提出更高的要求。通过有效组织引导空间由碎片化走向网络化是构建有效的消费空间结构的根本目标，建立区域之间的高效联系是实现这一目标的重要手段。因此，交通问题成为制约空间布局效率提升的核心问题。建立快行—慢游、轨道—公路、中转—接驳等多层级区域交通网络的布局，尽可能多地连接消费场所，建立适应更大区域联系的交通模式，可以为高效的消费空间结构建立创造可能。

致谢

“十三五”国家重点研发计划资助项目“城市新区规划设计优化技术”（2018YFC0704600）。

注释

① 中共中央、国务院印发《进一步激发居民消费潜力若干意见》，2018 年。

② 《万龙滑雪场总体规划（2013～2020）》《崇礼县卓越密苑生态农业旅游度假产业示范区概念性总体规划方案（2015）》《翠云山滑雪度假小镇控制性详细规划》《奥林匹克冰雪文化谷旅游度假区总体规划方案（2014）》《崇礼四季文化旅游度假区总体规划（太舞雪场）》等。

③ https://www.stmoritz.com/en/history/.

④ http://famouswonders.com/garmisch-partenkirchen-in-bavaria/.

⑤ https://www.lakeplacid.com/do/history.

参考文献

[1] FERGUSON K, HALL P, HOLDEN M, et al. Introduction – special issue on the urban legacies of the winter olympics[J]. Urban Geography, 2011, 32(6): 761-766.

[2] GAUDETTE M, ROULT R, LEFEOVRE S. Winter olympic games, cities, and tourism: a systematic literature review in this domain[J]. Journal of Sport & Tourism, 2017, 21(4): 287-313.

[3] MORELLO L. Winter olympics: downhill forecast[J]. Nature, 2014, 506(7486): 21-22.

[4] SCOTT A J. 创意城市：概念问题和政策审视[J]. 汤茂林，译. 现代城市研究, 2007(2): 66-77.

[5] VANAT L. 2019 全球滑雪市场报告.

[6] 包亚明. 消费文化与城市空间的生产[J]. 学术月刊, 2006(5): 11-13+16.

[7] 陈昆仑，郭宇琪，许红梅，等. 中国高水平马拉松赛事的空间分布特征及影响因素[J]. 上海体育学院学报, 2018, 42(6): 36-41.

[8] 樊杰，陈东. 珠江三角洲产业结构转型与空间结构调整的战略思考[J]. 中国科学院院刊, 2009, 24(2): 138-144.

[9] 范锐平. 加快建设中国特色消费型社会[N]. 学习时报, 2019-06-12(001).

[10] 郜邦国，沈克印. 我国冰雪特色小镇的规划建设[J]. 体育成人教育学刊, 2018, 34(4): 13-17.

[11] 顾朝林，张京祥，甄峰. 集聚与扩散：城市空间结构新论[M]. 南京：东南大学出版社, 2000.

[12] 郭宁. 冰雪旅游景区游客安全管理体系构建研究[D]. 厦门：华侨大学, 2013.

[13] 哈维. 后现代的状况：对文化变迁缘起的探究[M]. 北京：商务印书馆, 2003.

[14] 季松. 消费与当代城市空间发展——以欧美城市为例[J]. 规划师, 2009, 25(5): 88-95.

[15] 季松. 消费时代城市空间的生产与消费[J]. 城市规划, 2010, 34(7): 17-22.

[16] 季松. 当代城市空间的符号价值[J]. 建筑与文化, 2013(1): 72-73.

[17] 李振，任保国. 我国冰雪特色小镇建设问题及发展策略[J]. 体育文化导刊, 2019(8): 78-83.

[18] 列斐伏尔. 空间与政治[M]. 李春, 译. 上海: 上海人民出版社, 2015.
[19] 刘花香, 贾志强. 中国冰雪体育小镇建设 PEST 分析[J]. 体育文化导刊, 2018(8): 103-108.
[20] 刘向君. 黑龙江省滑雪场建设与运营对环境的影响及对策研究[D]. 哈尔滨: 哈尔滨体育学院, 2014.
[21] 柳宛君. 吉林市北大壶冰雪特色小镇建设问题研究[D]. 吉林: 北华大学, 2019.
[22] 马洁. 大型体育赛事的举办对城市旅游空间影响的研究[D]. 上海: 上海体育学院, 2013.
[23] 任绍斌, 吴明伟. 西方城市空间研究的历史进程及相关主题概述[J]. 城市规划学刊, 2010(5): 41-47.
[24] 孙建茵, 冯引. 鲍曼消费主义文化批判思想探析[J]. 苏州大学学报(哲学社会科学版), 2020, 41(4): 65-72+191.
[25] 谭佩珊, 黄旭, 薛德升. 世界城市中跨国文化消费空间的演化过程与机制——以柏林克洛伊茨贝格街区为例[J]. 国际城市规划, 2019, 34(4): 127-133.
[26] 唐佳梁. 黑龙江省冰雪特色小镇产镇融合发展研究[J]. 冰雪运动, 2018, 40(4): 85-87.
[27] 王世金, 徐新武, 颉佳. 中国滑雪场空间格局、形成机制及其结构优化[J]. 经济地理, 2019, 39(9): 222-231.
[28] 王士兰, 吴德刚. 城市设计对城市经济、文化复兴的作用[J]. 城市规划, 2004, 28(7): 54-58.
[29] 王苑, 于涛. 符号消费影响下大城市边缘区消费空间设计的回应[J]. 室内设计与装修, 2019(7): 138-140.
[30] 王赵坤. 冬奥会与国际旅游目的地相关设施共建共享研究[D]. 张家口: 河北建筑工程学院, 2019.
[31] 吴铎思. 冰雪产业: "冷资源" 成为 "热经" [EB/OL]. (2019-01-16)[2019-05-24]. http://www.workercn.cn/28260/201901/16/190116082936772.shtml.
[32] 谢富胜. 资本主义的劳动过程: 从福特主义向后福特主义转变[J]. 中国人民大学学报, 2007, 21(2): 64-70.
[33] 新华社. 河北崇礼 2018-2019 年雪季滑雪游客首次突破百万人次[N/OL]. http://m.xinhuanet.com/he/2019-05/02/c_1124442915. htm.
[34] 徐莹. 冰雪特色小镇发展存在的问题及优化路径[J]. 体育文化导刊, 2019(7): 13-18.
[35] 许忠伟, 曾玉文. 经济欠发达地区居民对 2022 年冬奥会的感知及支持度研究——以张家口市居民为例[J]. 旅游导刊, 2019, 3(6): 48-63.
[36] 杨宏生. 冰雪旅游进入爆发式增长黄金时代[N]. 中国商报, 2019-01-25 (6) .
[37] 姚小林. 冬奥会举办城市冰雪资源开发经验及启示[J]. 体育文化导刊, 2019(6): 18-23.
[38] 张京祥, 邓化媛. 解读城市近现代风貌型消费空间的塑造——基于空间生产理论的分析视角[J]. 国际城市规划, 2009, 23(1): 43-47.
[39] 张伟, 单琛蕾. "冬奥会" 背景下体育特色小镇建设路径研究——以张家口为例[J]. 安徽体育科技, 2018, 39(4): 6-8.
[40] 赵玉萍, 汪明峰, 孙莹. 全球化背景下上海时尚消费空间的形成机制研究[J]. 上海城市规划, 2019(2): 90-97.

[欢迎引用]

刘钊启, 吴唯佳, 赵亮. 从赛事空间到消费空间——国际冬奥雪上项目承办地空间发展趋势研究[J]. 城市与区域规划研究, 2021, 13(1): 113-128.

LIU Z Q, WU W J, ZHAO L. From sporting event space to consumer space: research on the spatial development trend of host towns of the Winter Olympics[J]. Journal of Urban and Regional Planning, 2021, 13(1): 113-128.

基于“城市人”理论的泉州市国土空间规划“三区三线”划定方法探索

魏 伟 张 睿

Exploration of the “Three-zones and Three-lines” Delimitation Method of Quanzhou Territorial and Spatial Planning Based on the Theory of “Homo-Urbanicus”

WEI Wei[1,2], ZHANG Rui[1,3]
(1. Urban Design College, Wuhan University, Wuhan 430072, China; 2. China Institute for Main Function Area Strategy, Wuhan 430079, China; 3. Wuhan Land Use and Urban Spatial Planning Research Center, Wuhan 430072, China)

Abstract From the perspective of rationality in the theory of “Homo-Urbanicus”, this paper analyzes the “irrationality” in the process of demarcating “three-zones and three-lines” in the current spatial planning, and summarizes the two core issues that need to be solved in the next stage: how to judge the conflict zones of “three-lines”, and how to determine the total amount of “three-zones”. By establishing a contradiction coordination model based on the theory of “Homo-Urbanicus”, namely the self-existence-coexistence and optimization – balance model, the paper establishes a methodological system for rationally solving the two core problems. Taking Quanzhou City as an example, it explores the key technical methods for demarcating “three-zones and three-lines” in the spatial planning at the city level, and proposes some new ideas for the spatial planning in the next stage to avoid existing problems.

Keywords planning rationality; spatial planning; “three-zones and three-lines”; “Homo-Urbanicus”; Quanzhou City

作者简介
魏伟，武汉大学城市设计学院、中国主体功能区战略研究院；
张睿，武汉大学城市设计学院、武汉市土地利用和城市空间规划研究中心。

摘　要　文章从“城市人”理论的理性视角出发，分析当前国土空间规划“三区三线”划定过程中存在的“非理性”之处，总结下一阶段亟待解决的两大核心问题，即“三线”冲突区域的判定和“三区”总量的确定；基于“城市人”理论的矛盾协调路径，即自存—共存、优化—平衡模式，构建理性解决两大核心问题的新方法体系；并以泉州市为例，探索市级国土空间规划科学划定“三区三线”的关键技术方法，为未来的国土空间规划规避现有问题提供理论参考。

关键词　规划理性；空间规划；“三区三线”；“城市人”；泉州市

1　背景及问题

党的十九大提出要“构建国土空间开发保护制度，完善主体功能区配套政策”，2018年国务院政府工作报告提出“高质量发展”的新要求，强调城市绿色发展，决不能把生态环境保护和经济发展割裂开来——国土空间规划应在生态文明建设、高质量经济发展中起到支撑和保障作用。构建以“三区三线”为主要技术手段、以管控国土空间用途为保障实施手段的空间规划体系，是建设生态文明、加快形成绿色生产方式和生活方式、实现高质量发展的重要手段，是落实以人为本、优化空间布局、建设美丽国土和美好家园的关键举措，对于促进城市公平、维持城市秩序、创造城市价值有着举足轻重的意义。

国土空间规划分为国家、省、市、县、乡镇五级[①]，而在实践过程中，与我国现行行政管理体系相对应，地级市国土空间规划的作用显得尤为重要：既需要衔接国家级、省级国土空间规划，有序细化落实上位国土空间规划的宏观要求，同时又作为所辖县（区）、乡镇国土空间规划的上位规划，统筹管控和引导县（区）、乡镇级国土空间规划的具体落地，在尺度衔接和内容把控上发挥着关节作用。

"三区三线"划定是市级国土空间规划编制的核心任务：一方面，"三区三线"划定是市级国土空间规划的技术要点，为合理构建国土空间开发格局、落实国土空间有效管控、提升国土空间治理能力和效率奠定理性基础；另一方面，"三区三线"划定也是市级国土空间规划的技术难点，需要同时兼顾技术的科学性和规划引导的政策性，强调刚性约束与柔性调控相结合的手段，"在满足总量控制目标的基础之上，同时需要适应空间布局变化的不确定性"（陶岸君、王兴平，2016a）。

1.1 当前研究进展

现阶段，支撑国土空间规划的相关政策陆续出台，国土空间规划的方向逐渐明确，内容架构日益清晰，但有关市级国土空间规划的研究和实践仍处于探索与试点阶段，关于"三区三线"划定的技术方法也不尽相同。

1.1.1 理论研究

关于我国国土空间规划的理论研究，目前主要从"多规合一"的被动协调和"空间规划"的主动统筹两个方向推进，内容集中在探讨"多规不合"问题症结（陈雯等，2017）、"多规合一"技术处理手段（林坚等，2015；黄慧明等，2017；郑泽爽，2017；廖威等，2017）、空间规划用地分类体系构建（徐晶等，2018）、国土空间划分技术方法（殷会良等，2017；许景权，2016；沈洁等，2016；胡飞等，2016；李咏华，2011；陶岸君、王兴平，2016b；扈万泰等，2016；杨楠等，2017；蒋伟等，2017）、政府部门事权界定（邓凌云等，2016）等方面。其中，国土空间划分层面集中于以下两个方面。

（1）"三线"划定。现有关于"三线"的研究集中于通过协调"两线"（生态保护红线、基本农田保护红线）来确定"一线"（城镇开发边界）的方式，研究对象多聚焦于城镇开发边界（殷会良等，2017；许景权，2016）。关于城镇开发边界的划定，主要存在两种方式：一是从城市空间发展需求出发，通过"多规"整合、"以人定地"与"以产定地"相结合等方式，优先确定城镇开发边界范围（许景权，2016；沈洁等，2016）；二是从生态保护需求出发，在现有基本生态控制线的基础上，协调永久基本农田布局，综合提出城镇开发边界划定方案（胡飞等，2016；李咏华，2011）。

（2）"三区"划定。"国土空间功能分区方案的不衔接是导致'多规不合'的主要症结"（陶岸君、王兴平，2016b），"通过协调'多规'中对于总体规模、空间边界和规划期限等方面存在的矛盾，才能保证三类空间的划定具有落地性"（扈万泰等，2016）。关于三类空间的统筹划定，主要存在两种方式：一是建设开发导向，通过规模预测等方式先划定城镇开发边界，限定城镇空间，将建设空间范围之外的空间作为农业空间和生态空间（扈万泰等，2016；杨楠等，2017）；二是生态及农业保护导向，优先划定生态保护红线，限定生态空间与农业空间，通过底线思维协调确定城镇空间（蒋伟等，2017）。

总体而言，当前市级国土空间规划的理论研究尚未提出全面、系统的理论指导，“三区三线”空间划分的核心技术方法集中于城镇开发边界的划定，而缺乏系统性地协调城镇、生态、农业三者关系的研究，对于“三线统筹”“三区统筹”的划定方式并没有提出切实可行的方法。

1.1.2 实践探索

我国省级层面和县级层面已经陆续开展了国土空间规划试点工作，市级层面目前正在有序开展。整体上，现有市级空间规划实践普遍突出生态保护的主题，强调环境承载能力的约束性和优先性，“先摸底、后规划”的总体思路已经达成共识。

现阶段市级国土空间规划主要存在三种实践代表类型。①“多规合一”指导模式。在“多规合一”工作的基础上，综合参考“资源环境承载能力评价、国土空间开发适宜性评价”（以下简称“双评价”）的结果，对“多规合一”成果中的城市开发边界、生态保护红线、永久基本农田保护红线等重要控制线进行局部调整，划定“三区三线”。②“上位规划”指导模式。在已有省级（自治区级）空间规划的指导下编制市级空间规划，沿用上位空间规划的技术方法体系和指标体系，通过上下联动，统一“双评价”结论，市级“三区三线”的划定思路与省级（自治区级）层面的划定思路保持一致，具有鲜明的“自上而下”的传导性特征。③“基础评价”指导模式。通过对市域“双评价”结果进行耦合，综合判断市域国土空间的生态功能适宜性、农业功能适宜性、城镇功能适宜性，结合现状地表分区，划定“三区三线”。

三类实践模式的出发点与逻辑思路略有差异，针对不同城市的资源现状表现出不同的规划重点：“多规合一”指导模式侧重对现有规划进行整合，尽可能保持空间规划与现有规划的衔接性，但“合”的过程中存在较强的部门价值导向和利益博弈；“上位规划”指导模式侧重对省级空间规划的落实，强调空间规划在行政体系上的传导性，但省级空间规划“分配”各下辖市“三区三线”资源总量的过程存在较强的指令导向；“基础评价”指导模式针对没有广泛开展“多规合一”工作、没有省级空间规划指导的试点城市，侧重依据“双评价”结果的科学性，但关于“双评价”指标理想值及承载阈值的确定存在较强的主观价值导向。

1.2 亟待解决的核心问题

综上，当前研究针对市级空间规划“三区三线”划定初步形成了系统方法，就“摸底—定线—划区”的总体思路达成共识，但在以下两个核心问题上还存在理论上和实践操作上的争议。

第一，“三线”划定过程中，相互冲突的边界如何判定？当前存在两种普遍做法：①依据既有的基本农田红线、生态保护红线、城市规划边界红线的范围，结合基础评价，由各职能部门“自下而上”

地“协商”划定；②依据“双评价”的结果，综合资源环境承载能力评价的“底线思维”和国土空间开发适宜性评价的“开发思维”，双重约束和引导，“自上而下”地“传导”划定。客观来看，无论采用哪种做法都需要一个“理性”的判别标准，即在理论上回答“协商”和“传导”的价值标准到底是什么？在实践操作中三条红线发生冲突时的利益取舍该如何处理？

第二，“三区”划定过程中，确定“三区”总量和比例有没有客观、通行的原则与方法？当前解决这一问题基本上遵循“双评价”和“功能适宜性评价”所给出的“计算结果”，直接得出“三区”总量和比例，并没有检校的原则以及判断是否合理的标准；实际上，不同城市划定三类空间的最终目标，都是为了促进社会、经济利益的总体价值最大化，如何在这个总体目标下针对性地判断三类空间的总量和比例，是空间规划落地性的重要前提。

针对上述两大问题，未来的市级空间规划需要在规划理性的思维下，重点协调“三线”之间、“三区”之间的相互关系——确立平衡相关关系的基本原则，构建协调矛盾冲突的方法体系，搭建切实可行的操作途径。

2 理性视角下“三区三线”划定方法

规划理性源自加拿大女王大学梁鹤年教授所倡导的“城市人”理论，核心体现为“以人为本”的规划思维，“以人为本”即以“人性”为本。“城市人”理论提出：“人性，包括人的物性与理性。万物求存，人的‘物性’来源于人是动物，动物求存，求延续；人的‘理性’来源于人区别于动物，人是理性的动物，因此，人要求存，求延续，并求共存”（梁鹤年，2014）。所谓“求共存”，即在考虑满足个人“自存”的同时，充分考虑到他人的“自存”；所谓“理性”，即在考虑到个人“物性”的同时，充分考虑到他人的“物性”。作为居民而言，寻求“自我保存”和“与人共存”的平衡是人类生存最理性的选择；作为规划工作者而言，通过规划手段帮助居民寻求“自我保存”和“与人共存”平衡的最优化，是规划理性所在，“该理论在价值观上突出了理性思维与平等观念”（魏伟、谢波，2014）。

2.1 理性视角下“三区三线”划定导向

规划理性的思维逻辑可以推导出市级空间规划“三区三线”划定的两个重要导向：①平衡经济发展、粮食安全、生态保护的关系，综合考虑环境系统能够“给什么”，而不是只考虑我们“要什么”，对于人居环境而言，“开发思维”和“底线思维”要双管齐下，生态发展、农业发展和经济发展需统筹兼顾；②平衡不同城市地区之间的“自存”与“共存”，综合考虑“所有地区”的发展需求，而不是只考虑“个别地区”的发展需求，最大化发挥比较优势，合理安排“三区三线”空间布局。

2.2 理性视角下“三区三线”协作模式

基于理性视角，针对当前“三区三线”划定中的两大核心问题，关键在于运用“自存—共存平衡”的原则协调“三线”“三区”之间的冲突。

根据矛盾利益方与矛盾维度，“三区三线”的划定主要存在两类协调模式（表 1）。

模式Ⅰ：自存—共存——针对两个利益方的单一维度。在“三区三线”划定中具体表现为农业与城镇、农业与生态、城镇与生态两两之间的利益矛盾。

模式Ⅱ：优化—平衡——针对多个利益方或者多重维度。具体又分为三种类型。

类型Ⅱ-Ⅰ：两个利益方、多重维度——在“三区三线”划定中具体表现为农业空间与生态空间在经济、生态、农业等方面均存在的利益矛盾。

类型Ⅱ-Ⅱ：多个利益方、单个维度——在“三区三线”划定中具体表现为生态保护红线、永久基本农田保护红线、城镇开发边界之间的利益矛盾。

类型Ⅱ-Ⅲ：多个利益方、多重维度——在“三区三线”划定中具体表现为生态空间、农业空间、城镇空间在经济、生态、农业等方面均存在利益矛盾。

表 1 协调模式类型

矛盾利益方	矛盾维度	协调模式
两个利益方	单一维度	自存—共存
	多重维度	优化—平衡
多个利益方	单一维度	
	多重维度	

两类模式的矛盾协调路径如下（图 1）。

（1）“自存—共存”模式（模式Ⅰ）。找到矛盾双方 A/B 的矛盾聚焦点 y，判断“自存”情况下矛盾双方对整体的贡献 y_a 、 y_b ，通过“共存”衡量得出 y_{ab} ，作为利益双方 A/B“自存—共存”平衡后的最优决策。

（2）“优化—平衡”模式（模式Ⅱ-Ⅰ、Ⅱ-Ⅱ、Ⅱ-Ⅲ）。先将之分解为多个模式Ⅰ的情况，逐一进行协调——模式Ⅱ-Ⅰ中判断出 A/B 双方在矛盾点 y_1/y_2 上的共存值 y_{1ab} 、 y_{2ab} ；模式Ⅱ-Ⅱ中判断出 A/B/C 三方在矛盾聚焦点 y 上的两两共存值 y_{ab} 、 y_{ac} 、 y_{bc} ；模式Ⅱ-Ⅲ中判断出 A/B/C 三方在矛盾点 y_1/y_2 上的两两共存值 y_{1ab} 、 y_{2ab} 、 y_{1ac} 、 y_{2ac} 、 y_{1bc} 、 y_{2bc} 。再利用优化—平衡的原则，优先处理关键矛盾，平衡其他矛盾，综合得出最优决策 模式Ⅱ Ⅰ中优化平衡 y_1/y_2 ，得出 y_{ab} ；模式Ⅱ-Ⅱ中优化平衡 A/B/C，得出 y_{abc} ；模式Ⅱ-Ⅲ中依次优化平衡 y_1/y_2 和 A/B/C，得出 y_{abc} 。

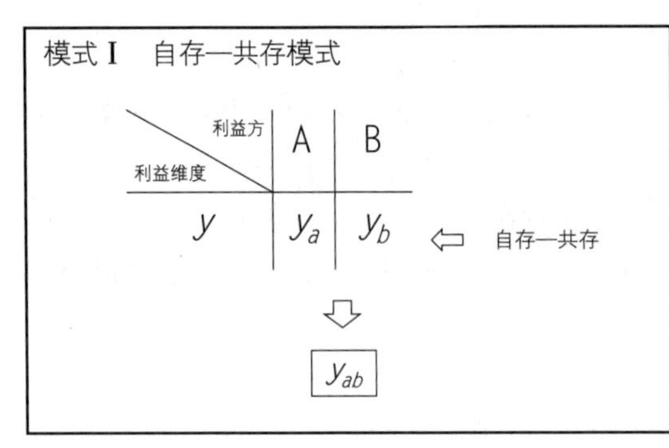

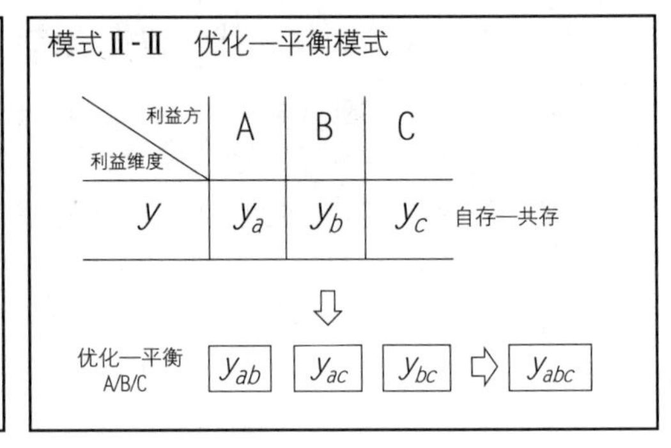

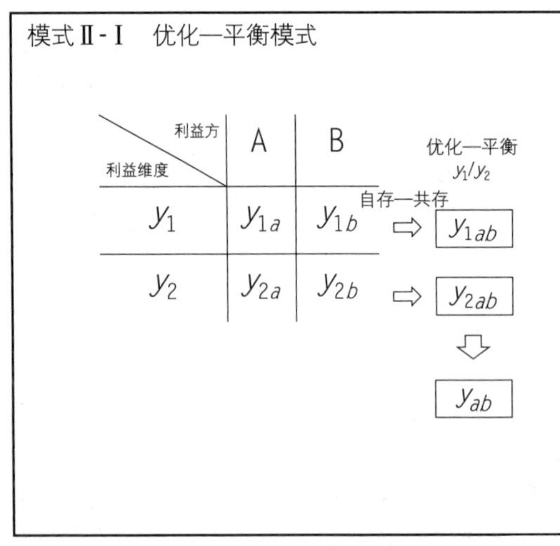

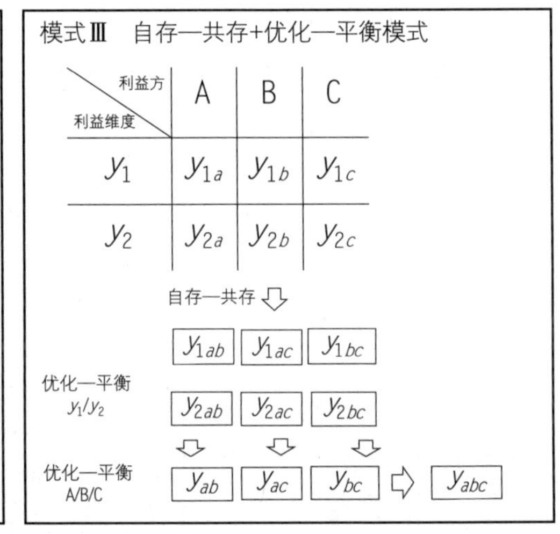

图1 三种协调模式

上述四种情况渐次复杂。需要说明的是，由于国土空间是处于动态变化中的复杂系统，国土空间规划工作中遇到的矛盾绝大多数涉及多个利益方、多重维度，但考虑到实际解决问题的可行性及效率，协调具体矛盾前，可对其进行简化，将复杂问题抽象、聚焦。

3 理性视角下泉州市“三区三线”划定

在笔者主持的泉州市国土空间规划项目实践中，“三区三线”划定同样面临上述两大核心问题：“三线”冲突区域如何判定？“三区”总量及比例如何确定？除此之外，还需考虑如何结合泉州实际情况理性确定“三区三线”的布局原则。以上问题可逐一通过两类协作模式进行判断（表2）。

（1）“三线”之间可能存在的冲突包括两种情况：“三线”中任意“两线”之间存在的冲突，属于两个利益方、多重维度；“三线”共同存在冲突，属于多个利益方、多重维度。两种情况均可通过

“优化—平衡”模式协调。

（2）对于“三区”总量及比例问题，可转化为三类空间的“争地”矛盾，属于多个利益方、多重维度，可通过“优化—平衡”模式协调。

（3）对于“三区三线”的布局问题，其具体布局原则涉及多对利益矛盾主体，可能产生的冲突类型较多，且相对独立，为了便于应对，将之分解为两个利益方、单个维度的情况，逐一通过“自存—共存”模式协调。

表 2 “三区三线”矛盾协调类型

可能存在的冲突	冲突类型	协调模式
“三线”之间冲突	两利益方、多矛盾维度	优化—平衡
	多利益方、多矛盾维度	
“三区”之间冲突	多利益方、多矛盾维度	优化—平衡
“三区三线”布局冲突	两利益方、单矛盾维度	自存—共存

3.1 协调“三线”冲突

以泉州市当前已划定的生态保护红线、永久基本农田保护红线、现行总体规划中的城镇开发边界作为“三线”的初划结果。由于现行各类规划之间的矛盾，初步划定的“三线”之间存在较大冲突，冲突地块达 4 000 余处，面积达到 381.2 平方千米。解决这些矛盾冲突是泉州市“三线”最终划定的前提。

此类冲突属于多个利益方之间（生态、农业、城镇）的矛盾，可通过“优化—平衡”模式来协调。在进行协调之前，需要就“自存”与“共存”达成两点共识：第一，“三线”分别代表三种利益方：生态保护利益、粮食安全利益、城市建设利益，三种利益各有“自存”的需要，即尽可能地将冲突地块划入各自所属地红线范围之内；第二，“规划理性”要求从整体利益和可持续发展的角度进行决策，考虑三种利益的“共存”——生态保护利益、粮食安全利益、城市建设利益在分别考虑满足“自存”的同时，要考虑另外两种利益的“自存”；各利益之间的“共存”意识可帮助协调各利益之间的矛盾，在“共存”的前提下寻找各方对土地用途满意度的最大化。

在“规划理性”的引导下，矛盾协调过程分为三个步骤。

第一步：核心指标排序。针对冲突区域所涉及的利益主体方，按照发展适宜性与发展需求度两个核心指标进行排序（高、中、低三级），以判断其未来综合发展价值。其中，发展适宜性通过生态功能适宜性、农业功能适宜性、城镇功能适宜性来衡量，由基础评价结果得到；发展需求度通过生态急迫性、农业急迫性、建设急迫性综合衡量，由管理部门综合判别生态保护、农业发展、城镇建设需求后协商决定。

第二步：判断不同利益主体之间“自存—共存”互相匹配的原则。例如“生态—城镇”冲突中的某地块，若判别结果为生态功能适宜性低于城镇功能适宜性，且生态急迫性低于建设急迫性，则将之“判”给城镇开发边界红线范围。

第三步：若结果依然存在冲突（说明该冲突地块属于“三线”共同冲突区域），则需要在前两步“自存—共存”的基础上，选择“优化”某一组利益，辅之以“平衡”其他利益。结合国家生态文明建设的政策导向、泉州市发展现状以及公众参与意见，在保证城市建设利益基本“自存”的情况下，优先以“生态保护利益与粮食安全利益的平衡”作为主要决策基础，即原则上生态和农业重要性“优于”城镇。

需要说明的是，在实际操作中，针对第二步“自存—共存”的判断，会出现发展适宜性与发展需求度反向的情况。例如，“农业—城镇”冲突中的某地块，判别结果为农业功能适宜性高于城镇功能适宜性，而农业急迫性低于建设急迫性。这一情况可通过对发展适宜性与发展需求度的“判断矩阵”进行量化决策，方法是结合泉州市发展现状、未来发展潜力、公众参与意见，管理部门协同规划人员协商确定城镇建设和农业发展价值判断矩阵，以适宜性和急迫性为标准，生成具体冲突地块打分表[②]（表 3）；在该矩阵中，将城镇建设作为自存方，分值代表城镇建设的价值，其综合分值越高代表冲突区域城镇建设的价值越大。“自存值”大于 0 时，城镇建设价值大于农业发展价值，冲突区域划入城镇开发边界范围；“自存值”小于 0 时，农业发展价值大于城镇建设价值，冲突区域划入永久基本农田保护红线范围；“自存值”等于 0 时，说明冲突较大，则需要通过进一步协商，通过比例分配到城镇建设区与基本农田区。

表 3　泉州市城镇建设—农业发展价值判断矩阵

判断标准	城镇适宜性高	城镇适宜性中	城镇适宜性低
建设急迫性较高	2	1	0
建设急迫性一般	1	0	–1
建设急迫性较低	0	–1	–2
判断标准	农业适宜性高	农业适宜性中	农业适宜性低
农业急迫性较高	–2	–1	0
农业急迫性一般	–1	0	1
农业急迫性较低	0	1	2

对于生态保护红线与城镇开发边界、永久基本农田保护红线与生态保护红线的冲突也按照同种方式处理，得到三个衡量结果。若此时三个衡量结果仍然存在冲突（说明冲突地块为“三线”共同冲突区域），则通过步骤三，“优先”考虑将生态保护红线与基本农田保护红线的判定结果作为决策基础。

最终，划定泉州市陆域生态保护红线、永久基本农田保护红线、城镇开发边界，作为后期划定三类空间的刚性引导。

3.2 确定“三区”总量

确定三类空间的总量和协调三类空间的用地分配，属于多个利益方、多重维度的类型，可通过“优化—平衡”模式协调：①通过“自存—共存”模式，衡量三类空间两两组合的价值判断；②通过“优化—平衡”模式，分别优化、平衡三个利益主体和多个利益维度。

假定泉州市陆域空间的比例为“生态空间：农业空间：城镇空间=x_1：x_2：x_3”，要确定三类空间的合理比例，关键在于找到三类空间综合价值的平衡点——在三类空间综合价值不均衡的情况下，国土空间结构的失衡势必导致三类空间的相互转换，直至达到价值均衡状态。

结合泉州市发展现状及未来发展潜力（充分参考“双评价”的结果），参考公众参与的意见，管理部门协同规划人员确定了如下方法（表4）。

（1）生态空间、农业空间、城镇空间对于泉州市发展贡献的经济效益比重为0.01：0.09：0.9，即同等面积下，生态空间经济价值：农业空间经济价值：城镇空间经济价值=0.01：0.09：0.9。

（2）生态空间、农业空间、城镇空间对于泉州市发展贡献的社会效益比重为0.5：0.4：0.1，即同等面积下，生态空间社会价值：农业空间社会价值：城镇空间社会价值=0.5：0.4：0.1。

（3）经济效益、社会效益对于泉州市未来综合发展的贡献比重为[3]：0.9：0.1，即经济系数=0.9，社会系数=0.1。

（4）生态、农业、城镇三类空间的价值共存比例为：0.5：0.4：0.1，即生态空间共存系数=0.5，农业空间共存系数=0.4，城镇空间共存系数=0.1。

表4　三类空间发展价值占比矩阵

综合发展贡献比例	0.9	0.1
三类空间	经济效益	社会效益
生态空间 x_1	0.01	0.5
农业空间 x_2	0.09	0.4
城镇空间 x_3	0.9	0.1

依据此矩阵，首先计算三类空间的自存值，自存值=经济系数×经济效益+社会系数×社会效益（表5）；然后计算其共存值，共存值=共存系数×自存值（表6）。

表5 三类空间自存值

三类空间	自存值
生态空间	$y_1=0.9\times0.01\,x_1+0.1\times0.5\,x_1=0.059\,x_1$
农业空间	$y_2=0.9\times0.09\,x_2+0.1\times0.4\,x_2=0.121\,x_2$
城镇空间	$y_3=0.9\times0.9\,x_3+0.1\times0.1\,x_3=0.82\,x_3$

表6 三类空间共存值计算表

三类空间	共存系数	共存值
生态空间	0.5	$y_{11}=0.5\,y_1=0.029\,5\,x_1$
农业空间	0.4	$y_{21}=0.4\,y_2=0.048\,4\,x_2$
城镇空间	0.1	$y_{31}=0.1\,y_3=0.082\,x_3$

当 $y_{11}=y_{21}=y_{31}$，即三类空间的共存值达到平衡的时候，是“自存—共存”的理性状态。也就是说，当生态空间 x_1 ：农业空间 x_2 ：城镇空间 x_3 =57：28：15 时，三类空间对于泉州市未来发展的综合价值达到平衡。据此，泉州市国土空间规划的三类空间的理性比例和总量即可确定。

通过历史空间数据的演化比较与检验，这一比例与泉州市社会、经济、生态良性互动并高速发展的 2010～2016 年的空间关系高度吻合，再次印证了理性推导与空间实际发展之间的内在联系。

3.3 确定“三区三线”布局

在严格保证“三线”刚性、“三区”总量稳定性的基础上，针对泉州市各地区发展现状及发展潜力，从均衡发展的理性思维出发，综合考虑“近期需求”与“远期需求”以及“经济发展”与“生态保护”“农业发展”等多对矛盾利益方之间的“自存—共存”关系，确定“三区”布局原则：①尊重基础评价的结果并参考现状，保证发展整体性和延续性；②发挥地区比较优势，鼓励特色化发展（例如泉州市西北三县生态本底优势较强，考虑特色发展生态旅游，因此生态空间多于其他县市）；③鼓励生态优先，遵循自然资源供给上限、生态环境安全基本底线；④保证一般农田数量的稳定，必要地区局部微调，应保尽保、量质并重；⑤针对不同区域资源禀赋和开发适宜性条件，在城镇开发边界基础上，预留一定比例的城镇发展空间。

通过市县两级多次上下联动，最终确定三类空间具体布局，综合划定泉州市陆域“三区三线”。

4 结语

基于“城市人”理论的理性视角，规划工作者在市级国土空间规划过程中，需要正视生态保护、农业发展、城镇建设三者之间的相互关系，认识到“三区三线”的划定不能割裂开来，必须充分认识到：①城市开发边界的确定不是单纯通过人为技术手段“划”出来的，而是需要通过与生态保护红线、基本农田保护红线的不断协调来综合判定；②城镇空间的范围划定不仅要考虑经济发展需求，还要综合考虑生态保护、农业发展需求，找到城市建设价值、生态保护价值、农业发展价值的动态平衡。

泉州市“三区三线”划定的实践，通过基于“城市人”理论的矛盾化解路径，即通过“自存—共存”模式与“优化—平衡”模式，很好地解决了当前“三区三线”划定过程中面临的两大核心问题：“三线”冲突区域的理性判定；“三区”总量的理性确定。提供了一种理性均衡“三线”“三区”相互关系的可行方法，为未来更科学合理的国土空间划分方案提供了新思路、供给了新方案。

当然，本研究也仍然存在不足之处：在衡量过程中相关系数的确定带有一定的主观性，有待下一阶段更进一步的思考。

致谢

武汉大学—加拿大女王大学“城市人理论”联合研究中心资助项目；中央高校基本科研业务费专项资金“空间规划关键技术研究”（413000032）。

感谢梁鹤年先生对本文的悉心指导。

注释

① 《中共中央 国务院关于建立国土空间规划体系并监督实施的若干意见》，http://www.gov.cn/zhengce/2019-05/23/content_5394187.htm。

② 综合参考公众参与、部门协商、专家打分三种手段的结果。

③ 社会效益包括除了经济之外的其他效益综合，涵盖了对城市生态、城市名声、居民幸福度等多方面的考虑。

参考文献

[1] 陈雯，孙伟，陈江龙. 我国市县规划体系矛盾解析与“多规合一”路径探究[J]. 地理研究，2017，36(9): 1603-1612.

[2] 邓凌云，曾山山，张楠. 基于政府事权视角的空间规划体系创新研究[J]. 城市发展研究, 2016, 23(5): 24-30.

[3] 胡飞，何灵聪，杨昔. 规土合一、三线统筹、划管结合——武汉城市开发边界划定实践[J]. 规划师, 2016, 32(6): 31-37.

[4] 扈万泰，王力国，舒沐晖. 城乡规划编制中的“三生空间”划定思考[J]. 城市规划, 2016, 40(5): 21-26.

[5] 黄慧明，陈嘉平，陈晓明. 面向专项规划整合的空间规划方法探索——以广州市“多规合一”工作为例[J]. 规划师, 2017, 33(7): 61-66.

[6] 蒋伟，王力国，李碧香，等. 重庆市三大基本空间划定方法与实践[J]. 规划师, 2017, 33(8): 72-77.

[7] 李咏华. 生态视角下的城市增长边界划定方法——以杭州市为例[J]. 城市规划, 2011, 35(12): 83-90.

[8] 梁鹤年. 再谈“城市人”——以人为本的城镇化[J]. 城市规划, 2014, 38(9): 64-75.

[9] 廖威，苗华楠，毛斐，等．“多规融合”的宁波市域国土空间规划编制探索[J]．规划师，2017，33(7)：126-131.
[10] 林坚，陈诗弘，许超诣，等．空间规划的博弈分析[J]．城市规划学刊，2015(1)：10-14.
[11] 沈洁，林小虎，郑晓华，等．城市开发边界“六步走”划定方法[J]．规划师，2016，32(11)：45-50.
[12] 陶岸君，王兴平．市县空间规划“多规合一”中的国土空间功能分区实践研究——以江苏省如东县为例[J]．现代城市研究，2016a(9)：17-25.
[13] 陶岸君，王兴平．面向协同规划的县域空间功能分区实践研究——以安徽省郎溪县为例[J]．城市规划，2016b，40(11)：101-112.
[14] 魏伟，谢波．文化基因背景下的西方规划师价值观——兼论“城市人”理论[J]．规划师，2014，30(9)：21-25.
[15] 徐晶，朱志兵，余亦奇．空间规划用地分类体系初探[J]．中国土地，2018(7)：22-24.
[16] 许景权．空间规划改革视角下的城市开发边界研究：弹性、规模与机制[J]．规划师，2016，32(6)：5-9+15.
[17] 杨楠，刘治国，由宗兴．“多规合一”下的沈阳市中心城区生态保护红线划定[J]．规划师，2017，33(7)：91-97.
[18] 殷会良，李枫，王玉虎，等．规划体制改革背景下的城市开发边界划定研究[J]．城市规划，2017，41(3)：9-14+39.
[19] 郑泽爽．多规融合的实施管理机制研究——以珠海实践为例[J]．城市发展研究，2017，24(11)：22-28.

[欢迎引用]
魏伟，张睿．基于“城市人”理论的泉州市国土空间规划“三区三线”划定方法探索[J]．城市与区域规划研究，2021，13(1)：129-140.
WEI W, ZHANG R. Exploration of the “three-zones and three-lines” delimitation method of Quanzhou Territorial and spatial planning based on the theory of “Homo-Urbanicus”[J]. Journal of Urban and Regional Planning, 2021,13(1): 129-140.

面向国土空间规划体系的特大城市管控单元划定与管控策略

——以成都市为例

杨婧艺　张　敏　曹　敏　焦林申　廖　琪

Division and Management Strategies of Space Management Unit Oriented toward Territorial and Spatial Planning System in Metropolises: Take Chengdu City as an Example

YANG Jingyi, ZHANG Min, CAO Min, JIAO Linshen, LIAO Qi
(School of Architecture and Urban Planning, Nanjing University, Nanjing 210093, China)

Abstract This paper proposed Space Management Unit covering the whole territory as an approach to connecting comprehensive planning and detailed planning in current territory development planning system. The paper summarized the problems and contradictions in current megacities' space management, reviewed efforts on improving space planning system practiced in metropolises in recent years, then suggested solutions on Space Management Unit division in megacities, management strategies and management mechanism. Comprehensive planning, boundary of administrative jurisdiction, current land utilization and local development purpose should be taken into account during the zoning of Space Management Units. For different types of units, corresponding management strategies, coordinated overall planning, mechanism of transmission index that links comprehensive planning and detailed planning and rotative dynamic adjustment mechanism of planning were formulated, through which Space Management Unit provided an effective gripper for territorial management and spatial governance on super-large city. In this paper, Chengdu was analyzed as a typical case to provide theoretical reference and technical support

作者简介
杨婧艺、张敏（通讯作者）、曹敏、焦林申、廖琪，南京大学建筑与城市规划学院。

摘　要　文章分析了当前特大城市在空间管控上存在的问题与矛盾，通过梳理各大城市近年来在完善国土空间规划体系方面的实践探索经验，提出构建全域覆盖的空间管控单元，以衔接国土空间规划的总体规划与详细规划。文章从空间管控单元的划定方法、管控策略以及管控机制三个层面，提出特大城市的空间管控单元划定与分类应综合考虑上位规划、管理权责边界、空间利用现状及城市发展意图，针对不同类型单元制定差异化管控策略，建立互相衔接、可协调统筹、上下联动的指标传导机制与滚动循环的规划动态调整机制，为特大城市空间治理提供有效抓手。在此基础上，将成都市作为典型案例进行具体分析，以期为国土空间规划改革下全域管控体系的完善提供理论借鉴与技术支撑。

关键词　空间管控单元；国土空间规划；单元规划；国土空间治理

1　引言

在生态文明建设的发展要求和推进国家治理体系及治理能力现代化的综合部署下，我国建立了覆盖全域、全要素的空间规划体系。以“三区三线”划定与国土空间用途管制为核心的全域空间管控成为国土空间规划改革的重要内容（岳文泽、王田雨，2019）。新的国土空间总体规划更加强调自然资源约束和空间管控，突出宏观结构和城镇发展意图，结构性和战略引领性较强，弱化了对城市用地

for territorial development planning reform in order to improve the overall management and control system.

Keywords space management unit; territory development planning; unit planning; territorial management and spatial governance

布局和建设指标的控制（金忠民等，2018）。特大城市作为承载国家经济文化和社会发展的战略高地，在快速城镇化过程中形成了用地类型复杂交错的大尺度新型地域空间（谢守红、宁越敏，2005）。规划建设往往涉及多个功能实体和利益集团（李阿萌、张京祥，2011），面临的空间发展问题和空间治理的复杂性显著高于一般城镇。仅靠详细规划一个层级难以有效传递总体规划的管控要求，导致在规划实施中常存在落实困难、缺乏支撑的问题（金忠民等，2018；吴娟、沈锐，2012）。因此，如何构建层次分明、上下衔接且有机融合的国土空间规划体系及空间管理模式，成为特大城市空间治理现代化所关注的焦点。

国内一线城市在空间规划改革前就总体规划和详细规划之间的衔接断层问题已经做过一些探索实践。深圳提出的城市发展单元面向实施，强调多主体权益协商，通过调整和优化特定地区的法定图则来解决规划落实过程中的冲突与矛盾（罗罡辉等，2013）。广州采用分区规划作为衔接，侧重规划对次区域的战略引领作用，重点解决近期区域发展的关键性问题（洪再生、杨玲，2006）。上海在非集中建设区实施郊野单元规划，探索全域“网格化”管理模式（姚凯，2007）。此外，学界就单元规划与实施也提出了诸多设想。例如赵之枫、朱三兵（2019）以北京市为例，探讨了基于实施单元的周边小城镇规划编制方法，通过“捆绑实施”实现单元内部建设用地减量指标和土地整治成本的区域平衡；马夕光（2014）构建了评估指标体系以评估城市管理单元的实施成效。相关研究还针对城市更新单元（伍炜、蔡天抒，2017；盛鸣等，2018）、产城一体单元（胡滨等，2013）和田园功能单元（熊威，2020）等单一类型的空间单元进行了探讨，以适应特大城市城乡发展的不同需求。

总体来看，增加空间管控单元规划层级衔接总体规划和详细规划，并作为整合上位规划战略意图和落实用途管制的重要抓手，是未来完善国土空间用途管制制度的重要方向。目前，上海和佛山等地在新一轮国土空间总体规划编制中针对全域用途单元规划的管控方式与实施策略进行了实践探索（胡智行，2021；何冬华，2020）。但对于不同规模尺度、不同治理架构、不同自然资源本底的城市来说，管控单元规划的编制和运行体系应有所区别（王玉虎等，2018）。因此，通过对全域空间管控单元的划定与实施机制研究，对优化空间用途管制制度，适应新的国土空间规划体系，实现特大城市空间精细化治理具有十分重要的实践意义。

已有研究尚存在以下几点不足：①多聚焦城镇空间内的单元规划，对生态空间和农业空间的单元管控机制考虑不足；②对单元规划如何向下分解总体规划和分区规划指标的研究较多，但较少探讨单元规划作为宏观与微观规划之间的衔接逻辑；③侧重对规划单元划定的技术方法，忽略了特大城市内部地区发展的异质性，较少关注单元的差异化管控措施，无法适应特大城市精细化治理的趋势；④虽然就不同类型单元的编制及实施机制研究较多，但较少从顶层出发，系统性梳理不同规划单元间的衔接问题。基于此，本文探讨了面向全域全要素的空间管控单元划分思路，提出国土空间规划体系中管控单元承担的职能，并以成都市为例，构建空间单元的差异化管控机制和实施传导机制，以期为特大城市国土空间用途管制制度的向下完善提供一定参考。

2 特大城市空间管控面临的困境与空间管控单元的职能

2.1 缺乏向下传导的载体和有效手段

空间管控是指综合运用多种政策和手段，协调开发与保护的关系（何子张等，2019），实现对不同类型国土空间经济发展、社会管理、文化保护、生态安全等要素的有效管理（郝晋伟等，2013）。我国的空间规划体系本质上是基于两级土地发展权体系的空间管控（林坚、许超诣，2014）。当前，国土空间规划改革通过“三区三线”的划定统一全域空间管控边界，明确管控规则，实际上是从一级土地发展权层次解决以往各部门规划之间在空间管控区划和管控手段上互相重叠、冲突的矛盾（何子张等，2019）。但对于地方政府如何进一步实现对二级土地发展权体系的合理配置，在向下落实空间管控的同时保障各方权益的平衡，仍缺乏更加健全的体系建构。一直以来，我国空间管控的实施主要依赖用地预审、农用地转地许可和城乡规划中的详细规划编制实施体系（林坚等，2019），根本目的是实现对二级土地发展权的合理配置，与国土空间总体规划中注重国家和公共利益的出发点存在较大区别（林坚、许超诣，2014）。两级土地发展权管控体系之间缺乏承上启下的空间载体，是造成空间管控难以有效向下落实的主要原因。

现行的管控实施手段难以适应我国城乡发展转型和制度改革的需求也是导致空间管控无法下沉的原因之一。原有对自然生态空间的管控体制是基于生态要素类型的部门分管制。新的国土空间规划改革提出将“山水林田湖草”视为生命共同体，整体统筹优化生态系统格局和功能，对自然生态空间的管控从要素视角转向区域视角。在此背景下，如何落实对自然生态空间的整体管理还缺乏有效抓手。对于建设空间而言，我国大城市普遍面临着建设用地减量化的发展趋势，而作为底层空间管控直接依据的详细规划（汪毅、何淼，2020），其编制体系和技术标准本质上仍建立在增量发展的思维之上，无法适应存量和减量规划的内涵。此外，空间管控的范围和对象扩大到了全域全类型，而详细规划在编制过程中对单元内部空间要素的管控手段单一，未能很好地融合专项规划内容（《城市规划学刊》编辑部，2019），对建设行为的管理和引导不足。对管控指标的统筹也只停留在小范围地块中，造成更大范围区域内的指标汇总往往会出现超出上位规划管控要求的问题（金忠民等，2018）。

2.2 侧重指标分解，区域统筹不足

现行的空间管控手段大多数以框定总量、定额管理为主，对建设用地进行规模约束（汪毅、何淼，2020），侧重对指标和要求的向下分解，忽略了区域内的协调统筹。2016年《国土资源"十三五"规划纲要》中明确提出了特大和超大城市建设用地零增长甚至负增长的要求，为大城市的空间治理带来了更大的挑战。周边小城镇作为释放存量建设用地指标的重点区域，在建设用地清退的实施过程中往往面临着资金紧缺、可释放土地容量不足和地价被迫推升等诸多困境（李垣等，2017），导致建设用地增减挂钩难以推进。具备优质发展要素和资源的地区因土地紧缺而无法获得发展建设指标，部分地区则面临着有指标而无项目的问题。管控的传导机制受制于行政区划和政策的影响（张尔薇等，2016），难以通过统筹区域间的发展关系，达到优势互补的目的。因此，需要基于管控单元，构建协调统筹平台，以政府主导、市场运作的形式实现区域内指标的最优配置。

2.3 对市域不同地区建设行为的差异化管控体现不够

在自然资源统一管理的新要求下，建立科学、高效、统一的国土空间分类标准和管控分区机制是此次空间规划改革的基础（易斌等，2019；孔江伟等，2019）。既有的国土空间分类标准主要以土地用途和覆盖要素为分类依据（孔江伟等，2019），并据此制定相应管控规则，对大城市发展战略和内部异质性回应不足。以城镇空间为例，城镇开发边界内的空间管控是基于城市用地分类体系来约束不同土地用途地块的开发建设行为，以此核发项目建设许可。单一维度的分类标准制约了大城市产业园区和TOD开发区等不同政策功能区的高质量发展。此外，针对大城市内部开发建设程度不同的地区也缺乏差异化的空间管控机制。以详细规划和规划许可为核心的管控机制仅在土地出让阶段产生较大约束作用，对城镇发展预留区、已建成区、新建和在建地区的管控机制还尚未健全（《城市规划学刊》编辑部，2019）。应针对不同国土开发程度的地区分别建立管控机制，实现土地的全生命周期管理。

2.4 管控单元在国土空间规划体系中承担的职能

在新的国土空间规划体系下，特大城市的全域空间管控单元应作为充分落实国土空间总体规划的管控要求与治理策略的空间载体，成为城市发展战略下沉的重要手段，向上衔接国土空间总体规划，向下因地制宜地落实空间管控措施和发展策略，指导控制性详细规划和村庄规划的编制，并在横向上协调各专项规划，是“五级三类”国土空间规划体系中的“第 5.5 级”（图 1）。此外，空间管控单元应充分体现在国土空间“一张图”上，考虑空间管控的全过程、动态性和精准性，为特大城市国土空间规划的实施与监督提供基础平台。

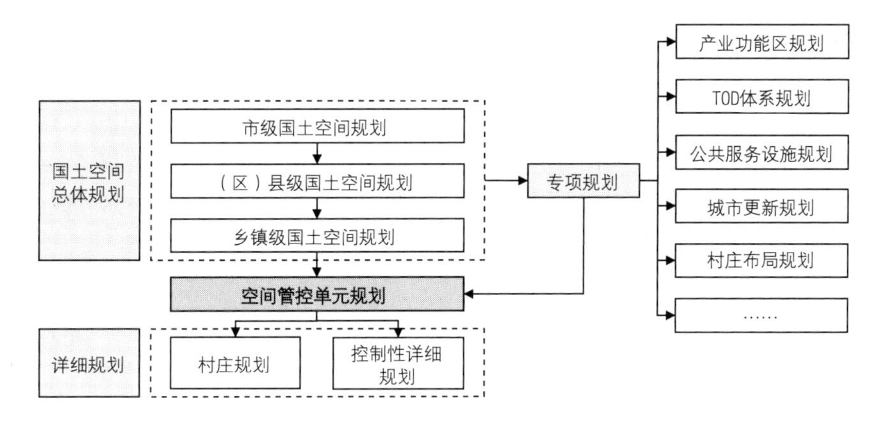

图 1　空间管控单元在国土空间规划体系中的地位

空间管控单元作为用途管制与规划实施的重要抓手，应强化中微观层面空间要素配置。首先要体现刚性，充分落实国土空间规划的管控要求，特别是强制性管控内容，包括生态保护红线、永久基本农田保护线、城镇开发边界和市区级五线等；其次要体现弹性，结合不同类型管控单元的发展诉求，将差异化管控要素和引导发展措施纳入空间管控单元的规划编制中，针对不用单元可采用差异化的规划编制方法与技术标准；最后要起到统筹作用，在单元内部分解与协调国土空间利用指标，实现管控指标的区域性动态平衡。

空间管控单元与以往的次区域规划、发展单元规划等都建立在对上层次规划分解落实的逻辑之上，目的也都是为了衔接总体规划与详细规划之间的管控失位问题。但空间管控单元不仅要传承以往单元式规划向下传导的作用，更要强调统筹协调以及对空间要素的流动管理。此外，空间管控单元应突破传统以单一规划技术指标为主体的单元式规划，偏重行为管理和制度设计，更加灵活多变，不受制于规划期限。

3 全域空间管控单元的划定

3.1 空间管控单元的划定原则

3.1.1 以“三区三线”为前提，实现全域覆盖

空间管控单元的划定应首先以“三区三线”为基本前提和根本依据，遵循国土空间全域覆盖和边界互不交叉的原则，按照城镇、农业和生态功能主导的基本分区确定管控单元大类，并在此基础上参考市县级国土空间规划功能区的二级分区对单元进行再细分①。

3.1.2 以行政区与管理权责主体为主要边界

国土空间规划的层次关系均以行政体系为基础进行衔接。因此，空间管控单元规划的编制应与行政事权充分结合，从而保证人口、指标、社会经济数据和规划管理权责的一致性（赵广英、李晨，2020）。管控单元规划应基于各区县总体规划，以乡镇和街道为主体进行编制和管理，并在区县层级进行单元指标的分解、汇总和协调统筹。对于特殊保护区和发展功能区如国家级及省级自然保护区、产业园区等政策性区域，应以具体的管控边界和管理主体为准进行管控单元的划定。

3.1.3 以国土空间开发现状为基础

充分考虑全域国土开发利用情况与自然资源禀赋，优先划定具有特殊用途及需要严格管控的单元，包括具有较高生态或人文价值以及公共利益重点保障区域。

3.1.4 充分回应城市发展战略与需求

对接城市近期重大实施和行动计划，针对近期需要重点发展和支持的政策性区域，划定特殊管控单元，制定管控规则与引导措施，优先保障单元内部的空间要素配置。

3.2 空间管控单元的划定思路

基于以上划定原则，将空间管控单元划分为城镇单元、生态保护单元和农业单元三大类别（图 2）。遵循生态保护优先的基本逻辑，首先依据生态保护红线划定生态保护单元，按照不同生态空间类型和管理主体细分为自然保护区、风景名胜区、重要水源保护地等保护单元。

永久基本农田和农业空间在布局与功能组织上相互交融，宜在乡镇层面上以不拆分行政村为原则，划分若干乡村发展单元，可以是单个行政村，也可以由多个行政村组合而成。其细分标准参照《乡村振兴战略规划（2018～2022 年）》中对村庄的分类方法，将乡村发展单元划分为集聚提升类乡村单元、城郊融合类乡村单元、搬迁撤并类乡村单元、特色保护类乡村单元、整治改善类乡村单元，并与相关规划衔接。

城镇空间（城镇开发边界）作为开发建设活动的主要区域，单独划定为城镇治理单元。基于各空间要素及相关专项规划优先划定严格管控单元，包括人文历史保护单元（如历史文化街区、历史文化风貌区等）、公共利益保障单元（如与城镇空间有密切联系的生态空间、城市级公共设施用地）和特

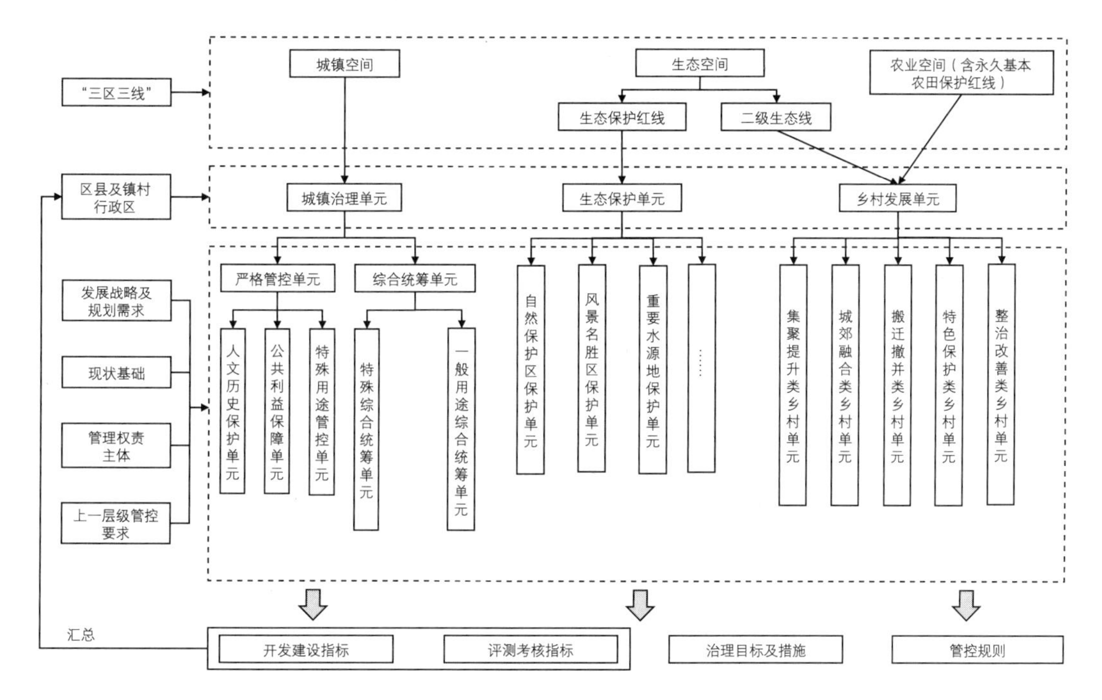

图 2　空间管控单元划定技术框架

殊用途管控单元（如特殊用地），再结合发展意图、规划需求及现状基础，将其余区域划至综合统筹单元。其中，特殊主导功能或发展需求的区域可划定为特殊综合统筹单元（如战略留白区域、产业园区、TOD 开发单元等），其余则为一般用途综合统筹单元。城镇治理单元的划定应与控制性详细规划单元紧密结合，指导控制性详细规划编制。

考虑到生态空间通常分布较广且斑块众多（苏敬华、东阳，2020），在城镇空间内的斑块归并至城镇治理单元范围，位于城镇空间外的则可归并至乡村发展单元，严格按照一般生态空间的管控规则进行管控。

最后，基于不同类型的管控单元制定相应评测考核指标、空间治理目标及相关措施。各细分单元的开发建设和评测考核指标进行统筹，汇总至行政管理单元，层层向上反馈。

3.3　全域空间管控单元划定方法在成都市的应用

成都市作为我国向西开放的战略前沿，2020 年实际管理人口超过 2 200 万，全域国土面积达 14 334.88 平方千米。在新一轮的国土空间总体规划中，面对日渐趋紧的资源环境约束和增存并重的内涵式发展转型需要（曾黎等，2020），成都市提出了“东进”“南拓”“西控”“北改”和“中优”五大片区差异化发展战略，对不同区域提出了规划发展要求，优化全域国土空间格局。但由于区域边界与行政界线不统一，缺乏全域统筹的抓手，导致战略意图未能很好地落实。另外，成都市在现行的专项规划中形成了产业功能区、城乡融合单元、TOD站点片区等主导功能区，但各规划在空间管控边界和管理权责上缺乏系统有效的协同机制，实施效果较差。

在成都市的全域空间管控单元划定中，依据上述空间管控单元划定的技术方法，将各空间要素和管控边界叠加，最终形成全域范围的空间管控单元。其中，中心城区城镇开发边界内空间要素构成复杂，单元规模宜控制在1～2平方千米，中心城区外的单元规模为2～4平方千米。严格管控单元由于约束性较强，可根据具体管控边界适当缩小划定范围。对于具有特定发展政策的区域，应充分考虑与周边地区在功能、配套、交通等方面的一体化发展，以此划定特殊综合统筹单元。以成都市产业功能区为例，将产业功能区及其周边地区一并纳入单元规划范围，结合功能区主导产业设定职住人口比例，推算区域服务人口与特殊综合统筹单元面积，规模一般在9～15平方千米，并在单元内部进一步细分次级单元（图3），为下一层级的详细规划提供边界依据。生态保护单元对应不同类型的保护区或自然公园，面积较大，一般在10平方千米以上。乡村发展单元面积为2～5平方千米，相邻同类型村庄可合并为一个乡村发展单元。

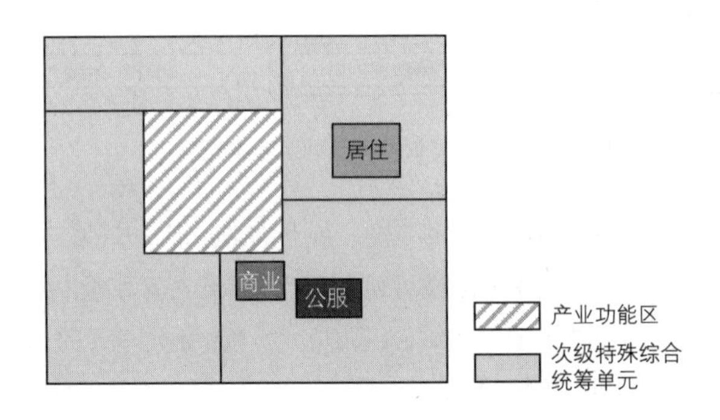

图3 特殊综合统筹单元的划分

4 刚性与弹性并重的单元差异化管控策略

在新一轮空间规划改革中，对用地空间布局与管控的“刚弹结合”已成为规划编制的重点（王玉虎等，2018）。空间管控单元作为国土空间总体规划和详细规划承上启下的空间载体，既要保证总体规划层面的管控要素向下落实，又要避免由于管控内容和指标过于冗杂而造成的传导失效问题。因此，空间单元的管控宜采用“核心指标+管理办法”为主的方式，明确各类型单元的核心管控要素和指标，制定相关用地管理办法，形成政策工具箱（表1），除刚性指标外，管理办法以正负面清单为主，加强空间引导机制的构建。将国土空间建设与管理的权责适当下放至乡镇和街道，提升基层空间治理能力（彭震伟等，2020）。

表1 各类空间管控单元的核心管控要素

单元类型		核心管控要素
生态保护单元		空间边界；总面积；生态网络格局；生态功能指数；环境污染指数
乡村发展单元		永久基本农田保护线；建设用地面积；人均建设用地面积；产业准入；生产、生活必需的基础设施及公共设施
城镇治理单元	严格管控单元	管控范围；用地性质；开发强度；建筑高度；城市风貌；项目准入
	综合统筹单元	开发强度上限与下限；项目准入；土地绩效；公共空间规模及密度

4.1 生态保护单元——以底线约束为主的刚性管控

生态保护单元是保障城市生态安全的刚性底线，应采用最严格的管控方式和手段。各类生态保护单元管控指标体系的建立应遵循单元内空间用途不改变、生态功能不降低、总面积不减少的目标和原则（邹长新等，2015）；具体管理方法按照各保护区规划和保护条例执行，保障治理主体的一致性。新增建设采用正面清单管理，除国家重大设施、重大民生保障等项目用地外，禁止一切建设活动。在此基础上，衔接国土综合整治专项规划内容，明确生态廊道、生态斑块、生态工程的保护修复目标与重点，建立生态补偿机制，进一步指导下位规划编制与实施。除此之外，还可以基于城市生态格局完整性的考虑，补充划定生态恢复区域，以增强城市韧性（傅强，2019）。

4.2 乡村发展单元——自然资源的分级分类管控

乡村发展单元的管控重点是保障基本农田数量和质量，落实城镇开发边界外生态空间、农业空间和建设空间管控要求，促进乡村土地集约利用，保障产业发展用地。因此，乡村发展单元应构建“分区管控+编制导则+配套政策”的管控机制。对林地、耕地、水域等自然生态要素和村庄建设用地进行分区管控，确定管控刚性级别，并制定功能引导细则，配套相应的空间奖励措施。

其中，特色保护乡村发展单元应侧重于保护和盘活历史文化资源及特色生态景观资源；城郊融合乡村发展单元着眼用地的节约集约利用，促进土地流量，推动城乡一体化发展和乡村的社区化管理；集聚提升乡村发展单元应注重资源要素的配置，整合周边镇村资源，为其发展成为小城镇创造条件；搬迁撤并乡村发展单元则应重点建立腾退机制，同时强化土地综合整治以及生态修复与环境治理。

4.3 城镇治理单元——注重全过程的精细化管控

城镇治理单元应对具有不同空间要素的单元类型，建立分级别的空间管控措施，制定引导发展的空间治理政策。对城镇治理单元内的未建成区、已建成区、更新改造地区等处于不同开发建设程度与阶段的用地制定管控要素和管理机制，实现全生命周期管理。

针对严格管控单元，城镇治理单元应充分细化管控要素，采用“指标控制+清单管理”的模式。对单元内的管控边界、用地性质、开发强度、城市风貌、地下空间、城市设计等内容采用刚性管控，制定负面清单，优先保障公益性用地。

针对综合统筹单元，刚性管控要素应尽量精简，着重突出过程管理和政策引导，充分发挥国土空间的弹性治理，各区县区内的综合统筹单元可在管控指标方面实现动态平衡与协调统筹。建立空间治理机制，例如配套差异化供地政策、混合用地管理办法、空间奖励办法、土地用途变更管理办法等政策，协调管控的刚性与市场发展的不确定性之间的矛盾，提高城镇空间品质。此外，对处于战略留白地区的城镇治理单元，应设定开发强度上限与下限，形成正面和负面清单，为土地出让和开发利用提供前置条件；处于已建成区的城镇治理单元，管控重点是土地绩效，主要面向城市更新，对土地属性变更和指标变更做出精细化导控。

5 全域空间管控单元的协调路径与传导机制

5.1 动态平衡的空间资源流量化管控路径

通过空间利用指标的流量化管理，实现单元内部的用地平衡。以往的单元规划都将空间单元视作独立的管控边界，并以此作为传导上层级规划管控内容的依据，本质上依旧遵循控规编制单元的指标传导逻辑，难以避免空间资源错配的问题。全域空间管控单元应作为协调用地指标平衡的重要平台，通过土地发展权转移机制，在保持单元内部建设总量不变的前提下，优先保障单元内重点地块的建设。以成都市 TOD 综合统筹单元为例，为保障站点周边地区的高强度开发，可围绕站点划定单元核心区，进行高密度、多功能复合性开发。在符合国土空间用途管制要求的前提下适当提高核心区开发强度。其余用地指标在单元内实现平衡即可（图 4）。

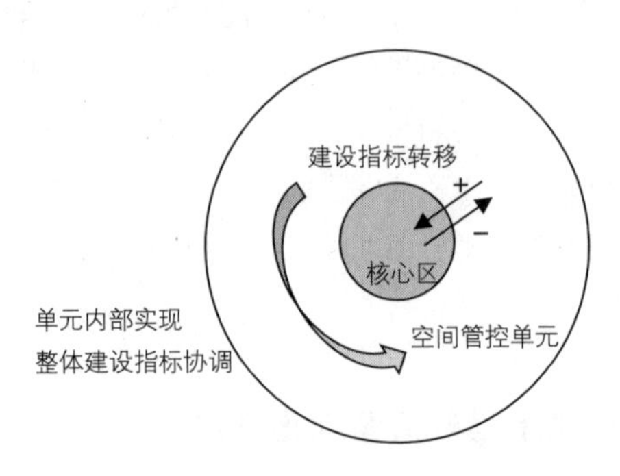

图 4 空间管控单元内部的用地指标平衡

针对空间资源需求较大的地区，可考虑单元之间的用地指标流动，在更大区域范围实现用地平衡。成都市新一轮国土空间总体规划将“西减东增”作为推动用地向增存并重内涵式发展转型的重要举措，对西部生态绿隔区实行减量控制，推动建设用地向东部城镇地区转移。以全域管控单元为空间载体，对“西减”和“东增”区域的管控单元提出差异化空间治理方向，分阶段分区实施总体规划对建设用地规模的管控要求。在实施前期，侧重单元层面的用地指标平衡，位于“西减”区域管控单元内的建设用地可策略性增长。在促进乡村发展单元建设用地“减量化”的同时，保障绿色产业用地，以少量土地获得发展动能。实施后期则强调区域间的用地指标流动和平衡，减量区域各单元的结余指标可转移至增量区域的单元，并通过建立利益共享机制，实现区域价值转移与利益平衡（图 5）。以全域功能的整体优化为目标，推进国土空间要素配置的不断优化（张晓玲、吕晓，2020）。

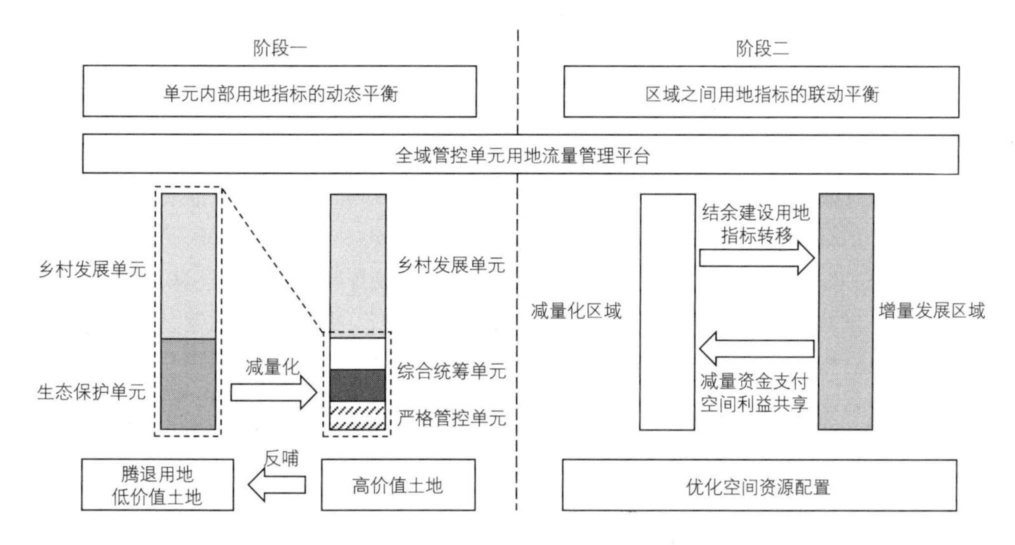

图 5　基于全域空间管控单元的用地流量化管控分阶段实施路径

5.2　上下联动的单元管控传导机制

空间管控单元的指标分解与传导是落实国土空间规划约束作用的重要抓手。指标的分解应在全覆盖、可落实、可定制的前提下，遵循平衡性、动态性、灵活性的原则，通过国土空间“一张图”，构建空间管控指标管理模块，进行单元的多维立体管理及统筹协调。将单元的管控指标与离任审计绩效考核相互关联，基于各区县现状基础及目标定位，制定差异化考核指标。设定空间管控单元指标分配的优先级，最先保障特殊综合统筹单元和严格管控单元的空间需求。同时，不同单元类型可对应差异化规模约束指标及相关比例结构，作为区域多元化发展的重要抓手（张晓玲、吕晓，2020）。

形成上下联动的管控传导机制。充分发挥各管控层级的留白机制，以适应市场经济下空间发展的不确定性（胡智行，2021）。建立指标激励机制，在规模指标下达过程中保留一定比例的用地作为激励指标。以空间管控单元为统筹平台，通过“增存挂钩”和 “增减挂钩”等方式提高土地利用效率，从而获得指标奖励，一方面提高各地区挖潜存量的积极性，另一方面为下一层级的规划编制实施和规划调整预留弹性空间。可在保证规模总量不变的前提下，对于管控边界可以适当进行调整（胡智行，2021）。管控单元在细化落实总体规划约束的同时，向上汇总、反馈新的建设用地方案，形成上下衔接的空间传导机制（图6）。

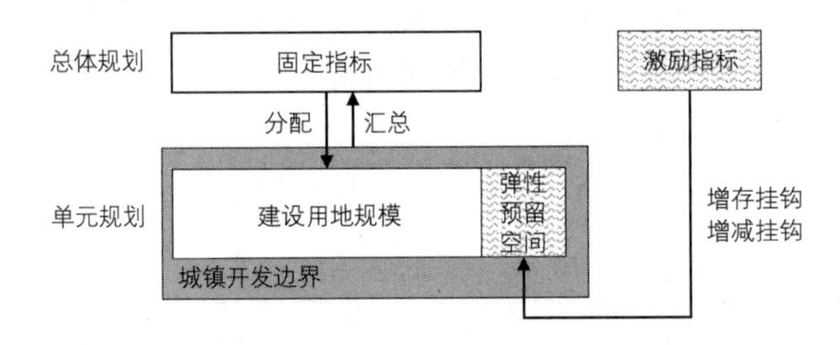

图6 空间管控单元的规模指标上下联动机制

在规划编制体系上，形成“国土空间总体规划—近期建设规划与国民经济发展规划—空间管控单元—详细规划”的纵向传导机制。另外，管控指标分为在总体规划期限内不可随意调整的恒定型指标和适应城市中长期发展规划的动态型指标，协调国土空间总体规划与国民经济发展规划之间的时序差异（邓丽君等，2021）。建立“规划—监测—评估—优化—规划”的循环优化机制，定期对单元的管控成效进行评估，根据城市发展需要调整更新单元的配套政策与管理体系，不断提升特大城市空间治理能力。

6 结语

国土空间规划体系的建构是新时期实现高质量发展和国土空间现代化治理新要求的重要途径。建立全域分区分类的管控体系是国土空间规划改革的核心内容（杨玲，2016）。特大城市在空间发展和空间治理上面临诸多不确定性及复杂性，因此，特大城市的空间管控单元不仅需要承担国土空间总体规划向下传导落实的平台及载体作用，更要在中微观层面为不同区域提供“量身定制”的空间治理策略，提供更多空间资源流动路径和“X空间”，以适应市场变化。

空间管控单元的划定应秉承全域覆盖和边界互不交叉的基本原则，以“三区三线”为前提，划定城镇单元、生态保护单元和乡村发展单元三大类型。综合考虑行政区划与管理主体、空间利用现状及城市各专项规划诉求，对三类管控单元进行细分。尤其强调特别政策区和公共利益保障区的单元划定。其次，建立差异化的空间管控机制，总体采用“核心指标+管理办法”的方式，对不同类型的管控单元制定差异化的管控指标与管理办法，在促进空间管控的有效落实同时保证空间发展的弹性。最后，建立空间管控单元的动态平衡机制，通过各层级规划管控指标的相互校核形成上下衔接的管控传导机制，并根据规划调整和城市发展需求不断优化空间单元的管理手段，形成对空间治理滚动循环的优化机制。

本文提出了以空间管控单元作为特大城市国土空间规划向下传导的有效抓手，探讨了空间管控单元在新的国土空间规划体系下承担的新职能，提出了管控单元的划定思路、管控策略、统筹协调与管控传导机制，进一步完善特大城市空间治理体系和国土空间规划体系。但是，对于空间管控单元的行政体系、实施体系建构以及如何与其他规划进行有效衔接方面，还需要更进一步的研究。

致谢

感谢成都市规划和自然资源局、成都市规划设计研究院对本文的选题和观点所给予的启发与探讨，并为本文以成都市作为典型案例提供了宝贵的研究素材。

注释

① 自然资源部在 2020 年 5 月出台的《市县国土空间规划编制指南》提出，规划一级分区包括生态保护区、生态控制区、农田保护区、城镇发展区、乡村发展区、海洋发展区。其中，城镇发展区包括集中建设区、弹性发展区、特别用途区三个二级规划分区；乡村发展区包括村庄建设区、一般农业区、林业发展区、牧业发展区四个二级规划分区。

参考文献

[1] 《城市规划学刊》编辑部. “空间治理体系下的控制性详细规划改革与创新”学术笔谈会[J]. 城市规划学刊, 2019(3): 1-10.

[2] 邓丽君，栾立欣，刘学. 完善新时期国土空间规划体系的几点思考[J]. 中国国土资源经济, 2021, 34(1): 21-27.

[3] 傅强. 非建设用地生态保护规划方法研究[J]. 城市与区域规划研究, 2019, 11(1): 94-104.

[4] 郝晋伟，李建伟，刘科伟. 城市总体规划中的空间管制体系建构研究[J]. 城市规划, 2013, 37(4): 62-67.

[5] 何冬华. 市县国土空间用途管制的技术与制度协同——以佛山市南海区为例[J]. 规划师, 2020, 36(12): 13-19.

[6] 何子张，吴宇翔，李佩娟. 厦门城市空间管控体系与“一张蓝图”建构[J]. 规划师, 2019, 35(5): 20-26.

[7] 洪再生，杨玲. 转型期我国特大城市规划编制体系的创新实践比较[J]. 城市规划学刊, 2006(6): 79-82.

[8] 胡滨，邱建，曾九利，等. 产城一体单元规划方法及其应用——以四川省成都天府新区为例[J]. 城市规划, 2013(8): 79-83.

[9] 胡智行. 空间规划传导机制中的“刚”与“柔”——以上海崇明区为例[J/OL]. 城市规划, 2021: 1-8[2021-03-12]. http: //kns.cnki.net/kcms/detail/11.2378.TU.20210224.1756.014.html.

[10] 金忠民，叶贵勋，张帆，等. 特大城市单元规划编制探索[J]. 城市规划, 2010(0): 06 101 1 10.

[11] 孔江伟，曾坚，高梦溪. 生态文明视角下国土空间分类体系探讨[J]. 规划师, 2019, 35(23): 60-68.

[12] 李阿萌，张京祥. 都市区化背景下特大城市近郊次区域规划探索——以南京为例[J]. 规划师，2011，27(3): 70-75.
[13] 李垣，张铁军，朴佳子，等. “存量规划”背景下乡镇规划实施方案编制探讨——以昌平区百善镇为例[C]//中国城市规划学会、东莞市人民政府. 持续发展 理性规划——2017 中国城市规划年会论文集(14 规划实施与管理). 中国城市规划学会、东莞市人民政府, 2017: 13.
[14] 林坚，武婷，张叶笑，等. 统一国土空间用途管制制度的思考[J]. 自然资源学报, 2019, 34(10): 2200-2208.
[15] 林坚，许超诣. 土地发展权、空间管制与规划协同[J]. 城市规划, 2014, 38(1): 26-34.
[16] 罗罡辉，李贵才，徐雅莉. 面向实施的权益协商式规划初探——以深圳市城市发展单元规划为例[J]. 城市规划, 2013, 37(2): 79-84.
[17] 马夕光. 城乡规划管理单元规划实施评估体系研究[D]. 哈尔滨: 哈尔滨工业大学, 2014.
[18] 彭震伟，张立，董舒婷，等. 乡镇级国土空间总体规划的必要性、定位与重点内容[J]. 城市规划学刊，2020(1): 31-36.
[19] 盛鸣，詹飞翔，蔡奇杉，等. 深圳城市更新规划管控体系思考——从地块单元走向片区统筹[J]. 城市与区域规划研究, 2018, 10(3): 73-84.
[20] 苏敬华，东阳. 特大城市生态空间识别及管控单元划定——以上海市为例[J]. 环境影响评价，2020，42(1): 33-37.
[21] 汪毅，何淼. 新时期国土空间用途管制制度体系构建的几点建议[J]. 城市发展研究, 2020, 27(2): 25-29+90.
[22] 王玉虎，王颖，叶嵩. 总体规划改革中的全域空间管控研究和思考[J]. 城市与区域规划研究，2018，10(2): 57-71.
[23] 吴娟，沈锐. 当前我国特大城市城乡规划编制体系初探——以上海和天津为例[C]//中国城市规划学会. 多元与包容——2012 中国城市规划年会论文集(02. 城市总体规划). 中国城市规划学会, 2012: 12.
[24] 伍炜，蔡天抒. 城市更新中如何落实公共开放空间奖励——以深圳市南湖街道食品大厦城市更新单元规划实践为例[J]. 城市规划, 2017(10): 120-124.
[25] 谢守红，宁越敏. 中国大城市发展和都市区的形成[J]. 城市问题, 2005(1): 11-15.
[26] 熊威. “田园功能单元”模式下的乡村规划创新——以武汉市为例[J]. 中国土地, 2020(2): 45-46.
[27] 杨玲. 基于空间管制的“多规合一”控制线系统初探——关于县(市)域城乡全覆盖的空间管制分区的再思考[J]. 城市发展研究, 2016, 23(2): 8-15.
[28] 姚凯. 上海控制性编制单元规划的探索和实践——适应特大城市规划管理需要的一种新途径[J]. 城市规划, 2007(8): 52-57.
[29] 易斌，沈丹婷，盛鸣，等. 市县国土空间总体规划中全域全要素分类探讨[J]. 规划师, 2019, 35(24): 48-53.
[30] 岳文泽，王田雨. 中国国土空间用途管制的基础性问题思考[J]. 中国土地科学, 2019, 33(8): 8-15.
[31] 曾黎，何为，唐鹏，等. 空间治理现代化语境下成都市国土空间规划探索[J]. 规划师, 2020(19): 72-78.
[32] 张尔薇，何闽，邱红. 城乡规划实施转型与运作机制研究——以北京规划实施单元为例[C]//中国城市规划学会、沈阳市人民政府. 规划60年: 成就与挑战——2016 中国城市规划年会论文集(12规划实施与管理). 中国城市规划学会、沈阳市人民政府, 2016: 24.
[33] 张晓玲，吕晓. 国土空间用途管制的改革逻辑及其规划响应路径[J]. 自然资源学报, 2020, 35(6): 1261-1272.

[34] 赵广英, 李晨. 生态文明体制下“三区三线”管控体系建构[J]. 规划师, 2020, 36(9): 77-83.
[35] 赵之枫, 朱三兵. 基于实施单元的北京小城镇规划策略研究[J]. 小城镇建设, 2019, 37(6): 5-13.
[36] 邹长新, 王丽霞, 刘军会. 论生态保护红线的类型划分与管控[J]. 生物多样性, 2015, 23(6): 716-724.

[欢迎引用]
杨婧艺, 张敏, 曹敏, 等. 面向国土空间规划体系的特大城市管控单元划定与管控策略——以成都市为例[J]. 城市与区域规划研究, 2021, 13(1): 141-155.
YANG J Y, ZHANG M, CAO M, et al. Division and management strategies of space management unit oriented toward territorial and spatial planning system in metropolises: take Chengdu city as an example[J]. Journal of Urban and Regional Planning, 2021, 13(1): 141-155.

基于DPSIR框架的生态城市建设指标体系构建研究

黄经南　敖宁谦　谢雨航　黄永锋

Research on the Index System of Eco-City Construction Based on DPSIR Framework

HUANG Jingnan[1], AO Ningqian[2], XIE Yuhang[3], HUANG Yongfeng[4]
(1. School of Urban Design, Wuhan University, Wuhan 430072, China; 2. Guiyang Urban Planning and Design Institute, Guiyang 550001, China; 3. Tencent Technology Co. Ltd., Shenzhen 518000, China; 4. Beijing Tsinghua Tongheng Planning and Design Institute Co. Ltd. Guizhou Branch, Guiyang 550009, China)

Abstract An indicator system is a "ruler" to define the objectives of urban planning, and also a "physical examination form" to monitor and evaluate the implementation of urban planning. Various indicator systems have been widely applied in different kinds of planning. This paper first summarizes the theory and practice in the research on urban planning-related indicator system, and analyzes its development trend. Secondly, by introducing the Driver, Pressure, State, Impact and Response (DPSIR) model, the paper puts forward the theory, logical framework, principle, and method for establishing an eco-city indicator system in the early stage of planning and construction, guided by development objectives. Finally, taking the Sino-French Eco-City of Wuhan as an example, the paper establishes the eco-city development indicator system accordingly from the five perspectives of economic development, resource consumption and pollutant emission, ecological governance, quality of life, and policy and infrastructure, in the hope of providing reference for eco-city construction.

Keywords eco-city construction; indicator framework; planning objectives; construction method

作者简介
黄经南，武汉大学城市设计学院；
敖宁谦，贵阳市城乡规划设计研究院；
谢雨航，腾讯科技（深圳）有限公司；
黄永锋，北京清华同衡规划设计研究院有限公司贵州分公司。

摘　要　指标体系是界定规划目标的“标尺”，也是监督、评估规划实施的“体检表”。近年来，指标体系在各类规划中得到了越来越广泛的应用。文章首先归纳城市规划相关指标体系研究的理论和实践，简析其发展趋势；其次，通过引入DPSIR模型，以发展目标为导向，提出建立生态城市指标体系的理论、逻辑框架、原则和方法；最后以武汉中法生态城为例，以DPSIR模型为框架分别选取经济发展、资源消耗及污染物排放、生态治理、生活质量、政策及基础设施五方面建立生态城发展控制指标体系，以期为生态城市建设提供经验借鉴。

关键词　生态城市建设；指标框架；规划目标；构建方法

1　引言

指标体系作为一种常见的衡量城市发展状况的参考标准，是改进和加强城市规划工作的重要保障（汪光焘，2007）。指标体系或作为引导城市发展的目标，或用于城市发展的控制，或用于规划实施效果的评价、监测。其中，目标性指标用于实现对城市发展的战略引领，最常见的如国民社会与经济发展规划中的“社会经济发展指标体系”等；控制性指标用于对城市建设行为的约束，典型的如城市控制性详细规划指标等；评估性指标用于对城市建设状况的监测和评估，典型的如建设用地适用性评价指标、生态适宜性指标等。随着规划科学性的不断增强，诸如此类的指标体系在各种规划中的应用越来越广泛。此外，近年来还出现了各种各样的特色城市指标体系，如低碳城市指标体系、海绵城市指标体系、生态城市指标体系等。其中，生态城市指标体系尤其引人关注。由于生态城市强调可持续发展理念，因此被认为是将来一段时间我国各地城市规划建设的必由之路，而通过建立一套相应的指标体系对生态城市进行目标指导、发展控制、实施监测也成为生态城建设的重要内容（龚道孝等，2011）。例如目前我国各地如火如荼建设的生态新城，如中新天津生态城、曹妃甸国际生态城、南京河西低碳生态城等，都已经建立了自己的指标体系（郑晓华、陈韶龄，2013）。

2 国内外研究现状

国外关于生态城市评价指标体系可以概括为宏观尺度及微观尺度两类。前者评价的尺度较为宏观，范围涵盖城市、区域、国家甚至全球等，其中比较有影响力的指标体系有 UNEP 测度绿色经济的指标体系，OECD 监测绿色增长进展的指标体系，联合国人居署城市指数，联合国可持续发展指标，全球城市指数等；后者评价的尺度较为微观，范围主要是在社区，其中比较典型的有美国的 LEED ND，英国的 BREEAM Communities，德国的 DGNB，以及日本的 CASBEEUD。其中，LEED ND 的核心在于推动健康、耐久、经济可负担、环境友好的社区建设，该体系适用于社区级的城市更新、城市扩张、宗地改造等项目（LEED Reference Guide for Neighborhood Development-V4）。国外生态城市指标体系在侧重点方面主要强调环境友好型和经济可负担，对于在构建逻辑严密性和可操作性方面各有千秋。

目前国内生态城市指标的构建主要参考国家环保总局于 2007 年印发的《生态县、生态市、生态省建设指标（修订稿）》及《国家生态园林城市标准》（住建部 2016 年 235 号）。该指标体系对生态城市建设起到了很好的指导作用，但也有学者指出该标准存在体系制定弹性不够，可拓展性不强，未体现指标间的相互联系等问题（张伟等，2014）。与此同时，学术界也对生态城市指标体系的构建进行了积极探索。部分学者结合生态城市的特征与城市发展指标，提出“制定结构、确定原则、选取指标、指标赋值”的方法，如谢鹏飞等（2010）对生态城市指标体系的构建、吴颖婕（2012）对中国生态城市指标体系的总结等。此外，王云才等（2007）认为生态城市评价的层次性应立足于“城市—区域的一体化格局”，保证生态系统的完整性和自上而下的覆盖性；吴琼等（2005）在上述方法的基础上，加入全排列多边形图示指标法，使指标判断更定量。与学界的研究相比，生态城市指标体系的构建在实践中更加丰富，如天津中新生态城在规划中制定了 3 大类、8 个中类、22 项控制性指标、4 项引导性指标体系，涵盖了经济、生态、社会三个方面，提出的量化目标有利于实际的监测、约束和引导（靳美珠等，2014）。类似的生态城市建设指标体系还包括潍坊滨海生态城、中瑞无锡生态城、深圳坪山新城等。这些案例除了部分指标数值、描述方法不同外，其指标构建原则、结构和层次大同小异。

总体而言，各类城市发展指标体系包括生态城市指标体系的构建方法可归纳为“主题—层次”法

（刘玮，2010；孟宪振，2012），即首先明确目标主题，然后以此为基础提出不同层面的次一级主题，再在次一级主题指标集的基础上构建具体指标。该方法的优点在于简单易懂，能反映当前面临的主要问题和主要内容，但也存在明显缺陷。首先，基于“主题—层次”法构建的指标体系试图面面俱到从而使指标过于庞杂、松散，逻辑性和系统性较弱，甚至有的指标仅仅是简单的菜单式的描述，指标间的关联性和重要性未能得到很好的表达。城市是复杂的系统，城市各要素之间并不是孤立的，该方法在一定程度上分割了它们间的联系（黄羿等，2012）。其次，“主题—层次”法无法反映过程的变化。城市环境和发展形势瞬息万变，因此对城市的发展也需要做到动态评估。目前的方法限于逻辑缺陷，在制定了一系列远景目标后，无法对城市发展的过程进行实时的监控。当某些指标不再适用于评估的时候，指标的重新选择就因为缺少框架指导容易陷入盲目。再次，“主题—层次”法过多关注物质空间而未考虑到人类活动与城市发展的相互影响。一方面，除了评估城市环境的现状，指标体系还应该检测环境对人类活动及人类本身的影响；另一方面，人类对环境并不是被动的适应，而是可以通过调节政策、管理对城市环境变化做出适合的反应。最后，传统指标体系的构建多由政策制定者和专家自上而下决定，自下而上公众参与较少，主要服务于政府部门，居民所关注的问题较少得到表达的问题也一直被诟病。

近些年随着动态规划、政府管治以及公众参与理念的引入，如在城市发展和建设实行“动态渐进式的监控”，目标和政策制定不追求“最优”而倾向于“满意”，决策和实施规划中促进公众与政府的有效沟通等，对生态城市指标体系的构建提出了新的要求。新要求需要指标体系的构建在系统性和层次性的基础上，强调城市发展的现实逻辑，关注明确的、具有联系的核心要素。因此，不管是从对传统反思的角度，还是形势发展的新需求角度，目前的生态城市指标体系的构建方法都急需改变。

3 DPSIR 框架的引入

DPSIR 框架的前身是 PSR（Pressure-State-Response，即压力—状态—响应）框架。该框架最初应用于环境科学，后来被引入可持续发展研究中，广泛用于各种发展指标体系的构建。PSR 框架的内核是人与环境的关系，即人类行为会引起反应（压力），导致环境改变原有性质或自然资源的数量（状态），这最终使人类采取一定措施以恢复环境质量或防止环境退化（响应）。它强调环境受到压力和环境退化之间的因果联系，同时反映了决策的背景、原因以及制定过程。尽管 PSR 框架提供一个强有力的机制去评估人类活动引发的环境变化，但其最大缺陷在于认为人类对环境的影响都是不利的，忽略了人类在追求发展过程中可以采取措施来适应和改善环境。换言之，PSR 框架仅仅承认对现有状态施加压力的影响，并没有反映出环境状态的改变如何反馈到人类。

PSR 框架存在的缺陷促进 DSR（Driving force-State-Response，即驱动力—状态—响应）框架的产生，而驱动力表示“人类活动对环境的影响可以是正面的”。例如，人类对生活品质的追求可能是一个积极的推动力，而非负面压力。结合 PSR 和 DSR 的优缺点，1997 年欧洲环境署（EEA）在探索环境退化和农业的相互关系时提出 DPSIR（Driving force-Pressure-State-Impact-Response，即驱动力—压力—状态—影响—响应）框架（孟宪振，2012）。随后，联合国环境署（UNEP）在全球环境展望中也采用该框架（汪光焘，2007）。这一框架的基本假设是：社会和经济的发展（驱动力）对环境产生压力并导致环境“状态”发生改变——这会造成潜在影响，最终引发社会对驱动力的反应，或者直接反映在压力、状态或者影响上。以空气污染为例（图 1），驱动力是工业发展、交通建设、人口增加等；压力为空气污染物和温室气体的排放等；状态体现在空气污染物、二氧化碳、臭氧浓度；影响可能包括空气污染导致的呼吸疾病、温室效应等；响应则是出台清洁空气管理条例、通过城市规划（精明增长、TOD）减少交通需求，或者补贴公共交通、收取拥堵税等。

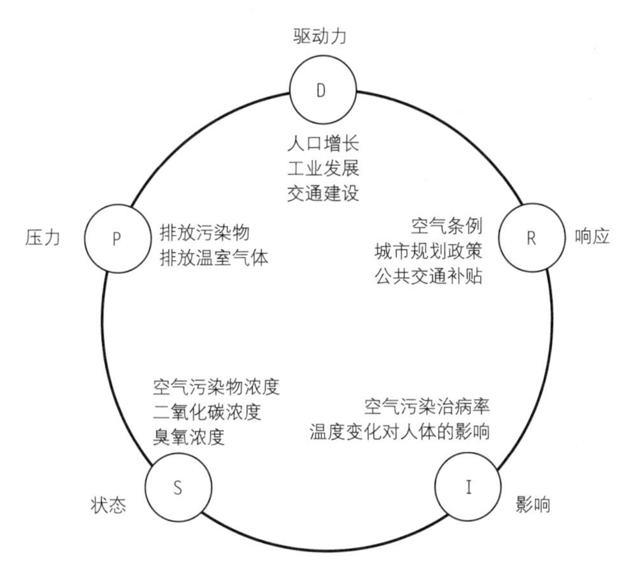

图 1　DPSIR 框架——以空气污染为例

基于 DPSIR 框架指标体系的构建具有系统性强、灵活性高、适应性强、简单易操作的特点，20 世纪 90 年代以来不断被应用于生态安全评价、环境影响评价、土地资源承载力评价、水安全、城市低碳发展评价等各领域的研究中，特别是在生态环境、资源承载能力等方面。王祥云等（2012）基于 DPSIR 模型对我国京津冀、长三角、珠三角三大城市群生态化转型发展特征进行评估。夏春红和李燕（Xia and Li，2018）基于 DPSIR 框架构建指标体系对昆明 2007～2016 年生态建设成效进行评价。也有学者基于 DPSIR 框架，从技术、制度、认知三个纬度对芝加哥、伦敦、悉尼、哥本哈根、厦门、武汉等城市的低碳发展情况进行评价（Zhou et al.，2015）。尽管 DPSIR 框架的应用不断增多，但整体上看，直接关于生态城市指标体系构建的研究成果尚不多见。有限的研究在具体指标构建中还存在指标繁多、数据收集困难等问题。如邵超峰、鞠美庭（2010）等学者基于 DPSIR 模型构建的低碳生态城市指标体系中选取 63 个指标，在实际运用中诸多数据难以获取。同时，在构建指标体系时，对于指标的选取无具体论证且缺乏对生态城市内部系统之间相互作用及前因后果关系的深入分析。随着经济转型发展，机构改革、国土空间规划体系的提出，对生态城市建设内涵也提出了新要求。在此背景下，本文以生态城市建设内涵为根本，以指标体系的系统性和层次性为基础，以加强指标间的联系性和逻辑性为出发点，引入可持续发展理念中的 DPSIR 框架，提出生态城市指标体系构建的理论、逻辑框架、原则和方法；最后以武汉中法生态城为例，对应 DPSIR 框架分别选取经济发展、资源消耗及污染物排放、生态治理、生活质量、政策及基础设施五方面，构建重点突出、可操作性强、能促进公众参与的生态城市指标体系，旨在为其他生态城市的建设提供经验借鉴。

4 基于 DPSIR 框架的生态城市发展指标体系构建

4.1 生态城市指标体系构建中 DPSIR 框架的适用性

DPSIR 框架本质上体现了人与生态环境的关系，并将生态环境作为“经济社会发展—发展对环境的损害—环境变化—环境变化对人类的作用—人类产生的反馈”过程中的核心要素进行考虑（图 2），这实际上与生态城市建设的宗旨一脉相承。广义的生态城市要求城市“根据生态学原理，综合研究社会—经济—自然复合生态，并应用生态工程、社会工程、系统工程等现代科学与技术手段建设社会、经济、自然可持续发展，居民满意、经济高效、生态良性循环的人类住区”（黄光宇、陈勇，1997）。而在生态城市建设中，驱动力一方面体现在经济总量增长、结构优化、质量提高等方面，它是人类不断追求生产和消费的结果；另一方面则是不断的城市化过程——人口、要素、资源在城市中集聚。这是城市发展的根本，也是生态城作为一个城市区域的核心动力。此外，更具生态城市发展内涵驱动力同样表现在社会和谐发展、环境保护有力方面。压力则是生产、生活方式对资源的消耗以及相应的污染物排放。这一压力主要指的是环境压力，即人类生产生活对生态环境的直接破坏——解决或减缓这一问题则是生态城的目标。状态则是客观的生态环境质量，作为逻辑中重要一环，生态环境质量既影响人类健康福祉，同时也会作用于驱动力，如水资源造成水短缺。在区域性环境要素上需要结合主城、乡村进行考量，如空气质量、共有的水环境等。影响作用于人类自身，是对人类健康、福祉等多方面的作用。正作用是驱动力的进步带来整体生活品质的提高，然而压力也会对健康、生存环境等造成不可避免的负作用。基于此，响应中的政策制定、基础设施建设情况则有效地监测了实质上管理者的政策情况以及政策的有效性。由此可见，源自可持续发展理论的 DPSIR 框架能够合理地涵盖生态城市的各要素（图 2）。

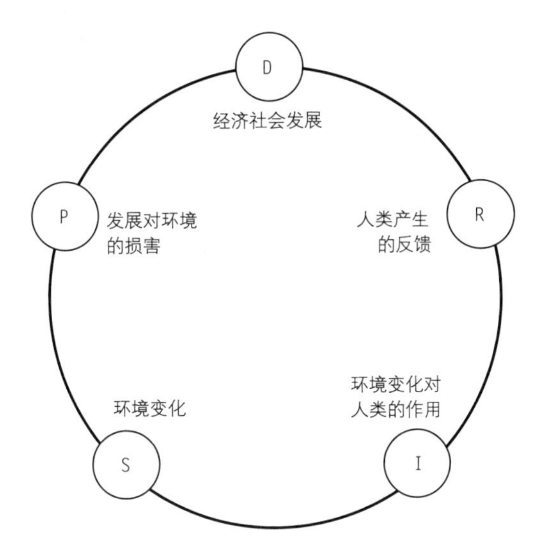

图 2 DPSIR 框架与生态环境的关系

4.2 生态城市指标体系的逻辑框架

DPSIR 框架下的指标构建是对指标体系系统性与层次性的再解读，因此，在这一框架下构建的指标体系将会有一些不同的变化，主要体现在：指标体系主体由“主题”变为“DPSIR 的各要素”。以常见的指标为例，通常以“自然”“社会”“经济”这类“横向结构”进行指标的体系构建（图 3），然而在新的框架下，这些主题将融入“纵向结构”各项环节中。从原来关注“终极蓝图”转变为关注从庞杂系统中分离出现有存在的主要问题。在分析识别面临的主要问题后，将问题按照 DPSIR 框架进行逐一拆解并落位在相应的要素中。借助 DPSIR 框架的逻辑性与系统性，梳理城市活动、导致的问题、采取措施之间的因果关系，使得指标选择更加容易获取、容易解读以及容易获得共识等。经过“弱主题化”“问题导向”“可操作性”等改进，在满足动态渐进监控、优化决策的同时，最终形成如图 4 所示的较为完整的生态城市指标体系框架。

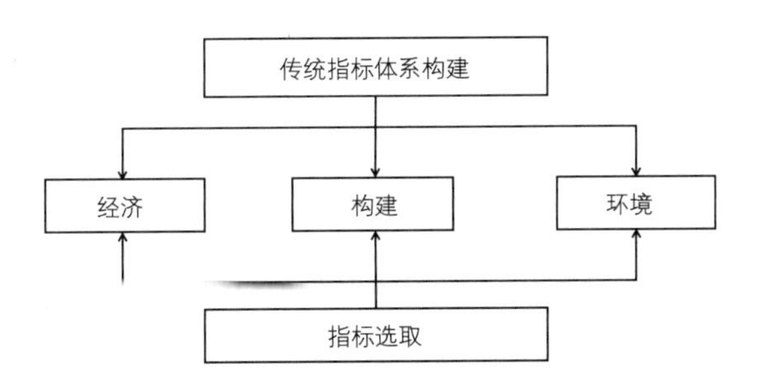

图 3 传统指标体系构建逻辑

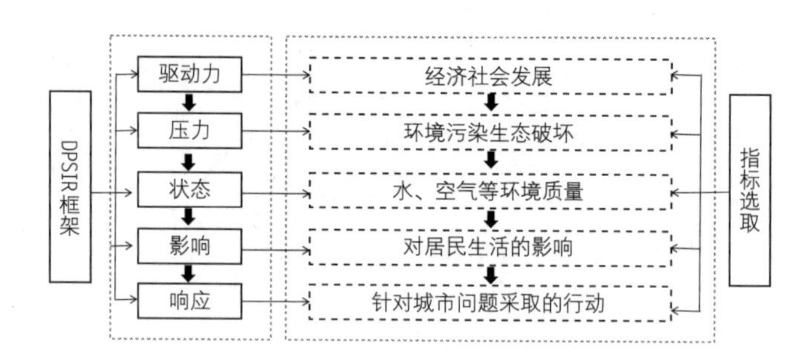

图4 基于DPSIR框架的生态城市指标体系构建逻辑

5 中法生态城指标体系的构建

5.1 案例简介

武汉中法生态城位于武汉市蔡甸区，是2013年4月中法两国签署的《城市可持续发展合作协议》的试点项目。武汉中法生态城旨在吸取过去中外合作型生态城建设的经验基础上，以中法技术合作、生态文明建设、“两型”社会建设、可持续发展为导向，实现成为“中外合作、低碳示范、产业创新、生态宜居”之典范区。

武汉中法生态城具有一般生态城建设的共性，也因自身条件和特征而面临不同的问题：①生态城建设以新城建设为主，这意味着在“生态建设”的基础上，同时需要兼顾经济和社会发展；②新城建设需要拓展大量建设用地，产业发展与城市扩张造成自然生态环境直接的改变，中法生态城指标体系则需要对此进行监控和评估；③生态城经济社会发展为居民带来物质和精神富足的同时，其发展引发的环境状态的变化，同样也会给人带来健康相关的危害，中法生态城指标体系也需要对此进行监控和评估；④而在面临以上问题时，城市管理者如何做出相应管理行为，例如通过政策引导良性趋势和遏制恶性发展，通过基础设施建设来促进发展和治理环境等也需要慎重考虑。这些问题则与DPSIR框架中各个要素相对应，因此，生态城发展控制指标体系也完全可用DPSIR框架对应进行构建。

5.2 指标筛选及规划指标确定

本文指标筛选考虑通用性和可操作性，并与国家统计口径对接，再结合自身特征和发展目标对指标进行修正。具体来说：首先，考虑和国家出台的法律法规、技术文件等关于生态城市刚性指标对接，符合一般标准，同时借鉴国内外生态城市评价指标体系案例及权威专家关于生态城市评价的研究成果，构建生态城指标库。

其次，通过将指标库中指标体系的结构分类罗列，考虑指标出现频次、指标导向、可操作性、数据来源以及指标间的联系后，排除重复、相近的指标，构建指标体系。其中参考的相关标准包括：《欧洲绿色城市指标》，2017 年中国国际经济交流中心与哥伦比亚大学地球研究院联合发布的《中国可持续发展指标体系》（CSDIS），《国家生态园林城市标准（暂行）》，生态环境部发布的《国家环境保护模范城市考核指标》，2008 年发布的《生态县、生态市、生态省建设标准（试行）》，自然资源部 2019 年出台的《市县国土空间总体规划编制指南（试行）》，《中国低碳生态城市发展战略》报告的指标体系，黄光宇的《生态城市综合指标体系》，《联合国可持续发展指标》，联合国千年发展目标指标，全球城市指标，OCED 环境指标，以及生态城市实践案例，包括中新天津生态城、南京河西生态城、中瑞无锡生态城、唐山曹妃甸生态城、厦门市生态城、深圳低碳生态城、深圳光明新区生态城、杭州低碳生态城等。然后将出现三次以上的指标作为高频指标统计到表 1 中。

表 1　高频指标统计

高频指标	人均 GDP、第三产业占 GDP 比重、绿色交通出行比例、公交分担率、建成区规模、本地植物指数、人均公共绿地、建成区绿地覆盖率、万元 GDP 能耗/水耗、水质达标率、垃圾无害化处理率、垃圾回收利用率、人均废弃物产生比例、自然湿地净损失、基尼系数、再生水利用率、步行 500 米范围内有免费文体设施居住区比例、万人拥有病床数、受保护生态用地面积、声环境质量、空气质量、每万人中 R&D 科学家和工程师全时当量（人）、人口密度、室外透水面积比例、绿色能源使用比例、绿色建筑比例

最后，结合中法生态城规划目标导向和专家意见以及指标数据在实际操作中统计的难易程度筛选出 40 个指标，构成本次研究的规划指标体系（表 2）。指标控制类型包括引导型和控制型，指标值根据生态城案例、相关技术标准、中法生态城规划确定。

表 2　中法生态城指标库

	指标名称	指标值	控制类型	备注
驱动力	单位土地产出率（元/平方米）	≥7 000	引导	参照《土地产出率标准》
	第三产业比例（%）	≥80	引导	武汉 54，巴黎 86，南京河西生态城 80
	城镇化水平（%）	≥80	引导	武汉蔡甸 58，武汉市 80
	建设用地人口密度（万人/平方千米）	≥1.4	控制	南京河西生态城 1.4
	每万人中 R&D 科学家和工程师全时当量（人）	≥100	引导	中新天津生态城 50，法国 98.8，德国 84.2
压力	单位 GDP 能耗（吨标准煤/万元）	≤0.2	控制	中新天津生态城 0.3，南京河西生态城 0.2
	单位 GDP 水耗（吨/万元）	≤8	控制	深圳 12.1，北京 17.58，南京河西生态城 7

续表

	指标名称	指标值	控制类型	备注
压力	单位 GDP 碳排放（t-C/百万美元）	≤150	控制	中新天津生态城 150
	日人均生活耗水量（升/人·日）	≤120	控制	中新天津生态城 120，南京河西生态城 120
	日人均垃圾产生量（千克/人·日）	≤0.8	控制	中瑞无锡低碳生态城 0.8
状态	环境空气质量好于或等于二级标准的天数（天/年）	≥310	控制	《国家生态园林城市标准 》≥300，中新天津生态城 310
	地表水环境质量（类）	≤Ⅲ	控制	中新天津生态城 Ⅳ
	环境噪声平均值（DB）	≤55	控制	参照《城市区域环境噪声标准》
	人均绿地面积（平方千米）	≥14	控制	南京河西生态城 12，中新天津生态城 12
	人均生态用地面积（平方米/人）	≥130	控制	根据中法生态城规划
	建成区绿地率（%）	≥42	控制	《国家生态园林城市标准》38，中瑞无锡生态城 42
	生态保护用地面积（平方千米）	—	控制	—
	自然湿地净损失率（%）	0	控制	中法武汉生态示范城总体规划，自然湿地比例不降低
	本地植物指数（%）	≥70	控制	《国家生态园林城市标准》70
影响	平均寿命（岁）	≥83	引导	《健康武汉 2035 规划》
	环境污染病发率（%）	0	控制	—
	基尼系数	0.3～0.4	引导	收入分配相对合理，大于 0.4 表明差距显著
	恩格尔系数	0.3～0.5	引导	居民生活在小康及富裕状态
	义务教育普及率（%）	100	控制	—
	平均受教育年限（年）	≥12	引导	本科及以上水平
	失业率（%）	0	引导	—
	就业住房平衡指数（%）	≥60	引导	中新天津生态城 50，中瑞无锡生态城 30
	室外地面透水率（%）	住宅区≥45，商业区≥40	控制	南京河西生态城：住宅区≥45，商业区≥40
响应	城镇生活污水集中处理率（%）	100	控制	—
	城镇生活垃圾无害化处理率（%）	100	控制	—
	垃圾回收利用率（%）	≥60	控制	中新天津生态城 60，南京河西生态城 60
	绿色能源使用比例（%）	≥20	控制	中新天津生态城 20

续表

	指标名称	指标值	控制类型	备注
响应	再生水利用率（%）	≥30	控制	《国家生态园林城市标准》30，《湖北省绿色生态城区示范技术指标体系（试行）》20
	步行 500 米范围内居住区免费文体设施覆盖率（%）	100	控制	—
	基础设施配套率（%）	100	控制	—
	无障碍设施率（%）	100	控制	—
	慢行路网密度（千米/平方千米）	15	控制	根据生态城规划
	公交站点服务半径覆盖率（%）	500 米服务半径覆盖率 100，300 米服务半径覆盖率≥70	控制	—
	绿色交通分担率（%）	≥80	引导	中新天津生态城 90，中瑞无锡生态城 80
	绿色建筑比例（%）	100	控制	《绿色建筑评价标准》

5.3 指标监控

DPSIR 框架的优势在于其逻辑联系，既可以更方便地对生态城市当前问题进行监控，同时也可以作为政策效果的评估方法。通过对状态数据的监测，追本溯源地找到驱动力和压力数据并及时做出响应，进而实现对短期和长期城市发展指标的有效监控。

就短期而言，以空气质量为例：当环保部门发现近两个月环境控制质量优良天数比例急剧下跌。以此为基础，可以查询过去半年与空气相关的其他流程数据变化，如压力数据变大——二氧化硫排放、GDP 能耗增加；驱动力上涨——产值或人均 GDP 增长；然而，如果过去半年没有做出相应的响应——废气处理率未有变化，大气有组织排放同样也没有发生变化。因此，找到问题的原因在污染的处理环节并能马上做出调整。长期而言，譬如近一年的青少年犯罪率上升，则可以探索与人口自然增长率、城镇化率、无固定工作人口比例、受教育年限等指标的关系，找到与此相关的指标，再进行政策调整。

以上的流程既能够有效为政策制定者认清问题所在，同样也可以为公众提供一个合理的解释，从而能够达到“动态监控”“沟通公众”“服务政策制定者”的目的。

5.4 指标分级

指标分级是让不同群体只需要关注和自身最相关的指标，从而使指标更容易被理解和推动。如上文所述，人群可分为公众、政策制定者（政府）、企业和研究人员（规划师）。

对于公众而言，“状态”“影响”和“响应”，也就是“目前城市是什么情况、对公众的直接影响是什么，以及目前城市做出了什么响应行动”是与自己息息相关的内容。而从政府的角度，不同部门所面临和关注的指标也是有差别的。如表1所示，大部分数据来源同时也是关注该指标的部门。但DPSIR框架下的生态城指标体系，部门则需要同时关注甚至负责具有关联性的指标，如环境空气质量优良天数比同时需要环保局、交管局、园林局、发改委等共同关注并负责。企业同样可以通过指标来对城市进行评估——“是否投资、有无限制因素、有无鼓励因素”。也就是说，企业更加关注城市的驱动力是否具有活力、对压力有多大的限制（自身是否能够满足）以及政府有哪些响应措施来促进驱动力的发展或者压力的减缓。在研究人员方面，则是有限制地为研究人员提供较为全面的数据，以供研究的顺利进行。这使得过去研究人员需要耗费大量精力去统计，在这套框架下可以直接申请使用。

6 结语

城市发展目标的指标化是控制、监督城市发展的重要工具，城市发展控制指标的构建方法则是指标体系建立的基础。作为城市可持续发展的重要方向，生态城市指标体系更加强调生态系统协调发展与约束控制。因此，本文引入了DPSIR框架，构建了重点突出、操作可行且能促进公众参与的生态城市发展控制指标体系，有效解决了传统基于层次性和自上而下递进关系的指标体系无法满足的逻辑性联系、动态监控、公众参与的需求。尽管本研究提出一种可参考的指标体系构建方法，然而由于不同城市的社会、经济、生态等因素存在差异性，故在生态城市的实践中也需要根据客观条件、政策背景，因地制宜地建设指标体系。

参考文献

[1] BERGE E, BECK J, LARSSEN S, et al. Air pollution in Europe 1997[M]. European Environment Agency, 1997.
[2] GBC LEED ND REFERENCE GUIDE-2014. LEED reference guide for neighborhood development (V4)[S]. 2014-01-01.
[3] UNEP. Global environment outlook[J]. Journal of Environmental Health, 1997.
[4] XIA C H, LI Y. Evaluation of ecological construction in Kunming using the DPSIR model[J]. International Journal of Technology, 2018, 9(7): 1338-1345.
[5] ZHOU G D, JAGDEEP S, WU J C, et al. Evaluating low-carbon city initiatives from the DPSIR framework perspective[J]. Habitat International, 2015, 50: 289-299.
[6] 陈勇，黄光宇. 生态城市理论与规划设计方法[M]. 北京：科学出版社, 2002.
[7] 龚道孝，王纯，徐一剑，等. 生态城市指标体系构建技术方法及案例研究——以潍坊滨海生态城为例[J]. 城市发展研究, 2011, 18(6): 44-48+83.
[8] 黄光宇，陈勇. 生态城市概念及其规划设计方法研究[J]. 城市规划, 1997(6): 17-20.

[9] 黄羿，杨蕾，王小兴，等. 城市绿色发展评价指标体系研究——以广州市为例[J]. 科技管理研究，2012，32(17): 55-59.
[10] 靳美珠，邓小文，周滨，等. 中新天津生态城建设指标体系构建研究[J]. 中国人口・资源与环境，2014，24(s1): 385-387.
[11] 李超骕，田莉. 基于 PSR 模型的低碳城市评估指标体系研究[J]. 城市建筑, 2018(12): 13-17.
[12] 林澎，田欣欣. 曹妃甸生态城指标体系落实与深化[J]. 建设科技, 2011(13): 40-44.
[13] 刘玮. 城市可持续发展评价指标体系与模型研究[D]. 天津：天津大学, 2010.
[14] 孟宪振. 城市可持续发展指标体系的比较研究[D]. 重庆：重庆交通大学, 2012.
[15] 邵超峰，鞠美庭. 基于 DPSIR 模型的低碳城市指标体系研究[J]. 生态经济, 2010(10): 95-99.
[16] 汪光焘. 建立和完善科学编制城市总体规划的指标体系[J]. 城市规划, 2007, 31(4): 9-15.
[17] 王祥荣，朱敬烽，丁宁，等. 基于 DPSIR 模式的我国三大城市群生态化转型发展特征评估[J]. 城乡规划, 2019(4): 15-23.
[18] 王云才，石忆邵，陈田. 生态城市评价体系对比与创新研究[J]. 城市问题, 2007(12): 17-21+27.
[19] 吴琼，王如松，李宏卿，等. 生态城市指标体系与评价方法[J]. 生态学报, 2005, 25(8): 2090-2095.
[20] 吴颖婕. 中国生态城市评价指标体系研究[J]. 生态经济(中文版), 2012(12): 52-56.
[21] 谢鹏飞，周兰兰，刘琰，等. 生态城市指标体系构建与生态城市示范评价[J]. 城市发展研究，2010，17(7): 12-18.
[22] 邢瑞彩. 深圳国际低碳城空间规划指标体系构建研究[D]. 哈尔滨：哈尔滨工业大学, 2013.
[23] 叶林生. 城市生态建设评价指标体系研究及其应用[D]. 武汉：华中科技大学, 2011.
[24] 张伟，张宏业，王丽娟，等. 生态城市建设评价指标体系构建的新方法——组合式动态评价法[J]. 生态学报, 2014, 34(16): 4766-4774.
[25] 赵玉川，胡富梅. 中国可持续发展指标体系建立的原则及结构[J]. 中国人口・资源与环境, 1997(4): 54-59.
[26] 郑晓华，陈韶龄. 南京河西低碳生态城指标体系的构建与实践[J]. 规划师, 2013, 29(9): 71-76.

［欢迎引用］
黄经南，敖宁谦，谢雨航，等. 基于 DPSIR 框架的生态城市建设指标体系构建研究[J]. 城市与区域规划研究，2021，13(1): 156-167.
HUANG J N, AO N Q, XIE Y H, et al. Research on the index system of eco-city construction based on DPSIR framework[J]. Journal of Urban and Regional Planning, 2021, 13(1): 156-167.

中国收缩城市的设计应对策略探索：以鹤岗工作坊为例

张恩嘉　雷　链　孟祥凤　吴　康　吴　冰　蒋　文
吴国强　陈婷婷　郎　嵬　李　云　张远景　龙　瀛

Urban Design Strategies for Shrinking Cities in China: A Case Study of Hegang Design Studio

ZHANG Enjia[1], LEI Lian[2], MENG Xiangfeng[1], WU Kang[3], WU Bing[4], JIANG Wen[5], WU Guoqiang[5], CHEN Tingting[6], LANG Wei[6], LI Yun[7], ZHANG Yuanjing[8], LONG Ying[9]
(1. School of Architecture, Tsinghua University, Beijing 100084, China; 2. Urban Planning Society of China, Beijing 100037, China; 3. School of Urban Economics and Public Administration, Capital University of Economics and Business, Beijing 100070, China; 4. School of Architecture, Harbin Institute of Technology, Harbin 150006, China; 5. School of Architecture and Urban Planning, Chongqing University, Chongqing 400045, China; 6. School of Geography and Planning, Sun Yat-Sen University, Guangzhou 510275, China; 7. School of Architecture & Urban Planning, Shenzhen University, Shenzhen 518060, China; 8. Heilongjiang Urban Planning Surveying Design and Research Institute, Harbin 150036, China; 9. School of Architecture and Hang Lung Center for Real Estate, Key Laboratory of Eco Planning & Green Building, Ministry of Education, Tsinghua University, Beijing 100084, China)

作者简介
张恩嘉、孟祥凤，清华大学建筑学院；
雷链，中国城市规划学会；
吴康，首都经济贸易大学城市经济与公共管理学院；
吴冰，哈尔滨工业大学建筑学院；
蒋文、吴国强，重庆大学建筑城规学院；
陈婷婷、郎嵬，中山大学地理科学与规划学院；
李云，深圳大学建筑与城市规划学院；
张远景，黑龙江省城市规划勘测设计研究院；
龙瀛，清华大学建筑学院和恒隆房地产研究中心、生态规划与绿色建筑教育部重点实验室。

摘　要　全球化背景下，城市收缩问题引起全世界广泛的讨论与研究。目前，国外学者对收缩城市已有较为系统的理论研究和实证探讨，而国内研究主要集中在收缩城市识别及客观认知层面，少有针对城市设计应对的探讨。2019年举办的“第一届中国收缩城市规划设计工作坊”，以资源收缩型的鹤岗市为例，探索通过城市设计手段应对城市收缩问题的可能路径，为我国收缩城市“瘦身强体”提供理论和实证基础。文章梳理并总结国外收缩城市应对的空间设计策略，整理并探讨工作坊成果，并将其与国外的实证案例进行对比分析。结果显示，国外经验中“规模缩减、空间维护与愿景构造”等方式值得借鉴。在此基础上，工作坊成果结合中国城市建设特点，提出具有鹤岗市特色的设计思想和方法。文章将其归纳为三个阶段：“瘦身”——规模缩减与“空废”处理；“恢复”——生态织补与社区营造；“强体”——特色挖掘与机遇创造。整体而言，工作坊成果在借鉴国外经验的基础上，关注我国城市特点，对国内资源收缩型城市的设计应对有参考价值。

关键词　人口流失；精明收缩；绿色基础设施；合理精简；城市设计

1　引言

2019年4月8日，国家发展改革委官网发布的《2019年新型城镇化建设重点任务》指出“收缩型中小城市要瘦身强体，转变惯性的增量规划思维，严控增量、盘活存量，

Abstract Shrinking cities, as a consequence of the globalization, have aroused great attention worldwide, which have been systematically and theoretically studied abroad. Although in China, some scholars have identified and understood the phenomenon of urban shrinkage in the context of China, there is little discussion on urban design strategies responding to shrinking cities. In 2019, the "First China Urban Planning and Design Studio for Shrinking Cities" was held in Hegang, a resource-exhausted city, aiming to explore urban design strategies to help solve problems in shrinking cities. Under such a background, this research focuses on the case study of international shrinking cities, and conducts in-depth discussions on this workshop. The result shows that some actions in international cases such as downsizing the construction, space maintenance and strategic versions can be references for China's shrinking cities. Based on these experiences, designs in this workshop fully combine characteristics in China's urban planning and design, and propose some strategies involved with features of Hegang. We summarize these strategies into three stages. The first stage is "losing weight", which means reducing the scale of city and demolishing vacant land-use and empty buildings; the second one is "recovery" with the help of Ecological Restoration and Place Making; the last one is "getting stronger" by fully embracing local characteristics and making new development opportunities. In a word, designs in this workshop, combining foreign experience with characteristics of China's cities, are good references to other resource-exhausted cities in China.

Keywords population loss; smart shrinkage; green infrastructure; right-sizing; urban design

引导人口和公共资源向城区集中"，这是国内政策首次提及"收缩型"城市的说法（中华人民共和国国家发展和改革委员会，2019）。"收缩城市"（shrinking cities）一词，最早由德国学者豪瑟曼（Häußermann）和西贝尔（Siebel）于 1988 年提出，用来指代受去工业化、郊区化、老龄化以及政治体制转轨等因素影响而出现的城市人口流失乃至局部地区空心化现象的城市（Häußermann and Siebel，1988）。2011 年，黄鹤（2011）在介绍美国杨斯敦的实践中将其译为"萎缩中的城市"，并首次在中文文献中提出"精明收缩"[①]的概念。2012 年出版的《收缩的城市》（译作）一书中将"shrinking cities"译为"收缩的城市"（奥斯瓦尔特，2012）。此后，国内关于收缩城市的研究逐年增多，尤其我国东北地区日益严峻的收缩情况，近几年逐步引起研究学者的重视（李郇等，2017；刘风豹等，2018）。然而，城市的收缩现象在国内并不是偶然发生或者局部聚集的，而是不可忽视的存在（龙瀛等，2015；吴康，2019）。因此，针对收缩城市的研究具有较强的理论及实践指导意义。

国内外针对收缩城市的研究主要集中在收缩城市的内涵界定（Häußermann and Siebel，1988；Oswalt and Rienie，2006；Wiechmann，2008；龙瀛等，2015；高舒琦，2015；吴康，2019）、识别及类型划分（龙瀛等，2015；Alves et al.，2016；罗小龙，2018；李智、龙瀛，2018；吴康，2019）、原因及机制分析（Martinez-Fernandez et al.，2012；杜志威、李郇，2018；刘风豹等，2018；刘贵文等，2019；张伟等，2019）、影响及问题探讨（Martinez-Fernandez et al.，2012；马佐澎等，2016；龙瀛、吴康，2016；郭源园、李莉，2019）等方面。在收缩城市设计应对方面，国外主要从设计理念及空间设计策略等角度解决城市收缩所带来的一系列环境及社会问题，如土地及房屋空置、景观环境破败、基础设施过剩、城市活力下降、社会治安恶化等（Hospers，2014；Sousa and Pinho，2015）。而国内针对收缩城市设计应对的研究较少。

根据已有研究（李智、龙瀛，2018；孟祥凤等，2019），中国东北地区资源型收缩城市与其他类型的收缩城市相比其收缩幅度较大，且由城市收缩所带来的城市发展问题更加严峻，位于中国东北地区黑龙江省的鹤岗市便是其中之一。鹤岗市作为中国重要煤炭基地之一，是东北重要的资源型城市。然而受煤炭资源枯竭、主导产业衰落等因素的影响，鹤岗市出现了人口流失、城市收缩的现象，导致城市发展问题如环境破败、活力不足等逐步显露。为了缓解城市收缩给鹤岗市带来的发展压力，中国收缩城市研究网络（Shrinking City Research Network of China，SCRNC）联合中国城市规划学会城市规划新技术应用学术委员会，从规划设计的角度举办了“第一届中国收缩城市规划设计工作坊”（以下简称“工作坊”），以鹤岗中心城区为设计对象，旨在为鹤岗市城市收缩问题提供规划设计应对策略，为中国收缩城市的规划设计提供参考。在此背景下，本文在对国外案例进行系统梳理的基础上，结合工作坊的多个作品，探讨中国收缩城市设计应对的思路和方法。

2 国外收缩城市规划设计应对策略

2.1 从增长主义向合理精简主义的价值观转向

目前关于收缩城市应对策略的讨论主要集中在北美和欧洲城市，虽然各类策略的目的都是为了应对城市收缩所带来的各种问题，促进城市发展，但在价值理念和目标导向上有所不同。从各个国家和城市的经验来看，并没有一种针对所有收缩城市均行之有效的普适政策模型，规划设计策略的借鉴必须考虑其特定的地方背景（Bernt et al.，2014）。

早期在传统增长主义目标导向下，针对收缩城市和区域的规划仍然聚焦于“再增长”，其指导下的“反应型”（reaction）收缩应对试图逆转收缩并恢复增长（Sousa and Pinho，2015）。国家和地方政府将城市收缩所呈现出的经济衰退、人口减少看作是一种暂时的波动，希望通过投资或财政政策来改变这种“暂时的”不利情况（Verwest，2011）。以美国为首的大部分工业化国家在制定城市发展目标中，仍旧延续传统的增长主义价值观。典型的收缩城市复兴案例如美国匹兹堡，经过三个阶段的复兴规划，已成功地实现再城市化与城市的可持续发展。但这类基于增长的规划范式并不总是成功的，其结果往往伴随着城市的绅士化现象，甚至更严重的社会分化和贫困现象（Molotch，1976；Wiechmann and Pallagst，2012；李翔等，2015）。

随着学术界和政策制定者对城市收缩研究的深入，越来越多的国家和地方政府开始承认收缩的事实，适应收缩的现象和趋势，试图利用和优化收缩所带来的影响，而非致力于终结收缩（Sousa and Pinho，2015）并在此基础上制定“合理精简”（right-sizing）[②]目标导向下的规划设计策略（Schilling，2008）。城市发展不再以通过投资带来经济增长为前提，不再为更多人口和更大建成区制定发展目标，转而关注城市的存量空间，谋求能保证居民生活质量和城市中心地区活力的可持续发展规划。苏萨和皮尼奥（Sousa and Pinho，2015）提倡将这种应对收缩的规划纳为“发展规划”的一部分，实现城市发展范式的转变，而不仅仅停留于从“增长”变为“收缩”。如德国的马格德堡（Magdeburg），该市将收缩视为城市再发展的契机，采用“少即是多”的现代合理精简主义理念，规划了易北河同居项目（Living Beside and with the Elbe）及联合拆除等项目，城市居住密度和基础设施利用率显著提高（李翔等，2015）。

2.2 基于动力机制的空间利用与改造措施

由于收缩城市所涉及的主体、要素和过程多种多样，面临着政策孤立、经济危机、社会混乱、功能障碍等挑战（Ryan，2019），所以，应对收缩的措施往往包含大量不同政策（Lauf et al.，2012）。与此同时，收缩城市可以为城市设计提供新的空间，低竞争性设施以及增强生活品质等机遇（Ryan，2019），城市设计作为收缩城市空间干预的手段也有了新的机遇。奥斯瓦尔特（Oswalt，2008）提出了适应城市收缩的四个行动领域：拆除（deconstructing）、再利用（revaluating）、再组织（reorganizing）、愿景构建（imagining）来塑造城市空间。本文在此基础上，根据城市规划设计过程中面向的不同类别动力要素，对空间利用与改造策略进行梳理和总结。

2.2.1 面向支撑要素衰减的空置用地与建筑清理处置

城市人口作为城市空间的支撑要素，其密度的适宜性将影响城市的社区发展、公共服务及基础设施的成本。收缩城市中人口密度的急剧下降，往往会导致城市土地和建筑的大量空置，侵蚀社区活力和可持续性，并影响支持社区发展的各类公共服务及基础设施，对景观环境及城市安全带来负面影响。因此，人口支撑要素的衰减是从需求角度推动精简规模的规划设计动力。清理及处置荒置地块和空置建筑是精简规模的重要手段。1974 年，美国费城颁布了“费城绿色计划”（Green Plan Philadelphia）[③]，提倡将荒置的地块改造成为城市开放空间和绿地，改善城市适宜性；2008 年，底特律开始了非营利空置房产整理运动（Detroit Vacant Property Campaign）[④]；美国扬斯敦 2010 规划（Youngstown 2010 Plan）制定之后，全市范围内对城市空间环境进行清理，拆除一些废弃的建筑（黄鹤，2011）；2015 年，日本政府颁布了《空置房屋特别法》（*Special Law on Vacant Houses*），授权政府强制拆除空置房屋[⑤]；2017 年，韩国政府颁布了《重建空置和小型房屋特别法》（*Special Law on Regenerating Vacant and Small-scale Houses*），处理大量存在的空置建筑（Jeon and Kim，2019）。

2.2.2 面向建设成本约束和持续运行需求的低成本空间维护与优化

尽管这些清理后的地块和建筑为城市规划与设计提供了新的机遇，但同时也给规划师、设计者提出新的挑战：如何利用更少的资金来维持已经规模过剩且利用不充分的空间及设施？如果不加以处理，分散的社区、荒废的景象以及污名化的城市形象会导致更严峻的人口流失，加剧日益恶化的衰退循环（Kim，2019；Sousa and Pinho，2015）。那么，应该如何维持城市的持续运行？建设成本的约束和城市持续运行的需求成为低成本空间维护与优化的动力。首先是针对拆除清理后的空置建筑和场地的利用，席林（Schilling，2008）提出了合理精简模型的概念并建议使用绿色基础设施来重建美国收缩的城市。在这个模型中，一些空置的建筑和场地将成为临时的或永久的社区花园、口袋停车场、城市农田和社区森林，将空置和废弃的建筑及场地通过绿色基础设施转化为绿色资产，可以在恢复城市生产力的同时实现城市的可持续发展。例如，罗切斯特城为应对其城市收缩引发的高空置率问题，颁布了“绿色工程：从枯萎到光明”（Green Project: From Blight to Bright），来指导如何将废弃建筑和场地转变为绿化[6]。英国西约克郡托德莫登小镇，通过果蔬种植，发展都市农业，完善产业链，既增加了当地居民的经济收入，又进一步加强了邻里之间的感情交流，犯罪率也大大降低[7]。其次是针对社区及老旧空间的更新，文化艺术的纳入以及公众参与的形式有助于地块和建筑更新的多元化及民主化。位于美国东北部宾夕法尼亚州的布拉多克通过吸引艺术家入驻，实现了荒弃房屋的更新和文化艺术环境的营造[8]。在德国，施特罗迈尔和巴德（Strohmeier and Bader，2004）建议通过短期的、低成本的自助项目来吸引个人参与公共事业，建立社区网络并节省成本。

2.2.3　面向资源枯竭、动力缺失的愿景构建

资源收缩型城市作为收缩城市的重要组成部分，往往因为资源的枯竭而呈现出相似的特征。例如，与鹤岗市相似的矿产资源收缩型城市往往都有着以下特征：矿产衰竭导致矿场关闭，城市规模相对较大，一般为单一产业不可持续，被排除在全球知识流动范围之外等（Martinez-Fernandez et al.，2012）。与此同时，关闭后或即将关闭的矿区都面临着相似的环境问题，需要采取修复措施，也需要很长时间才能使这些景观从物理破坏中完全恢复。资源枯竭型城市所面临的城市内生动力问题更加严峻，因此，矿区开采后的利用是重要的课题。旅游活动是一个主要的利用潜力，以往，采矿遗留物通常被认为是负面的，随着旅游业的新关注，传统的采矿业地区有了新的发展机遇。这种方式已经发展了很长一段时间，包括艺术表演、作品以及一个长期的博物馆等，这些内容特别关注技术遗产。斯洛文尼亚地区有两个区域公园在ERDF赞助的“V Tri Krasne”项目[9]下利用了这两个区域的潜力对旅游业有吸引力的自然景观进行了修建，建立了旅游信息公告牌并资助了旅游纪念品的创作。另外，依托科技企业进行密集型采矿技术创新也是重要的手段，例如澳大利亚的芒特艾萨通过打造服务业中心和新知识经济体来应对收缩问题[10]。与之对应的空间设计及发展方式也在进行相应的调整，例如针对矿区的环境整治及旅游发展，针对城市生活区的紧凑型城市建设等。日本的尤巴里[11]将系统性思维运用到社会生态系统建设中，以防灾和自然保护的思维为基础在收缩中实现可持续性城市（Mabon and Shih，2018）。

整体来看，国外应对收缩城市的空间利用策略对我国有一定的借鉴意义，尤其是清理空置地块及建筑、构建绿色基础设施等。针对矿产资源收缩型城市的案例也为鹤岗市应对城市收缩问题提供了新的视角。然而，我国应对收缩城市的规划设计经验较少，在以往的规划设计的体制下，增长型规划给收缩中的城市带来更多问题，例如追求增强发展的用地规划导致建设过量，资源浪费（杜锐等，2018）。目前我国针对收缩城市的研究主要集中在四个方面：①对国外收缩城市的设计案例研究，主要以一个国家或城市地区作为研究对象（黄鹤，2011；杨东峰、殷成志，2013；张洁、郭城，2016；刘云刚，2016）；②基于城市收缩识别和原因机制分析的规划应对研究（高舒琦、龙瀛，2017；秦小珍、杜志威，2017；赵丹、张京祥，2018），而关于具体设计应对策略的内容较少；③针对一种具体的设计应对措施的研究，如基于绿色基础设施（green infrastructure，GI）的收缩应对研究（周盼等，2017；马爽、龙瀛，2018）和城市住房更新（Bontje，2004；Liebmann and Robischon，2006；Wiechmann，2008）等；④少量的应对国内某个地区或城市收缩问题的设计实证研究，但此类实践尚少且处于探索阶段（何鹤鸣等，2018；杜锐等，2018）。整体来看，前两种研究对国内收缩城市应对的参考意义有限，而后两种研究所适用的地区和城市条件有限，因此，本文旨在结合鹤岗市工作坊成果探讨资源收缩型城市的设计应对策略。

工作坊在国外案例基础上，结合对鹤岗市的实际调研，提出针对鹤岗市的设计策略。本文通过工作坊作品的分析和解读，从更精细的尺度提出应对收缩城市的城市设计手法。

3 鹤岗城市收缩的设计应对：基于工作坊的探索

3.1 城市概况及其收缩应对

鹤岗市是我国东北地区黑龙江省的地级市，总面积 14 684 平方千米，与鸡西、双鸭山、七台河并称黑龙江省的“四大煤城”。由于煤炭储量的不断下降，2011 年鹤岗市被国家确定为第三批 25 座“资源枯竭型”城市之一，《全国资源型城市可持续发展规划》[⑫]中对鹤岗的定位为 67 个衰退型城市之一。随着主导产业的衰落，经济发展不断衰退，城市吸引力降低，发展动力缺失，人口不断外流，鹤岗市市域总人口由 2010 年的 109 万人下降至 2017 年 101 万人，下降幅度为 7.3%。然而受过去增长式规划传统的影响，鹤岗市城市建设用地的规模却在不断扩张，截至 2017 年，鹤岗市中心城区建设用地规模达到 96.37 平方千米，人均建设用地从 2005 年的 104 平方米/人增长到 2017 年的 151 平方米/人，已远超国家上限标准（115 平方米/人）。城市整体形成“人口流失—空间扩张”的错位发展模式，用地集约水平逐步下降。

与其他收缩城市相似的是城市收缩后的环境问题逐渐凸显。一方面，鹤岗市矿山开采导致了大面积的采煤沉陷区。2004 年鹤岗市的采煤沉陷区面积为 37.72 平方千米，至 2017 年已扩大至 109.41 平方千米，采煤沉陷区的裸露荒废给城市用地、生态和景观带来了严重影响，如地裂缝、地面塌陷、有害气体泄漏、开采边坡失稳、土地覆被与地形地貌遭到破坏等。另一方面，人口流失严重，加之城市建成区的不断外延，鹤岗市的建成环境内存在大量城市空地、部分亟须改造的棚户区、废弃房屋及闲置工厂。建设用地土地利用效率低下，建成环境由于空置、废弃等空间品质下降，建筑垃圾、生活垃圾出现堆积现象，环境污染严重（图 1）。

图1 鹤岗市棚户区、空置房屋及废弃工厂

近年来，鹤岗市政府及鹤岗市城市规划设计院开始正视城市的收缩问题，以合理精简与城市环境整治为出发点，采取一系列适应收缩现象和趋势的手段：建设棚户区安置点，将城市荒废地块改为城市公园及公共停车场，对采煤沉陷区进行生态自然修复等（图 2）。近十年来，鹤岗市已经成功将大部分的棚户区改造成城市绿地，使棚户区的面积从 2011 年的 16.85 平方千米下降到 2019 年的 2.35 平方千米。

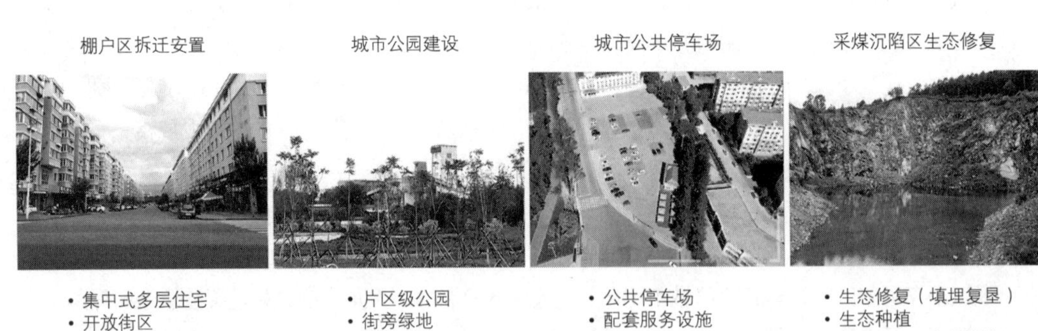

图2 鹤岗市现有的收缩应对措施

3.2 设计应对——工作坊作品分析

尽管鹤岗市开始尝试制定以“合理精简”为目标的规划，但国内针对收缩应对的规划设计经验有限。为有效应对鹤岗市城市收缩过程中产生的多种问题，2019 年 7 月 1～7 日，“第一届中国收缩城市规划设计工作坊”在鹤岗市顺利举办，13 支团队进行了为期一周的现场调研及设计工作⑬。考虑到鹤岗市的城市区位劣势、产业结构单一、支柱产业衰退、人口结构老龄化以及政府资金短缺等问题，短时期内其“再增长”的难度较大，因此，工作坊成果中绝大多数（12/13 组）积极调整设计思路、顺应城市收缩发展轨迹，以“合理精简”为主要目标导向，以期实现鹤岗市的精明收缩。

工作坊鼓励各参赛队伍通过多元数据对鹤岗市现状进行较为客观的分析，数据来源主要为用地现状/规划图、遥感影像图、街景图片、自采集影像、人口热力图数据、兴趣点数据、微博数据、点评数据、统计资料等。大数据与开放数据的加入，为城市规划设计的现状分析提供了新视角，很大程度上弥补了以往数据精度不足、现状资料难以获取的缺陷。分析方法主要包括统计分析、空间分析、人工遥感识别、现场调研分析等。众多分析方法的纳入，提高了现状分析过程中数据处理与结果呈现的准确性和可信度。通过以上数据和分析方法，各参赛队伍为收缩型城市的现状分析及设计场地的选择提供参考。

结合针对国外案例部分的动力机制分析，本文将工作坊的不同设计策略总结为收缩城市设计应对的三个阶段（图 3）：①“瘦身”——规模缩减与“空废”处理，通过对荒废地块、空置建筑、棚户区等的清理，缩减城市发展规模，清理城市破败场景；②“恢复”——生态织补与社区营造，通过绿色基础设施的构建进行环境整治，通过社区营造的方法实现街区活化；③“强体”——特色挖掘与机遇创造，在“瘦身”与“恢复”的基础上，重新挖掘城市特色，创造可能的新机遇，试图刺激城市的“再发展”。接下来本文将结合工作坊部分设计作品阐述上述三阶段的设计策略，为资源收缩型城市提供参考（表 1）。

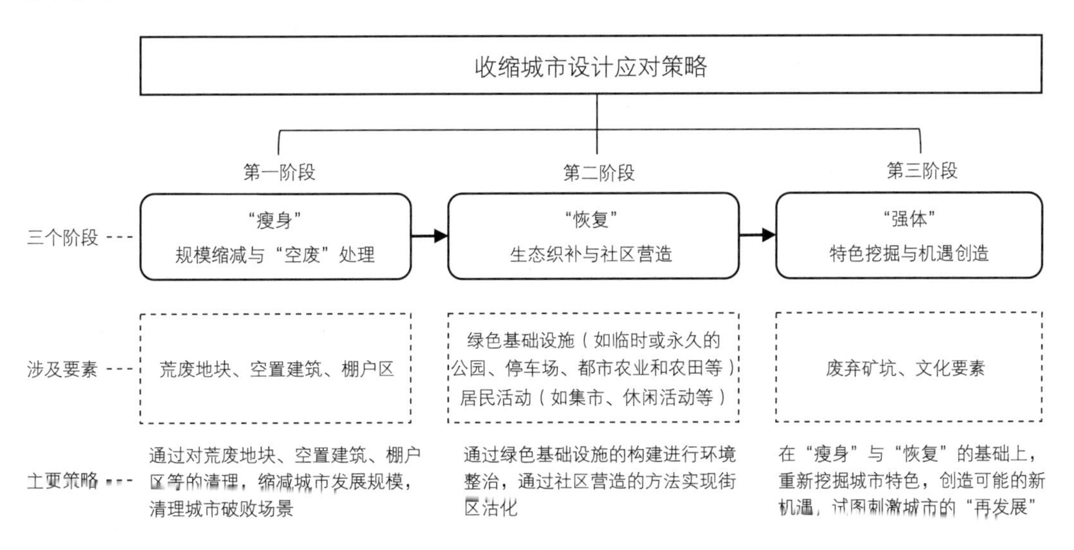

图 3　收缩城市设计应对三阶段

表1 工作坊作品设计策略总结与国际案例对比

收缩城市设计应对阶段	收缩城市设计应对策略	工作坊作品	国际案例对比
“瘦身”——规模缩减与“空废”处理	识别荒废地块，改变土地用途（详见阶段二）	(1)(5)(6)(9)	Y
	识别棚户区，拆除废弃房屋，消除城市密集消极景象（详见阶段二）	(1)(5)(6)(9)	N
	识别废弃老旧厂房及商场，改造再利用	(1)(3)(5)	Y
	识别空置多层建筑，转向公共服务	(1)(9)	N
	修复旧建筑，引入创意经济	(1)	Y
	构建公众参与的廉价空间利用平台	(9)	Y
“恢复”——生态织补与社区营造	生态修复矿坑创面	(1)(5)(10)	Y
	矿坑新能源利用与垃圾处理	(1)	N
	城市边缘区域转为农业用地，与周边农业结合，发展高产经济作物	(1)	N
	构建城市GI网络（口袋公园、停车场、社区绿地、城市公园、都市农业）	(1)(4)(5)(6)(10)	Y
	河道治理、生态修复与休闲打造	(1)(2)(4)(8)(10)	Y
	升级集市空间，打造更好的购物体验与多样服务	(7)	N
	改善居住环境，适应老年群体	(2)(3)	Y
“强体”——特色挖掘与机遇创造	利用矿坑特色，进行旅游开发	(4)(5)(13)	Y
	开展节事活动如电影文化节、马拉松等	(11)(13)	Y
	重塑文化节点，增加城市活动触媒	(11)(13)	Y
	重组现有资源，发展共享养老产业	(2)(3)(12)	N
	发展生态旅游与康养	(4)(12)	Y
	打造都市农业与采摘园	(5)(13)	Y

注：Y为工作坊与国际案例都有，N为工作坊创新思路。

3.2.1 “瘦身”—— 规模缩减与“空废”处理

收缩城市内部的荒废地块、空置建筑和棚户区极大影响城市的风貌及城市居民的安全感、舒适感与归属感。此外，随着人口密度的下降，公共服务的单位成本和交易成本逐渐增加。因此，设计应对的第一步就是清理这些地区，缩小城市的建设范围，提高城市密度，将棚户区安置房集中在现有建成区附近，可以节省大量成本，降低城市边缘区巨大的基础设施花费。

荒废地块、空置建筑和棚户区被清理后将出现大量的空地及建筑，如何利用这些要素，是空废处理的关键。例如作品（1）中，对于鹤岗市的大量空废用地主要根据其区位通过功能置换进行开发利用，如对临近道路、面积较小的空废地块进行透水铺装，改造为停车场地，而靠近活动区、便于到达、面积较小的空废地快则改造为广场，靠近居住区、河流、面积较大的空废地块改造为公园，远离居住区、面积较大且已有农田的空废地块则可通过土地整理改造为农田（图 4），从而进一步缩小城市中心城区范围。对于鹤岗市的大面积棚户区，主要进行棚改拆除。由于将棚户区转化为城市绿地所消耗的成本较低，在人口总量不断下降的鹤岗市，以绿地的形式对棚户区进行改造，不仅避免了新的空置建筑的形成，还改善了鹤岗市的环境质量与城市景观，为城市的后续发展提供用地支撑。对于鹤岗市的大量空置建筑，作品（1）根据其功能划分为商品房、工业厂房以及公共建筑三类，并选取测度指标（人的需求、区位条件、基本属性、空间品质及历史价值）对其进行分类测度，以进一步确定其空间设计的主要策略。例如远离市中心、质量较差、空置率高的空置建筑，建议对其进行拆除留白并以绿色开敞空间的方式进行用地储备；而接近中心、空间质量较好、空置率低或具备较高历史价值的空置建筑，则应根据建筑周围环境与人口需求采取相应的措施（图 5）。

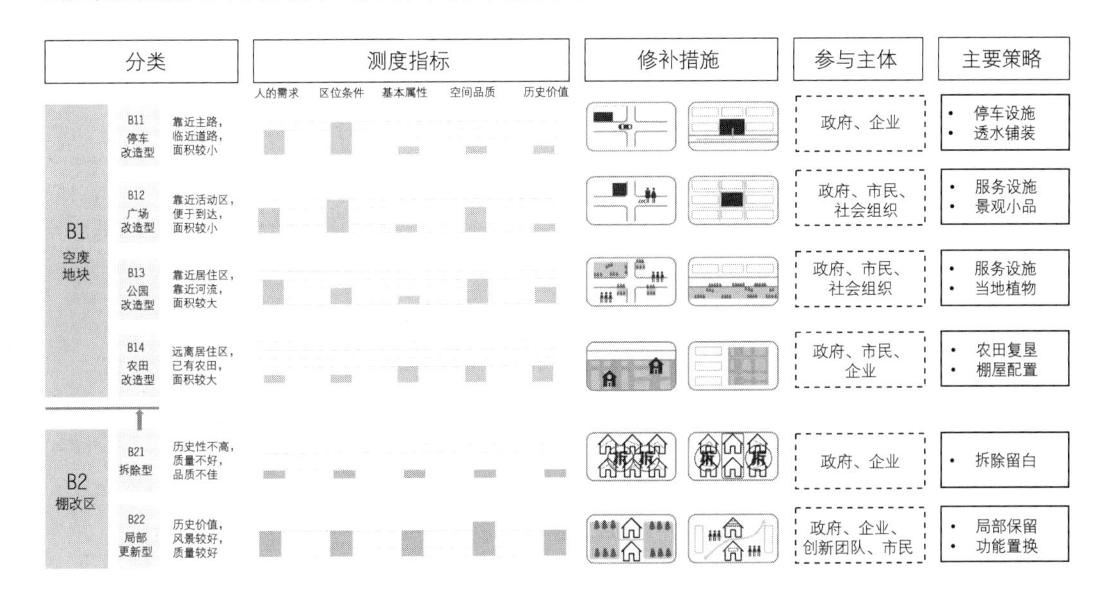

图 4　荒废地块和棚户区的城市修补

资料来源：设计作品（1）。

3.2.2　“恢复”——生态织补与社区营造

（1）生态织补，GI 构建

在对城市荒废用地及棚户区进行有效清理的基础上，部分要素转换为城市绿地还不够，正如金（Kim，2019）所言，地点碎片化对于收缩社区而言会加剧社区的“污名化”，通过各类设施将城市

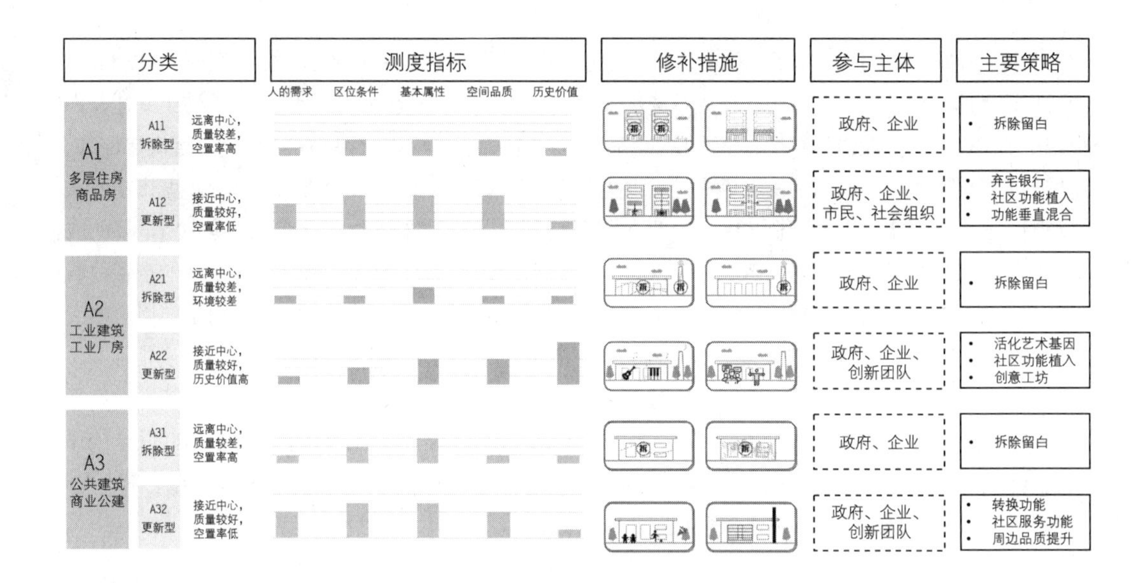

图 5　空置建筑的城市修补

资料来源：设计作品（1）。

连接，便于从整体刺激社会活动和邻里感知。因此，在要素转换过程中需要通过“功能置换、留白增绿”的设计手法构建完善的城市绿色基础设施网络体系。城市 GI 网络体系的构建通过将空置和废弃的建筑以及场地利用绿色基础设施转化为绿色资产，可以在恢复城市生产力的同时实现城市的可持续发展（马爽、龙瀛，2018）。如设计作品（6）中构建的 GI 网络体系依附鹤岗市的带状绿地、公园、废弃用地以及两河十四沟沿城市带状展开，连接北侧老城区和西南侧棚改集中区，将现有分离的公园和开放空间连接成为城市绿色网络，并划分核心区、煤矿区、棚户区、过渡区，根据不同分区确定 GI 空间模式进行节点设计，具体为商业区的开放式口袋公园、居住区的镶嵌式社区绿地系统、棚户区的连续性带状绿地系统、棚改集中区的浸入式放射状绿地系统（图 6）。完整的 GI 网络将城市各个片区串接，既改善城市整体的生态环境，也促进城市尤其是穿孔型收缩城市[14]各碎片区域的融合。

其中，鹤岗市的两河十四沟作为贯穿城市的主要景观元素，是打造连贯公共空间、提升城市景观的重点要素，因此，在构建城市 GI 网络的基础上，需采取相应的空间设计手法解决鹤岗市的河道污染问题。针对河道的治理在多个设计作品中都有所体现，例如作品（3）和（8）首先进行河道生态修复，如图 7 所示，通过水质清理改善河流的水污染情况，并进行驳岸修复，搭建水上平台。具体根据鹤岗市两河十四沟不同的地理属性以及滨水功能和岸线条件，采用缓坡、台阶、分层式等不同的空间形态增加河流的亲水性，同时加入不同的主题功能，提升城市河岸活力。接下来，基于河道的生态修复，利用园林设计或自然处理的手法，结合鹤岗文化，打造具有地方特色的滨水、亲水景观，通过将原有的水道改造为供居民休闲娱乐的滨水带，起到提升区域活力、涵养水体的功能。

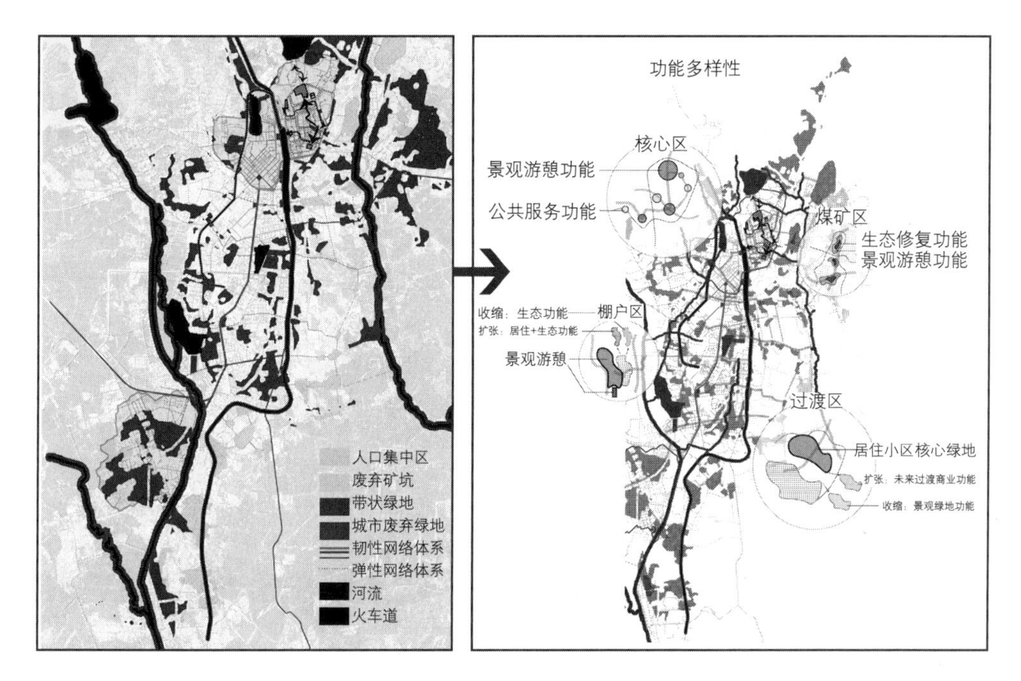

图 6　鹤岗市 GI 网络体系规划设计

资料来源：设计作品（6）。

（2）社区营造，街区活化

由于人口的大量流出，城市内部人口密度的下降也会引发一系列社会问题，例如碎片化地区的社会隔离、社区交往下降、城市活力不足等。因此，收缩城市应更加以人为本，关注既有居民的需求和生活，重视城市的公共活动和社会交往（Kim，2019）。除了常见的公众参与社区建设的方式外，还可通过社区营造的方式，促进本地人的生活热情，实现街区活化。作品（7）关注到鹤岗市一直以来的集市习俗，认为其可以为街区重新注入活力。为了促进鹤岗市不同区位集市供给的合理性，该作品将鹤岗市的集市划分为商业区集市、居住区集市、广场区集市以及公园区集市，并通过对不同类型集市的人群类型、人群集聚时间及人群需求等进行调研分析（图 8），设计调整各集市的供给业态、布置特点以及开市周期，提高鹤岗市人民生活的舒适度，促进街区活化。这种以当地日常生活习惯为触媒事件的设计思路既具有较强的可实施性，又能增强城市的凝聚力。

3.2.3　“强体”—— 特色挖掘与机遇创造

对于资源收缩型城市而言，资源枯竭所引发的内生动力缺失制约着城市的健康发展。尽管有学者提出将收缩城市与增长的郊区或周边其他繁荣地区联系起来就可以让其他繁荣地区为收缩城市提供资源（Rybczynski and Linneman，1999）。但对于处在普遍收缩的东北地区的鹤岗市而言，未来的愿景构建只能依赖于自身的特色挖掘。因此，在通过环境及社会治愈的手段使城市恢复“健康”的基础上，

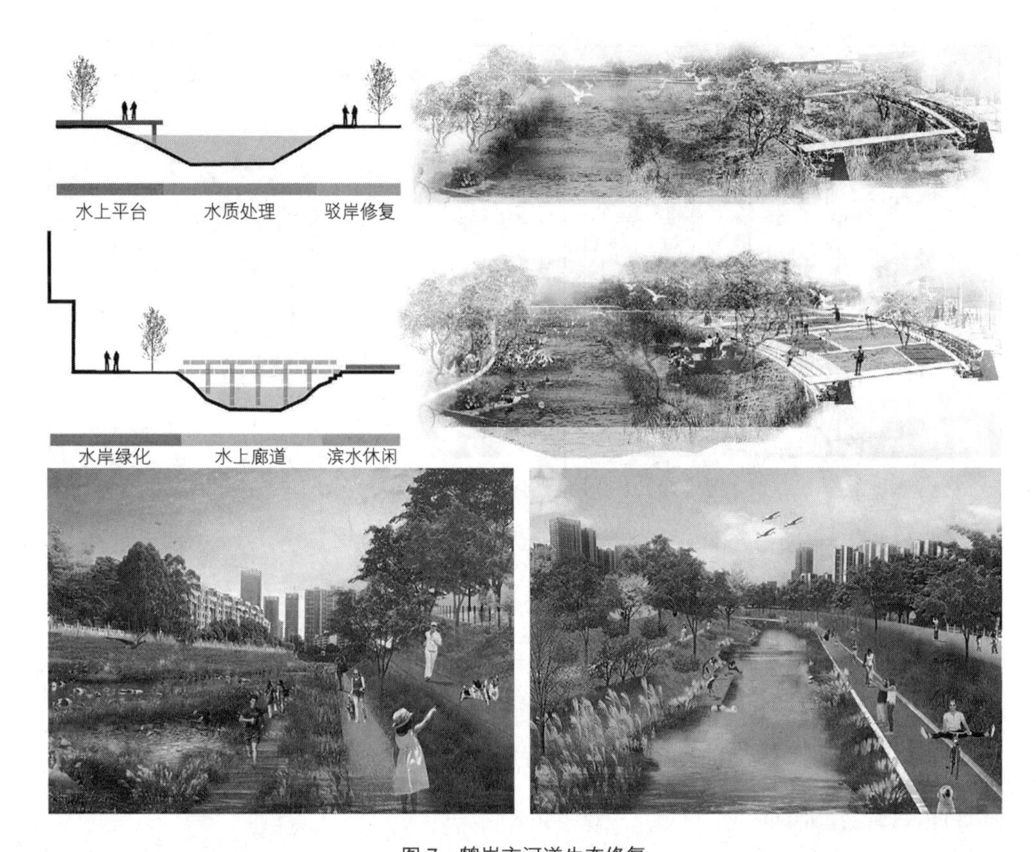

图7 鹤岗市河道生态修复

资料来源：设计作品（3）、（8）。

利用创造性的刺激手段来增加参与主体的方式为城市“再发展”提供契机。例如德国的国际建筑展览（IBA: Internationale Bauausstellung）项目借助这一国际性城市事件的举办，更好地推进城市“营销”，吸引更多的居民和游客，促进当地的经济复苏（李翔等，2015）。工作坊成果中也有一些作品充分利用当地的特色元素如停产矿坑等进行设计，以此激发城市的发展潜力。以煤炭资源为基础发展起来的鹤岗市在城市建成区内分布着大大小小的采煤沉陷区，是鹤岗市的一大特色。对此，作品（1）在生态修复的基础上进行设计改造，针对小型矿坑，采用垃圾、工业固体废物回填的方式，既处理了垃圾，还可在垃圾填埋处理成功后，恢复成平地再次投入使用；对于大型矿坑，综合地势，打造独特的生态景观，如利用矿坑独特的凹陷地势，发展特色旅游业，筹建体育、文化中心等锚定项目，因势利导地培育城市新的增长点。如作品（11）将鹤岗市面积较大的南矿坑改造为矿坑体育中心，包含体育场馆、矿坑展示中心等。除修建矿坑体育中心外，该作品还通过将标志性建筑与风景较好的地块串联的方式，从城市道路选取马拉松跑道，举办城市马拉松，还可借助中俄边境的地理优势，举办黑龙江鹤岗中俄

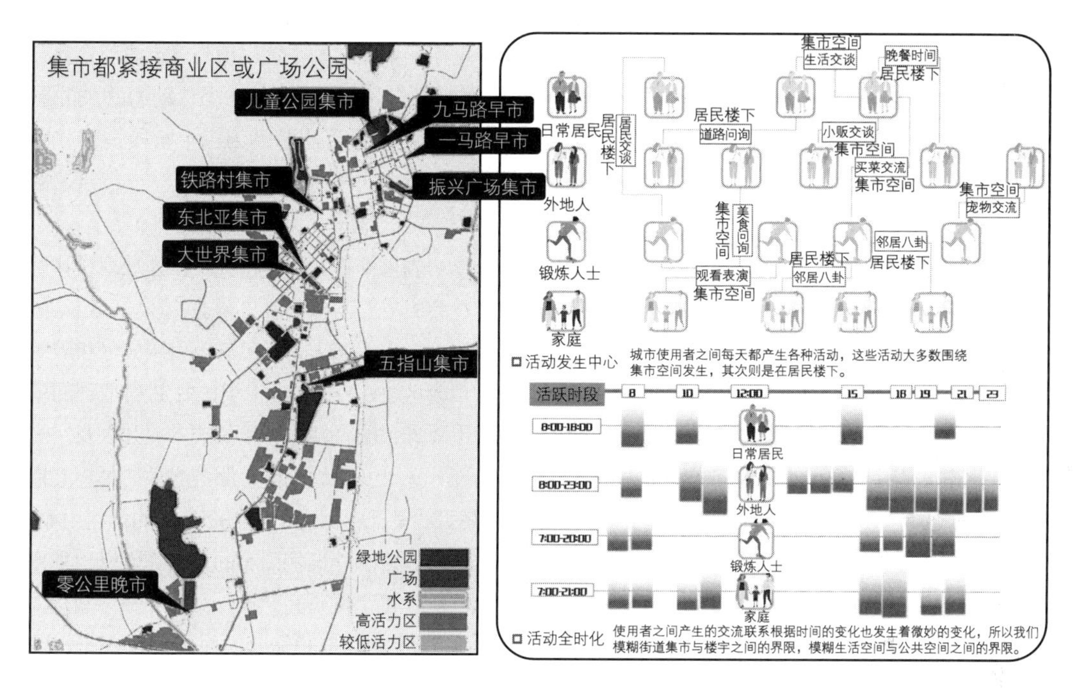

图 8　鹤岗市集市空间分布及调研分析

资料来源：设计作品（7）。

界江旅游节，依托东北电影厂举办电影文化节、电影主题产业园等。将体育赛事与矿坑的历史文化相结合，不仅可以促进和完善城市基础设施建设与更新，树立城市形象，建立区域标志，还可以增加就业，促进经济发展。

4　总结与讨论

随着全球化的发展，收缩城市现象日益严峻。虽然国外发达国家应对城市收缩的成功经验对中国具有借鉴意义，但不同的城市由于其所处的土地政策、设计系统、自然环境、社会经济发展阶段等不同，城市收缩所产生的原因机制与应对手法均有所差异。我国的规划设计在传统语境下仍然是以增长为导向的，面对不可忽视的中国收缩城市，业界尚缺少成熟且行之有效的实践探索。因此，本文通过系统性梳理国外应对收缩城市的案例，总结“第一届中国收缩城市规划设计工作坊”成果，以期探讨应对中国收缩城市问题的解决之策。

从国外案例的梳理研究中可以发现，传统的“增长主义”城市复兴策略可能会加剧城市的收缩问题，而基于“合理精简”的收缩策略逐渐受到政府、企业及规划师的重视。本文根据措施的根本动力及空间应对的关联，将国外案例总结为三个过程：①面向支撑要素衰减的空置用地与建筑清理处置；②面向建设成本约束和持续运行需求的低成本空间维护与优化；③面向资源枯竭、动力缺失的愿景构建。在此基础上，结合工作坊的成果特征，将工作坊中的设计手法归纳为三个阶段：①“瘦身”——规模缩减与“空废”处理；②“恢复”——生态织补与社区营造；③“强体”——特色挖掘与机遇创造。

我们可以发现，从设计出发点角度，鹤岗市政府及工作坊成果都将“合理精简”作为规划设计目标，扭转了传统的增长范式，满足本地居民对基础设施和社会服务的需求，解决紧迫的环境问题。从设计具体阶段和措施角度，工作坊的设计与国外案例的相似之处在于：①为避免城市空间失序和破败景象对个人及社会产生的消极影响，设计中都考虑到在对荒废地块、空置建筑、棚户区进行清理的基础上，实现绿色基础设施网络的构建；②为缓解人口密度下降导致的公共服务单位成本提升以及空间的碎片化引发的社区凝聚力下降等问题，设计都试图转换部分建筑及用地功能，服务当地居民，支持公共活动；③为提升城市的内生发展动力，充分利用现有资源，设计中都提出对矿产资源的再利用等。

但工作坊成果结合中国城市规划设计特点和鹤岗城市特征，较国外案例而言的创新在于以下几方面。其一，在“瘦身”阶段，工作坊成果利用新兴数据和方法，将定量研究与设计结合，充分利用人群活动数据，识别判断设计区域特征及要素，使城市设计具有全局性，避免微观层面设计的“破碎化”及设计“错位”。具体设计中，工作坊成果结合鹤岗市农业综合生产能力提升的条件[15]，将城市边缘区域的荒废地块、棚户区转为农田或都市农田，既发展优质高效作物生产，又缩小城市建设用地边界，减少边缘地区基础设施的浪费。其二，在“恢复”阶段，工作坊成果将国内“城市双修”的手法运用到绿色基础设施网络的建设中，强调对采煤沉陷区的生态修复以及对废弃地块、棚户区、建筑等城市环境及功能的修补。其中，工作坊的多个成果强调对鹤岗市多层空置（或低效）建筑、棚户区的利用，并充分利用国家“棚改”[16]的政策机会及资金支持，改善城市环境及居民生活品质，这是中国城市建筑形态及政策语境下的应对策略讨论。此外，工作坊成果充分考虑鹤岗市本地人群交往行为特征，通过集市的方式进行社区活化，具有较强的可实施性。其三，在“强体”阶段，工作坊成果重视对鹤岗市的文化及特色挖掘，所建设项目不仅是面向未来的旅游开发，还是服务当地的文化连接与活动塑造。整体而言，工作坊成果在借鉴国外发达国家的成功经验基础上提出的应对鹤岗收缩问题的设计策略，对中国资源收缩型城市有更多的借鉴意义。

然而，本文还存在以下局限性：首先，工作坊的成果由于时间受限还需要更多、更深入的调研、设计及实践应用检验；其次，工作坊关注鹤岗市的设计应对手法，尽管部分手法对中国其他城市有一定的借鉴意义，但仍然需要更多针对国内其他类型收缩城市的规划实践和探索，便于国内收缩城市设计应对的横向比较，从而形成较系统全面的设计应对策略；再次，尽管工作坊在分析方面利用了一些新兴数据，但在设计层面仍然以传统方法为主，在未来的实践探索中，充分利用先进技术，以更加智慧的方式解决城市发展难题的设计手法也应纳入考虑；最后，本文仅从城市设计的角度探讨收缩城市应对策略，然而城市设计这样的空间干预手段如何与中宏观的经济产业政策联动还有待更多的研究和探讨。

致谢

感谢中国收缩城市研究网络、黑龙江省城市规划勘测设计研究院、中国城市规划学会城市规划新技术应用学术委员会、鹤岗市城市规划设计院、鹤岗市人民政府以及黑龙江省城市规划协（学）会对“第一届中国收缩城市规划设计工作坊”的支持。感谢重庆大学、哈尔滨工业大学、东北林业大学、大连理工大学、深圳大学、广州大学、内蒙古工业大学、黑龙江科技大学等在内多所高校的指导老师和同学们积极参与工作坊。此外，感谢湖南大学建筑学院周恺老师对本文的宝贵建议。

注释

① 2002 年，罗格斯大学的弗兰克·波普尔（Frank Popper）教授和其夫人首先提出了精明收缩（smart decline）的概念，并将其定义为：“为更少的规划——更少的人、更少的建筑、更少的土地利用”。

② 合理精简，指通过某种方式将城市缩小为合适的规模，其手段包括绿色基础设施规划、土地银行、强调规划的弹性以及协作式规划等。

③ https://www.wrtdesign.com/work/greenplan-philadelphia.

④ https://vacantpropertyresearch.com/2011/06/07/detroit-vacant-property-campaign/.

⑤ https://www.citylab.com/equity/2015/12/what-the-us-needs-to-know-about-japans-vacant-property-crisis/422349/.

⑥ http://www.citymayors.com/development/us-rightsizing-cities.html.

⑦ https://www.ryerson.ca/carrotcity/board_pages/city/IET.html.

⑧ https://www.brooklynstreetart.com/2010/05/26/braddock-street-art-a-town-ready-for-renaissance/.

⑨ https://www.trbovlje.si/vsebina/v%203%20krasne/20.

⑩ https://www.tripadvisor.com.au/Tourism-g255339-Mount_Isa_Queensland-Vacations.html.

⑪ https://www.tripadvisor.cn/Tourism-g1122379-Yubari_Hokkaido-Vacations.html?fid=e26e3bcc-d660-4ff5-abda-c45bb72a8214.

⑫ http://www.gov.cn/zwgk/2013-12/03/content_2540070.htm.

⑬ 针对“第一届中国收缩城市规划设计工作坊”设计成果的梳理，详见“北京城市实验室”网站的“收缩城市”频道（https://www.beijingcitylab.com/projects-1/15-shrinking-cities/annual-conferences/）。

⑭ 穿孔型收缩城市用以描述以欧洲城市为代表的人口收缩发生在城市的各个地区，空置、遗弃的建筑与其他正在使用的建筑高度混合，城市的肌理不再连续的收缩城市。

⑮ http://www.hlj.gov.cn/zwfb/system/2017/02/13/010811944.shtml.

⑯ 2018 年 10 月 8 日，国务院总理李克强主持召开国务院常务会议，指出“棚改是重大民生工程，也是发展工程”，部署推进棚户区改造工作，进一步改善住房困难群众居住条件。

参考文献

[1] ALVES D, BARREIRA A P, GUIMARÃES M H, et al. Historical trajectories of currently shrinking portuguese cities: a typology of urban shrinkage[J]. Cities, 2016, 52: 20-29.

[2] BERNT M, HAASE A, GROßMANN K, et al. How does(n't) urban shrinkage get onto the agenda? experiences

from Leipzig, Liverpool, Genoa and Bytom[J]. International Journal of Urban and Regional Research, 2014, 38(5): 1749-1766.

[3] BONTJE M. Facing the challenge of shrinking cities in East Germany: the case of Leipzig[J]. GeoJournal, 2004, 61(1): 13-21.

[4] HAÜßERMANN H, SIEBEL W. Die schrumpfende stadt und die stadtsoziologie[M]. VS Verlag für Sozialwissenschaften: Wiesbaden, Germany, 1988: 78-94.

[5] HOSPERS G J. Policy responses to urban shrinkage: from growth thinking to civic engagement[J]. European Planning Studies, 2014, 22(7): 1507-1523.

[6] JEON Y, KIM S. Housing abandonment in shrinking cities of East Asia: case study in Incheon, South Korea[J]. Urban Studies, 2019. DOI: 10.1177/0042098019852024.

[7] KIM S. Design strategies to respond to the challenges of shrinking city[J]. Journal of Urban Design, 2019, 24(1): 49-64.

[8] LAUF S, HAASE D, Seppelt R, et al. Simulating demography and housing demand in an urban region under scenarios of growth and shrinkage[J]. Environment and Planning B: Planning & Design, 2012, 39(2): 229-246.

[9] LIEBMANN H, ROBISCHON T. Regeneration of shrinking cities – the case of East Germany[C]// International symposium "Coping with city shrinkage and demographic change-lessons from around the globe", Dresden, 2006.

[10] MABON L, SHIH W. Management of sustainability transitions through planning in shrinking resource city contexts: an evaluation of Yubari city, Japan[J]. Journal of Environmental Policy & Planning, 2018, 20(4): 482-498. DOI: 10.1080/1523908X.2018.1443004.

[11] MARTINEZ – FERNANDEZ C, WU C, SCHATZ L K, et al. The shrinking mining city: urban dynamics and contested territory[J]. International Journal of Urban and Regional Research, 2012, 36(2): 245-260.

[12] MOLOTCH H. The city as a growth machine: toward a political economy of place[J]. The American Journal of Sociology, 1976, 82(2): 309-332.

[13] OSWALT P, RIENIE T. Atlas of shrinking cities[M]. Barlin: Hatje Cantz, 2006.

[14] OSWALT P. Shrinking cities[M] // OSWALT P. Shrinking cities complete works 3: Japan. Ostfildern: Hatje Cantz, 2008: 3-17.

[15] RYAN B D. Shrinking cities, shrinking world: urban design for an emerging era of global population decline. Chapter in the new companion to urban design[M]. London: Routledge, 2019.

[16] RYBCZYNSKI W, LINNEMAN P D. How to save our shrinking cities[J]. Public Interest, 1999, 135: 30-44.

[17] SCHILLING J. Buffalo as the Nation's first living laboratory for reclaiming vacant properties[M]. Washington, D. C. : The Brookings Institution, 2008.

[18] SOUSA S, PINPO P. Planning for shrinkage: paradox or paradigm[J]. European Planning Studies, 2015, 23(1): 12-32.

[19] STROHMEIER L P, BADER S. Demographic decline, segregation, and social urban renewal in old industrial metropolitan areas[J]. German Journal of Urban Studies, 2004, 44(1): 1-14.

[20] VERWEST F. Demographic decline and local government strategies: a study of policy change in the

Netherlands[D]. Radboud Universiteit Nijmegen, 2011.

[21] WIECHMANN T. Errors expected – aligning urban strategy with demographic uncertainty in shrinking cities[J]. International Planning Studies, 2008, 13(4): 431-446.

[22] WIECHMANN T, PALLAGST K M. Urban shrinkage in germany and the USA: a comparison of transformation patterns and local strategies[J]. International Journal of Urban and Regional Research, 2012, 36(2): 261-280.

[23] 奥斯瓦尔特. 收缩的城市[M]. 胡恒，史永高，诸葛净，译. 上海：同济大学出版社, 2012.

[24] 杜锐，武敏，张懿，等. 黑龙江省穆棱市“收缩城市”特征及规划应对策略[J]. 规划师, 2018, 34(6): 118-122.

[25] 杜志威，李郇. 基于人口变化的东莞城镇增长与收缩特征和机制研究[J]. 地理科学, 2018, 38(11): 1837-1846.

[26] 高舒琦. 收缩城市研究综述[J]. 城市规划学刊, 2015(3): 44-49.

[27] 高舒琦，龙瀛. 东北地区收缩城市的识别分析及规划应对[J]. 规划师, 2017, 33(1): 26-32.

[28] 郭源园，李莉. 中国收缩城市及其发展的负外部性[J]. 地理科学, 2019, 39(1): 52-60.

[29] 何鹤鸣，张京祥，耿磊. 调整型“穿孔”：开发区转型中的局部收缩——基于常州高新区黄河路两侧地区的实证[J]. 城市规划, 2018, 42(5): 47-55.

[30] 黄鹤. 精明收缩：应对城市衰退的规划策略及其在美国的实践[J]. 城市与区域规划研究, 2011, 4(3): 157-168.

[31] 李翔，陈可石，郭新. 增长主义价值观转变背景下的收缩城市复兴策略比较——以美国与德国为例[J]. 国际城市规划, 2015, 30(2): 81-86.

[32] 李郇，吴康，龙瀛，等. 局部收缩：后增长时代下的城市可持续发展争鸣[J]. 地理研究，2017，36(10): 1997-2016.

[33] 李智，龙瀛. 基于动态街景图片识别的收缩城市街道空间品质变化分析——以齐齐哈尔为例[J]. 城市建筑, 2018(6): 21-25.

[34] 刘风豹，朱喜钢，陈蛟，等. 城市收缩多维度、多尺度量化识别及成因研究——以转型期中国东北地区为例[J]. 现代城市研究, 2018(7): 37-46.

[35] 刘贵文，谢芳芸，洪竞科，等. 基于人口经济数据分析我国城市收缩现状[J]. 经济地理, 2019, 39(7): 50-57.

[36] 刘云刚. 面向人口减少时代的城市规划：日本的经验和借鉴[J]. 现代城市研究, 2016(2): 8-10.

[37] 龙瀛，吴康. 中国城市化的几个现实问题：空间扩张、人口收缩、低密度人类活动与城市范围界定[J]. 城市规划学刊, 2016(2): 72-77.

[38] 龙瀛，吴康，王江浩. 中国收缩城市及其研究框架[J]. 现代城市研究, 2015(9): 14-19.

[39] 罗小龙. 城市收缩的机制与类型[J]. 城市规划, 2018, 42(3): 107-108.

[40] 马爽，龙瀛. 基于绿色基础设施的中国收缩城市正确规模模型[J]. 西部人居环境学刊, 2018, 33(3): 1-8.

[41] 马佐澎，李诚固，张婧，等. 发达国家城市收缩现象及其对中国的启示[J]. 人文地理, 2016, 31(2): 13-17.

[42] 孟祥凤，王冬艳，李红. 老工业城市收缩与城市紧凑相关性研究——以吉林四平市为例[J]. 经济地理，2019，39(4): 67-74.

[43] 秦小珍，杜志威. 金融危机背景下农村城镇化地区收缩及规划应对——以东莞市长安镇上沙村为例[J]. 规划师，2017, 33(1): 33-38.

[44] 吴康. 城市收缩的认知误区与空间规划响应[J]. 北京规划建设, 2019(3): 4-11.

[45] 杨东峰，殷成志. 如何拯救收缩的城市：英国老工业城市转型经验及启示[J]. 国际城市规划，2013，28(6): 50-56.

[46] 杨晓娟，肖宁，赵柏伊．收缩语境下资源型城市县域空间规划策略与实践——以陕西省略阳县为例[J]．规划师，2019, 35(16): 82-88.
[47] 张洁，郭城．德国针对收缩城市的研究及策略：以莱比锡为例[J]．现代城市研究，2016(2): 11-16.
[48] 张伟，单芬芬，郑财贵，等．我国城市收缩的多维度识别及其驱动机制分析[J]．城市发展研究，2019，26(3): 32-40.
[49] 赵丹，张京祥．竞争型收缩城市：现象、机制及对策——以江苏省射阳县为例[J]．城市问题，2018(3): 12-18.
[50] 中华人民共和国国家发展和改革委员会．2019 年新型城镇化建设重点任务[EB/OL]．[2019-04-08/2020-01-19] http://www.gov. cn/xinwen/2019-04/08/content_5380457. htm.
[51] 周盼，吴佳雨，吴雪飞．基于绿色基础设施建设的收缩城市更新策略研究[J]．国际城市规划，2017，32(1): 91-98.

[欢迎引用]
张恩嘉，雷链，孟祥凤，等．中国收缩城市的设计应对策略探索：以鹤岗工作坊为例[J]．城市与区域规划研究，2021, 13(1): 168-186.
ZHANG E J, LEI L, MENG X F, et al. Urban design strategies for shrinking cities in China: a case study of Hegang design studio[J]. Journal of Urban and Regional Planning, 2021, 13(1): 168-186.

新冠肺炎疫情对城市的影响及对城市规划、设计和管理的主要教训①

阿尤布·谢里夫　阿米尔·雷扎·卡瓦里安-格姆西尔
王广义　周云冉 译

摘　要　新冠肺炎疫情暴发以来，科学界一直在努力阐明各种问题，如病毒传播的驱动机制、其对环境和社会经济的影响以及必要的恢复、适应计划和政策。鉴于城市人口和经济活动的高度集中，它们往往是新冠肺炎疫情感染的重点地区。因此，许多研究人员正在努力探索城市地区的疫情动态，以便了解新冠肺炎疫情对城市的影响。文章试图通过回顾首个病例确诊后 8 个月内发表的文献，对新冠肺炎疫情与城市相关的研究进行综述。其主要目的是了解新冠肺炎疫情对城市的影响并强调为后新冠时代的城市规划和设计提供可吸取的主要教训。结果表明，从主题词的关注程度来看，早期关于新冠肺炎疫情对城市影响的研究主要涉及四个主题，即环境质量、社会经济影响、管理和治理以及交通和城市设计。虽然这表明研究议程的多样化，但第一个主题因涵盖空气质量、气象参数和水质相关的问题而占主导地位，其他主题仍相对缺乏探索。封锁期间城市空气和水质的改善突出了人为活动对环境的重大影响，并为未来环境友好型城市的发展提供借鉴。文章还提供了其他有关社会经济因素、城市管理和治理、交通和城市设计等方面的建议，可用于后新冠时代的城市规划和设计。总体而言，现有知识表明：新冠肺炎疫情危机为规划者和决策者提供了极好的机会来采取变革性措施，创建更公正、更有韧性和更可持续的城市。

关键词　新冠肺炎疫情；智慧城市；环境因素；空气质量；城市规划；大流行病

The COVID-19 Pandemic: Impacts on Cities and Major Lessons for Urban Planning, Design, and Management

Ayyoob SHARIFI[1], Amir Reza KHAVARIAN-GARMSIR[2]
(1. Hiroshima University, Graduate School of Humanities and Social Sciences, Japan; 2. Department of Geography and Urban Planning, Faculty of Geographical Sciences and Planning, University of Isfahan, Isfahan, Iran)
Translated by WANG Guangyi, ZHOU Yunran
(College of Marxism, Jilin University, Changchun 130012, China)

Abstract　Since the early days of the COVID-19 crisis the scientific community has constantly been striving to shed light on various issues such as the mechanisms driving the spread of the virus, its environmental and socio-economic impacts, and necessary recovery and adaptation plans and policies. Given the high concentration of population and economic activities in cities, they are often hotspots of COVID-19 infections. Accordingly, many researchers are struggling to explore the dynamics of the pandemic in urban areas to understand impacts of COVID-19 on cities. In this study we seek to provide an overview of COVID-19 research related to cities by reviewing literature published during the first eight months after the first confirmed cases were

作者简介
阿尤布·谢里夫，日本广岛大学人文社会科学研究生院；
阿米尔·雷扎·卡瓦里安－格姆西尔，伊朗伊斯法罕大学地理与城市规划系。
王广义、周云冉，吉林大学马克思主义学院。

reported. The main aims are to understand impacts of the pandemic on cities and to highlight major lessons that can be learned for post-COVID urban planning and design. Results show that, in terms of thematic focus, early research on the impacts of COVID-19 on cities is mainly related to four major themes, namely, ①environmental quality, ②socioeconomic impacts, ③management and governance, and ④ transportation and urban design. While this indicates a diverse research agenda, the first theme that covers issues related to air quality, meteorological parameters, and water quality is dominant, and the others are still relatively underexplored. Improvements in air and water quality in cities during lockdown periods highlight the significant environmental impacts of anthropogenic activities and provide a wake-up call to adopt environmentally friendly development pathways. The paper also provides other recommendations related to the socio-economic factors, urban management and governance, and transportation and urban design that can be used for post-COVID urban planning and design. Overall, existing knowledge shows that the COVID-19 crisis entails an excellent opportunity for planners and policy makers to take transformative actions towards creating cities that are more just, resilient, and sustainable.
Keywords COVID-19; smart cities; environmental factors; air quality; urban planning pandemics

1 介绍

城市是世界上大多数人口的家园，也是经济增长和创新的中心。然而，城市人口和活动的高度集中使城市容易受到各种压力，如自然灾害和人为灾害。认识到这一点，在过去的几十年里，针对各种灾害对城市的影响以及应对这些灾害需要采取的必要规划、恢复和适应措施的大量研究被发表（Sharifi，2020）。尽管在人类历史上这不是第一次大流行病影响城市，但有关城市和大流行病的文献早在新冠肺炎疫情出现之前就已经存在（Matthew and McDonald，2006）。以往与大流行病有关的城市研究主要侧重于不平等等问题，这些问题使贫穷和边缘化群体更容易受到大流行病的影响（Wade，2020）。最近的大流行病突出了城市容易受影响的问题，重新引发人们对这一问题的兴趣。由于气候变化和人类对自然野生动物栖息地的侵占等各种因素可能会增加未来大流行病的发生频率，因此，需要更好地了解大流行病的基本模式和动态、对城市的影响以及必要的准备、应对和适应措施（Connolly et al.，2020）。在这方面，最近的大流行病提供了一个前所未有的机会，让人们了解城市会如何遭受大流行病的影响，以及需要采取何种行动来尽量减少影响和增强城市大流行病的复原力。

2019年年底以来，伴随世界许多国家持续与新冠肺炎疫情作斗争，研究人员也在不断努力了解这一大流行病的潜在模式并进一步阐明其未解之谜。过去几个月里发表的大量科学论文证明了这一点。事实上，截至2020年9月10日，在Scopus中搜索“新冠肺炎疫情”一词会返回43 071篇文章，预计这一趋势将在未来几个月持续下去。

正如预期的那样，本文的很大一部分集中在与疾病诊断和治疗相关的医学问题上（Harapan et al.，2020）。但自大流行病暴发以来，其对城市的影响以及应对方式也受到极大关注。事实上，这场大流行病已经促使关于城市在大流行病和传染病面前潜在脆弱性的旧辩论成为焦点

（Matthew and McDonald，2006）。因此，在过去的几个月中，大量有关新冠肺炎疫情和城市相关问题的研究成果发表，这需要文献综述来突出现有的知识和差距。尽管如此，这样的审查仍然不存在。在此背景下，本文的主要目的是了解大流行病对城市的影响并总结可供后新冠时代城市规划借鉴的主要经验教训。为此，我们回顾了有关这一主题的早期文献。这一大流行病所暴露的问题以及为应对这些问题所提出的建议，可以促使城市规划者和决策者了解所需采取的措施，以发展更能抵御大流行病的城市。

2 材料和方法

2.1 文献选择

本文的研究对象是 Scopus 收录的相关论文。Scopus 是一个广泛使用的科学文献数据库，另一个常用的数据库是 Web of Science，然而 Scopus 被用于更广泛的报道。此外，搜索字符串被有意设计得广泛，以提供对城市及其规划、设计和管理各种研究的合理覆盖范围。搜索字符串如下：

TITLE-ABS-KEY:((“covid*”或“coronavirus”)和(“urban”或“cities”或“urban planning”或“urban design”或“urban studies”或“city”))

2020 年 6 月 17 日，在 Scopus 进行的初步搜索返回了 1 190 篇文章。经过简单的筛选，可以发现，许多文章都与城市的规划、设计和管理无关。这些文章主要在摘要中包含“城市”一词，指的是开展了医学实验等学科研究的城市等。因此，本文利用 Scopus 的过滤功能，将与城市规划、设计、管理（包括环境管理）无关的论文排除在外，故而，偏向于药学、护理学、医学和心理学等学科论文被排除在外。在这一阶段结束时，数据库中仍有 167 篇文章。在检查了这些文章的摘要以确保其相关性后，又排除了 27 篇文章。在检查摘要的同时，还根据主题重点将论文分成不同的类别。在这一阶段结束时，通过合并相似的主题（如与不同类型污染相关的类别被合并到“空气质量”类别），对分类进行改进。最终的主题分类如表 1 所示。值得注意的是，在此过程中还启用了 Scopus 的通知功能，以接收每周出版物的更新情况，并在必要时将新发表的论文添加到数据库中。使用此选项，数据库中又增加了 7 篇论文。

表 1　文献讨论的主题领域

主题分类		数量（篇）	占比（%）
环境质量	封锁对空气治理的影响	36	24
	环境因素的影响及气象条件	19	13
	城市水循环的影响	8	5

续表

主题分类		数量（篇）	占比（%）
社会经济影响	社会影响和社会因素的改善、响应及适应	18	12
	经济影响	9	6
管理和治理	治理机制	12	8
	智慧城市、智能解决方案及其对应对和恢复的贡献	14	10
交通和城市设计	城市流动及交通相关的问题	15	10
	城市设计问题	8	5
首要的问题		8	5

2.2 文献分析步骤

对所选论文进行了详细的审查，以便为下一节的分析提取必要信息。具体来说，为了分析所选论文的内容，通过设计一个 excel 表格，将所选论文列在表中，用于收集各种项目和问题的相关数据，包括地理重点、部门重点、社会经济和环境因素、影响和关键的经验教训。审查分三步进行：首先，每位合著者审查一些论文和收集必要的数据（步骤 1）；此后，第一作者检查所收集的数据，根据共性将文章分为几个主题和编码数据（步骤 2）；在最后阶段，作者再次检查被审查的文章，以确保收集和编码数据的准确性（步骤 3），随后将这些数据用于撰写评论。

3 结果与讨论

在讨论审查结果之前，这里简要概述了主题类别。如表 1 所示，关于新冠肺炎疫情和城市的研究可分为四个主题，即环境质量、社会经济的影响、管理和治理以及交通和城市设计。但这些主题并未得到同等的关注，现有知识主要涉及环境质量主题，包括空气质量影响、影响病毒在空中传播的环境因素以及对城市水循环的影响等子主题。关于这些主题占主导地位的一些可能性解释，将在本文的剩余部分提供。这些主题的主导地位也可从 VOSviewer 的术语（关键字）共现分析结果中观察到，VOSviewer 是一个用于科学文本挖掘和文献计量分析的软件工具。显而易见，空气质量和环境因素占主导地位，但还有其他关键术语，如智慧城市和密度属于其他主题。考虑到社会和经济影响之间的密切联系，本次审查以“社会经济影响”为主题来阐明这些影响。同样，其他两个主题也由密切相关的子主题组成。智慧城市被认为有助于城市的管理和治理，以此构成题为“管理和治理”的第三大主题。最后一个主题涉及交通和城市设计。

3.1 环境质量

3.1.1 空气质量

为应对这一大流行病，世界上许多国家实施了部分和全面封锁，而这些封锁将为检验重大交通政策干预和生产模式改革如何促进城市空气质量的改善，提供一个前所未有的机会（Kerimray et al.，2020）。所回顾的文献报道出至少有 20 个国家和地区的城市的相关数据，且大多数研究集中在中国城市。通过对封锁期间与封锁前或前几年同期的浓度水平的比较，探讨了封锁措施对 PM2.5、PM10、CO、NO_2、SO_2、O_3 等污染物的影响。

结果表明，在大多数情况下，出行限制明显减少了与交通部门直接相关的 NO_2 和 CO 污染物（Baldasano，2020；Dantas et al.，2020；Saadat et al.，2020）。例如，2020 年 3 月，马德里和巴塞罗那市每小时的 NO_2 浓度观测结果表明，与 2019 年的数据相比，这两个城市的 NO_2 浓度平均分别下降了 62%和 50%，但孟菲斯和纽约等美国城市却没有显示这样的数据（Jia et al.，2020；Zangari et al.，2020）。这可能说明这些城市的交通排放对空气污染的贡献较小（Jia et al.，2020）。相比之下，巴西、中国、印度和南亚城市的空气质量显著下降，表明交通部门的绿化可能带来重大的空气质量效益（Dantas et al.，2020；Filonchyk et al.，2020；Sharma et al.，2020；Kanniah et al.，2020）。其他污染物如 PM2.5 和 PM10 的报告结果则更加复杂。总体而言，虽然在中国的一些城市已经观察到显著的减少（Bao and Zhang，2020），但有证据表明 PM 浓度的降低并不那么显著，这是因为在某些情况下，非交通来源，如住宅供暖、食品工业和生物质燃烧，是造成气溶胶浓度的主要因素（Menut et al.，2020；Berman and Ebisu，2020）。例如，在一些西欧城市，由于住宅供暖是 PM 浓度的主要来源，致使 PM 浓度的降低并不显著（Menut et al.，2020）。甚至有证据表明，PM 浓度在封锁期间有所上升。如在中国东北的一些地区，PM 浓度的上升，是由于家庭供暖的增加以及为预防人口中心地区生产活动的中断而导致的周边地区工业活动的增加所引起的（Nichol et al.，2020）。正如巴西和摩洛哥的研究所表明的那样，PM 浓度也可能由于来自邻近工农业地区的颗粒物的远距离输送而升高（Dantas et al.，2020；Otmani et al.，2020）。这表明，减少交通污染的政策措施不足以解决空气质量问题，还应考虑其他部门（Nichol et al.，2020）。例如，有必要在农业焚烧或为工业活动寻找最佳地点方面采取重大行动。

关于 O_3 浓度，在审查的研究中报道为显著上升。这主要是由于 NO_x 浓度水平的显著降低，从而降低了 O_3 的滴定度（Sicard et al.，2020）。然而，有人认为需要进一步的研究来更好地理解潜在的反应机制和其他气象因素的影响（Lian et al.，2020）。因此，决策者应该意识到，旨在减少 NO_2 和 PM 等某些污染物的措施，可能会增加 O_3 等次要污染物并引发其他健康问题。

另一个与空气质量有关的重要问题是，根据早期证据，减少空气污染有助于遏制大流行病的蔓延和提高受感染者的应对能力。事实上，一些研究已经发现，新冠肺炎疫情传播/死亡率与高水平的空气污染之间存在很强的相关性（Xu et al.，2020；Yao et al.，2020；Coccia，2020a）。例如，来自意大利不同地区的研究表明，以空气污染程度较高为特征的北部地区的传播率较高（Cartenì et al.，2020；Conticini et al.，2020）。此外，长期接触污染可通过影响呼吸系统间接增加对新冠肺炎疫情的脆弱性（Berman and Ebisu，2020；Conticini et al.，2020）。因此，无论是在短期还是长期内，改善空气质量都将有助于解决新冠肺炎疫情和其他流行病有关的问题。

总体而言，研究结果表明，根据具体环境条件和污染源，可以通过绿化交通系统和消除重工业污染来取得良好效益（Bao and Zhang，2020）。然而，正如与 O_3 浓度增加有关的证据所表明的那样，这些措施的次级影响也应予以考虑并应在未来进一步研究。此外，还需要深入研究以便更好地理解在已审查的论文中重点被忽视的气象条件的作用，这一点很重要，因为，例如印度的一项模拟研究表明，虽然 PM2.5 水平在最近的封锁期间有所下降，但在不利的气象条件下可能确实会增加（Sharma et al.，2020）。另一个重要发现是，提高空气质量可以降低传播率及提高市民的应对能力，但这尚未得到充分探索，值得持续研究。

3.1.2 环境因素

环境特征可以通过影响病毒在受污染表面的存活和/或空气中的扩散而影响传播动态（Zoran et al.，2020a）。文献中研究了温度、湿度、风速和污染程度等不同环境及气象参数的影响。由于本文的研究重点是城市规模，因此，只讨论与室外环境相关的结果。报告的证据来自中国、意大利、美国、巴西、伊朗、挪威和土耳其等气候条件不同的国家。因此，由于环境的特殊性以及所涉及参数的数量和复杂性，关于环境因素对新冠肺炎疫情影响的报告结果在不同的城市和地区并不一致。

关于温度的影响，曾报道过相互矛盾的结果。来自中国、巴西和意大利的一些研究认为，较低的温度更有利于病毒传播。例如，部分学者利用从约翰·霍普金斯大学系统科学与工程中心（CSSE）数据库中获得的确诊病例数量以及从世界气象组织（WMO）全球电信系统地面监测网获得的气象数据，通过对中国 20 个省/市的研究，发现传播率与温度之间存在负指数关系，在 0℃以下的地区观察到传播率迅速上升（Lin et al.，2020），在对中国省会地区和省会城市的其他研究中也报告了类似结果，即低温下感染率较高（Liu et al.，2020；Shi et al.，2020；Qi et al.，2020）。其中，冠状病毒的病例数据来源于各城市卫生健康委员会，气象数据来源于上海市气象局和生态环境局的信息中心。与此同时，有学者在巴西的亚热带城市，研究了新冠肺炎疫情数据（从卫生部获得）和气象数据（从国家气象局获得）之间的关联性，发现温度每升高 1℃，与每日累计确诊新冠肺炎病例数减少 4.895 1%相关（Prata et al.，2020）。此外，使用地下气象网站获得的温度数据和从 CSSE 获得的全球确诊病例进行的分析表明，大多数病例（约 60%）发生在温度处于 5～15℃的地区（Huang et al.，2020）。而在意大利，根据卫生部和 ilMeteo 获得的数据对不同地区进行研究，结果表明，较温暖地区的传播率较低（Cartenì et al.，2020）。

与这些发现相反，一些研究认为温度与新冠肺炎疫情确诊病例之间没有相关性，或者温度升高甚至可能增加传播率。例如，对具有不同气候条件的伊朗城市的分析（使用卫生和医学教育部及伊朗气象组织的数据）表明，新冠肺炎疫情的传播率对环境温度变化的敏感性较低（Jahangiri et al.，2020）。

此外，来自米兰（基于 https://aqicn.org 的日均污染物数据以及 https://www.worldometers 和 https://www.statista.com/statistics）以及奥斯陆（使用挪威公共卫生研究所数据库的冠状病毒数据和挪威气象研究所的气象数据）的证据表明，新冠肺炎疫情与温度呈正相关（Menebo，2020；Zoran et al.，2020b）。在奥斯陆，新冠肺炎疫情与降水呈负相关。这可能表明，温暖和阳光充足的日子会降低对“居家”规则的遵守程度，从而增加传播风险（Menebo，2020）。根据这些结果，对 122 个中国城市（使用国家气象局的信息中心和卫生健康委员会官方网站的数据）的分析表明，在 3℃的阈值下，温度与新冠肺炎疫情病例数之间存在线性正相关，而一旦超过该阈值，这种关系就会变得平缓（Xie and Zhu，2020）。印度尼西亚雅加达的一项研究也发现，平均气温与新冠肺炎疫情传播之间存在显著相关性（Tosepu et al.，2020）。总体而言，需要更多的研究来更好地理解温度与新冠肺炎疫情的关系，仅基于上述这些结果，并不能说温度升高有助于遏制病毒。伊朗等国家尽管已进入暖季，但仍经历了第二波大流行，就证明了这一点。因此，应继续在城市地区推广社会距离和其他保护措施。

关于湿度方面，在审查的文献中有一个相对较好的共识，即干燥的空气有助于病毒的传播（Xu et al.，2020；Yao et al.，2020；Liu et al.，2020；Qi et al.，2020；Zoran et al.，2020b）。这可能是因为在潮湿条件下，病毒飞沫的空气传播受到限制，因为它们更有可能掉落（Xu et al.，2020；Yao et al.，2020；Zoran et al.，2020b）。但是，需要指出的是，一些研究并未发现湿度与病毒传播之间的明显关系。例如，在控制了人口密度的影响后，中国 20 个城市的研究中湿度的影响并不显著（Lin et al.，2020）。未来的研究可能会进一步揭示湿度与新冠肺炎疫情传播之间的关系。

至于风速等其他环境参数，现有证据是有限的且尚无定论。根据卫生部和地下气象网站获得的数据对土耳其 9 个城市的数据进行分析，结果表明，风速与新冠肺炎感染之间呈正相关（Şahin，2020），但在对中国 20 个城市的研究中并未观察到显著关系（Lin et al.，2020），而在意大利城市则呈负相关（Coccia，2020a；Zoran et al.，2020b）。在后者中，低风速经常伴随着高水平的空气污染（PM10 和 O_3）。这些污染物很可能成为病毒的携带者，而平静的空气会让它们在空气中停留更长时间，从而增加传播的风险。这就再次凸显了减少城市空气污染的重要性。

总体而言，除了发现湿度与新冠肺炎疫情传播率呈负相关外，关于环境参数与新冠肺炎疫情传播动态之间关联的证据尚不明确，且存在较大的背景差异。虽然一些研究发现在较低的温度下传播率更高，但其他研究并没有报告任何的明显关系。同样，关于风速和传播率之间关系的报道也多种多样。了解环境因素如何影响新冠病毒的生存和扩散，将有助于城市决策者设计更恰当的保护和应对措施（例如，对环境敏感的社会距离和隔离）。为此，需要进行更有针对性的具体情况研究，且在未来的研究中，探索室内环境中的传播动态也是必不可少的。

3.1.3 城市水循环

文献中讨论了与大流行病对城市水循环管理的影响等有关的三个主要问题：第一，观察到水资源质量的改善；第二，对治疗新冠肺炎患者的药物可能造成水污染加剧的担忧；第三，需要加强废水处理以降低新冠肺炎疫情通过粪便传播的可能性。

与空气质量相关的积极环境影响相类似，一些研究报告称，在封锁期内地表水质和地下水质有所改善。总体而言，封锁减少了上下游水源的污染，从而改善了水质。由于人为活动的减少，通常远离城市的水源地受 NO_2、SO_2 和 NH_3 等非点源污染的影响较小。此外，下游水源也较少受到工业单元等点源和车辆交通等非点源的污染（Hallema et al.，2020）。这提醒我们，不受管制的人为活动对环境的危害之大。例如，对比锁定之前和期间拍摄的卫星图像（Sentinel-2 图像），发现在封锁之后，威尼斯的旅游活动停止使船只交通量急剧减少，相关的污染和威尼斯潟湖的沉积物浓度也随之下降，再加上其他因素（例如，由于城市人口减半而废水排放量的显著减少，以及由于大流行期间降水量的减少而支流的雨水径流减少），导致泻湖和城市运河的水透明度显著提高（Braga et al.，2020）。在其他地方，对印度 Tuticorin 地下水样本的分析表明，封锁措施和相关工农业活动的减少，减少了地下水中的化学和细菌污染物。这些研究结果可供决策者来确定污染源和采取行动改善水质。例如，在后新冠时代，应优先制定适当的法律法规，以尽量减少农业、工业和交通运输业对水资源的负面影响（Hallema et al.，2020）。

尽管水质有所改善，但仍有人担心用于治疗新冠肺炎患者的药物可能会污染淡水资源。例如，在南非，用于治疗艾滋病毒的抗逆转录病毒药物（ARVs）已经污染了淡水，原因是废水处理厂未能将其从废水中妥善清除。基于此，有人认为，使用 ARVs 治疗新冠肺炎患者并将其释放到废水中可能会进一步加剧污染问题（Horn et al.，2020）。这表明，采取有效的废水处理措施至关重要。

由于冠状病毒可以通过粪—口途径传播，城市水循环的适当管理对于控制病毒的传播可谓至关重要，对水厂和污水处理厂进行充分的消毒以及防止污水泄漏到淡水资源等措施对减少人类接触病毒也极为重要（Naddeo and Liu，2020）。然而，在许多人口密集地区，如印度，这些都是具有挑战性的任务，只因那里缺乏污水处理设备。由于新冠病毒可以在污水中停留数天，这可能会破坏旨在拉平曲线的封锁和“居家”的措施。因此，除了需要采取措施防止点源处的水污染外，还应创造条件以实现现场供水和家庭污水处理（Bhowmick et al.，2020）。

污水系统中新冠病毒和其他病毒的存在也提供了一个机会，即通过定期的废水检测，获得有关感染的热点地区、控制效果及传播模式的信息。事实上，除了提供可用于制定有针对性和数据导向的封锁措施的模式与强度方面的信息外，定期测试污水数据还可以发挥预警系统的作用，使地方决策者能够主动应对潜在的公共卫生威胁并防止其蔓延。目前已经为使这些想法商业化做出了初步努力（例如 https://www.biobot.io/）。

总而言之，这一流行病暴露了人为因素对水资源的重大影响并有助于更好地查明水污染源。城市规划者和决策者应利用这一机会采取行动，例如制定适当的规章制度以减少人类对水资源的不利影响。此外，鉴于污水系统中病毒的存在，应使用实时监测来识别热点地区，预测扩散模式并采取有效的应对措施。此外，还应采取措施以确保用于治疗患者的药物不会导致水污染。

3.2 社会经济影响

3.2.1 社会影响

这一大流行病的社会后果已经在发展中国家和发达国家的范围内加以讨论，研究重点主要集中在负面影响上，但也有研究讨论危机驱动下的积极社会活动。大多数研究都集中在许多社会中观察到的长期结构性不平等所引起的问题上。从历史上看，大流行病不成比例地袭击了少数民族和社会经济最底层的人（Wade，2020；Duggal，2020）。由于面临更多的风险、经济困难和有限的服务机会，他们往往更容易受到原有条件的影响（Wade，2020）。新冠肺炎疫情的迅速传播以一个全新的视角暴露了一些旧问题和不平等现象（Kihato and Landau，2020）。例如，纽约市最近的数据显示，黑人和拉丁美洲人的死亡率是白人的两倍，部分原因是大流行病期间这些少数群体获得医疗服务的机会有限（Wade，2020）。除了上述少数民族，新冠肺炎疫情对城市贫民等其他弱势群体的打击更大。在全球许多南方地区，快速和不均衡的城市发展导致大量城市人口居住在生活卫生条件较差的贫民窟（Biswas，2020）。高密度、缺乏基础设施服务和生计不稳定等因素的综合作用，使得通过促进社会距离和隔离措施，即使不是不可能，也很难遏制新冠肺炎疫情在贫民窟的蔓延（Wasdani and Prasad，2020）。这些问题已经在亚洲、非洲和南美洲的许多城市得到证明。例如，印度60%的贫穷城市居民的人均建筑面积为7平方米，甚至低于囚犯的建议居住面积；贫民窟居民的情况更糟（Biswas，2020）。这种不平等问题和其他不平等问题使人们很难与社会保持距离，从而削弱了“居家”命令遏制病毒传播的有效性（Mishra et al.，2020）。一些非洲和巴西城市也讨论了类似的问题（Kihato and Landau，2020；Oliveira and Arantes，2020）。贫民区和非正规开发区因缺乏医疗服务（如病床）和基本服务（如清洁水）以遵守洗手建议而使条件进一步恶化（Biswas，2020；Oliveira and Arantes，2020）。此外，不稳定的经济状况以及许多社区（例如撒哈拉以南非洲地区）的生计依赖于密切的社会互动，使得遵守“居家”的命令具有挑战性（Kihato and Landau，2020；Finn and Kobayashi，2020）。令人担忧的是，不平等不仅会使遏制工作面临挑战，而且还会加剧病毒的进一步扩散。因此，社会距离政策的实施不应脱离经济支持机制。这些例子还清楚地表明，不平等和不公平的服务机会将使整个城市处于危险之中。虽然历史经验已经表明，以往的大流行病，如1918年的流感也揭示了社会经济的断层线，但其导致在大流行病后为减少不平等和满足少数群体及贫困群体的需要而采取的有限行动。希望在后新冠时代做出更多努力，通过更具包容性的规划来解决这些问题（Wade，2020；Jon，2020）。克服不平等的挑战还可增强应对其他威胁的抵御能力，如气候变化的影响，这些威胁往往会对弱势群体产生更大的影响。

大流行病还暴露了一些城市社区意识减弱的问题。有研究发现印度城市对“居家”命令的关注有限，部分原因是其自我中心行为有所增加（Biswas，2020）。这种行为在其他地方也有报道，如当大流行病肆虐北美各城市时，一些来自高密度城市的富裕城市居民逃到他们位于土著居民领土上的度假屋。事实上，这些富裕的城市居民并没有留在自己的常住地，而是无视土著群体的边境封闭政策，决定将自己隔离在第二家园（Leonard，2020）。这种社区意识的缺失可能会使应对和恢复过程更具挑战性。相比之下，在胡志明市这样的地方，居民则表现出强烈的社区意识，以至于出现显著成功的案例（Thoi，2020）。

虽然报告的证据主要集中在负面影响上，但也讨论了一些社会创新与合作的成功案例。例如，在意大利的那不勒斯，通过志愿服务项目努力让人们参与当地的做法，以满足当地的粮食需求，并在大流行病期间加强社会联系（Cattivelli and Rusciano，2020）。同样，为了应对这一大流行病，在葡萄牙的里斯本开展了社会运动和社区驱动活动，以处理社会不平等和住房权有关的问题，这些运动在加强团结互助意识的同时，在暂停驱逐和偿还抵押贷款方面取得一定成功，还为加强社会参与以改善住房权提供契机。这种通过民间社会干预的方式而有效建立起的互助网络，从长远来看可能会改变权力关系，进一步向决策者施压以处理社会不平等问题（Mendes，2020）。

总而言之，这一大流行病再次暴露了许多社会的不平等和社会断层，导致预防、应对和从大流行病中恢复变得具有挑战性。因此，减少不平等对于提高城市的应对和反应能力至关重要。与此同时，还应将旨在增强社区意识、防止社会紧张局势和提高社区驱动能力的举措相结合，这对于应对风险和大流行病并从中恢复也至关重要。

3.2.2 经济影响

新冠肺炎疫情造成的长期经济停滞对城市经济产生了极其负面的影响，其后果是复杂的且以各种方式和广泛的规模发生。尽管目前正在进行这方面的研究，但初步结果表明，疫情对城市税收、居民收入、旅游业和酒店业、中小企业、城市食品供应链和农民工等均产生了重大影响。此外，越来越多的研究涉及大流行病影响下的不均衡和不平等的社会空间分布。

一个预期的发现是，没有多样化经济结构的城市更容易受到冲击。例如，部分学者为解释波兰新冠肺炎疫情病例的模式，涉及“城市萎缩、跨行业、硬煤开采和多中心性”，指出“矿业城市、拥有大型护理中心的城市和不断萎缩的城市”是最脆弱的（Krzysztofik et al.，2020）。此外，前所未有的全球旅行限制和“居家”措施给依赖旅游业的城市带来了前所未有的挑战，在全球范围内这些城市在经济上受到的打击尤为严重（Oliveira and Arantes，2020；Earl and Vietnam，2020）。预估这场大流行病将导致乌克兰利沃夫的游客人数减少40%～60%，游客减少100万～150万人次所造成的经济损失为0.8亿～1.35亿欧元，在乐观的情况下，2020年城市预算中旅游业的份额将比上一年减少2/3（Rutynskyi and Kushniruk，2020）。而另一项研究则表明，新冠肺炎疫情对城市酒店市场的影响是负面且存在地域差异的。波兰经常接待国际游客的最大城市比接待国内游客的小城市受疫情影响更大，而在国际化程度更高的城市目的地，酒店业的复苏要复杂得多，取决于在大陆和全球范围内解决这一问题（Napierała et al.，2020）。因此，未来这些城市的酒店发展模式应该根据可持续发展的原则来改变。

虽然影响因具体情况而异，但一些社会群体却不成比例地受到影响。例如，部分学者则驳斥这样一种观点，即全球流行病是一种系统性的“劣势，它限制了几乎所有人的经济活动，无论其社会经济地位或地理位置如何"；并指出，教育、家庭收入等因素，是决定人们容易受与新冠肺炎疫情相关的金融危机影响的重要因素，所以新冠肺炎疫情可能不仅加剧了原有的社会不平等，而且还造成新的不平等现象，给生活在中心地区的人们、受感染者和新冠肺炎患者的家庭带来经济负担（Qian and Fan，2020）。罗马尼亚和波兰的学者们也提出了类似的观点，认为最贫穷的人和最边缘化的地区更有可能因这一流行病而遭受更广泛的经济与社会损失（Creţan and Light，2020；Krzysztofik et al.，2020）；并指出，农民工是另一个受到不成比例影响的弱势群体，预测未来西欧和东欧国家都会有一段时间的衰退与失业率上升，西欧的跨国就业机会可能会大幅减少，而经济衰退可能会导致更多的罗马尼亚人到欧盟其他国家工作，也可能导致留在该国的人更加依赖农民工汇款（Creţan and Light，2020）。总体而言，由于一些社会阶层，如贫困和边缘化群体受到大流行的冲击更大，因而在设计和实施大流行后恢复计划时应予以特别关注（Qian and Fan，2020）。这些调查结果与第 3.4 节报告的结果一致。

另一组研究讨论了全球大流行病所暴露城市的极端脆弱性，呼吁重新考虑城市旅游、食品和环境系统的发展与管理方式，特别强调必须提高自给自足的能力并将模式转向更加多样化的经济结构。有学者将此次危机视为反思现有大众旅游政策和重新定义旅游业发展路径的机会，呼吁要与全球旅游业的可持续发展目标保持一致（Gössling et al.，2020）。此外，供应链及其转型也受到相当多的关注（Batty，2020），如由新冠肺炎疫情引起的运输限制和边境关闭已经扰乱了城市的食品供应链，这为旨在通过种植当地粮食增加城市自给自足的城市农业运动推广提供了额外的动力（Pulighe and Lupia，2020）。预计后新冠时代将更加关注当地供应链（Batty，2020）。

总体而言，这一大流行病降低了许多城市的税基，降低了其执行城市发展计划的能力。由于预计城市将面临严重的财政赤字，它们可能需要优先考虑投资并推迟或取消一些可能不那么重要的计划（例如环境和文化），但这也可能鼓励参与城市协作网络（Kunzmann，2020）。然而，现在判断城市经济损失的确切规模以及它们将如何应对和适应这些损失还为时过早。一些初步的应对措施，如提供经济刺激计划和允许税收延期，其效果仍有待观察。还有一些关于封锁可能带来的长期经济效益的争论（例如由于减少了空气污染），应该在未来的研究中进一步探讨（Bherwani et al.，2020）。

3.3 管理和治理

3.3.1 治理

随着全球城市化趋势的持续增强，城市一级治理在应对社会挑战方面的重要性日益得到承认。文献报道的证据表明，综合城市治理战略包括长期规划、事前规划、对基本医疗系统的足够投资、早期预警，协调不同部门和利益相关者的活动将更有利于建立机制，以便及时有效地应对城市大流行病和疾病暴发（Duggal，2020；Thoi，2020；Shammi et al.，2020）。城市综合治理使一些城市能够通过增加检测和改进监测，及时封锁和社会距离行动，迅速发现受感染者，从而成功防止病毒的传播（Duggal，2020；Earl and Vietnam，2020）。此类行动通常涉及提供经济和社会支持（Duggal，2020）。

例如，在越南，当地政府为穷人、处境不利和弱势群体提供经济支持（Thoi，2020），越南因成功使曲线变平而广受赞誉。

一般而言，长期规划和适当的缓解、吸收、恢复及适应计划是决定城市抵御任何破坏性事件（包括大流行病）的关键因素（Santos et al.，2020）。这使城市能够从过去的经验中学习，并主动设计策略以尽量将未来破坏性事件的影响降到最低。在这方面，新加坡、韩国等国家和地区的城市通过制定应急计划与运用从 SARS、H1N1 大流行病中吸取的经验教训，取得了巨大成就（Duggal，2020）。此外，葡萄牙塞图巴尔市的案例表明，立即启动市政应急计划（MEP）便可及时做出反应（Santos et al.，2020）。相比之下，孟加拉国因缺乏主动规划和应急计划，致使各城市难以有效应对危机。它们未能通过协调多个参与者和部门的行动来增强医疗系统的能力、分析形势、评估风险并及时采取必要的措施（Shammi et al.，2020）。

不同行为者和部门之间的协调，对于避免混乱/冲突和确保高效利用有限的资源至关重要。事实上，美国和澳大利亚等一些国家在遏制病毒传播方面取得的成功极其有限，主要是由于不同的优先事项而导致碎片化的治理以及不同级别的治理之间对有限资源的冲突。这种冲突部分归因于有限的地方独立性和高度依赖中央政府的协调行动（Connolly et al.，2020；Steele，2020）。事实上，尽管通过多层治理系统的自上而下管理对于协调活动至关重要，但仍需要当地政府一定程度的领导才能采取机动灵活的行动。在澳大利亚，新冠肺炎疫情暴露出城市治理碎片化的相关问题。为应对这一大流行病，澳大利亚各级政府均采取措施以减少影响和遏制病毒传播。然而，他们的行动并未协调，他们的优先事项也不同。例如，英联邦致力于减少经济影响和设计经济刺激计划以重振经济。与此同时，各州政府主要是试图通过强制封锁措施来减轻医院的压力，确保师生安全。这些不同的优先次序，造成混乱的同时也削弱了城市一级的行动效力。城市一级的治理在宪法中没有得到很好的承认且财政资源有限，使其依赖于联邦政府和州政府，这一事实进一步加剧了这种情况。这导致缺乏城市综合治理，因为城市管理受到“各自为政的国家机构的强烈影响，而这些机构本身又受到大型私营部门利益的严重影响”。因此，需要在城市一级进行更多的综合治理，这需要长期的社区愿景、强有力的领导和利益相关者的参与（Steele，2020）。据报道，在中国和越南已经成功验证了这种综合方法，即采取自上而下和以国家为中心的措施来协调不同城市与省份的活动，同时在城市一级开展某种程度的自下而上和以社区为基础的活动。这类综合方法有助于及时采取行动，防止病毒扩散并减少大流行病的社会经济影响。基于此，关于后新冠时代国家更多参与城市治理的可能性仍有所争论（Hesse and Rafferty，2020）。但应当指出的是，有两个重要因素促成了这一联合模式的成功：一是对政府及其倡议的高度信任，缺乏这种信任可能会使其难以实现预先设定的目标（Thoi，2020；Earl and Vietnam，2020）；二是建立让市民参与倡议的机制。例如，在塞图巴尔市（葡萄牙）和胡志明市（越南）等成功案例中，社区组织的参与对地方政府在信息传播、向弱势群体提供经济和社会支持、公共场所消毒等方面做出了重大贡献，以及实施社会距离和“居家”措施（Thoi，2020；Santos et al.，2020）。在缺乏以国家为中心的倡议或未能做出适当反应时，加强非政府组织和以社区为基础的倡议也可能至关重要。例如，在印度封锁期间，分发食物和其他基本需求等社区驱动活动有助于预防灾难性的饥荒（Duggal，2020）。总体而言，建议社区参与，因为它有助于设计更全面的应急计划并增强其实施前景（Wilkinson et al.，2020）。

文献中还指出其他与治理有关的问题，如在城市治理中更好地考虑城乡联系的必要性，以及加强全球城市网络以促进经验分享和相互支持的可取性（Kunzmann，2020；Connolly et al.，2021；Acuto，2020；Rich，2020）。关于城乡关系，需要确保它们不具有剥夺性且不会削弱农村地区应对不良事件的能力（Rich，2020）。至于全球合作，有人认为，城市税基下降可能会鼓励人们参与城市协作网络（Kunzmann，2020）。C40 城市和 100 个弹性城市等网络的现有经验可以在这方面提供很好的见解（Acuto，2020）。

总体而言，文献表明，自上而下和多层次的治理方法应与强有力、民主及综合的城市一级治理相结合，以便有效和灵活应对大流行病。这种综合方法有助于制订适当的长期发展愿景和应急计划，有助于避免部门冲突并最大限度地增加利益相关者参与所带来的利益。正如下一节将要讨论的，智慧城市解决方案有助于促进城市综合管理。

3.3.2 智慧城市

早在大流行病暴发之前，人们就越来越关注利用信息通信技术（ICTs）和大数据分析技术的智慧解决方案，以提高城市运行效率和功效并改善生活质量（Chen et al.，2020）。随着这些技术的快速发展，新冠肺炎疫情为测试智慧方案解决重大社会问题的能力提供了一个很好的机会，还为智慧城市的发展提供额外的动力，证明了对远程工作、远程医疗、监控系统以及在线商务和教育的日益依赖，因此，有人认为新冠肺炎疫情有可能促进智慧城市的发展（Kunzmann，2020）。

文献中报告的早期证据表明，各种智能技术已被重新用于提供适当的应对措施信息、最大限度地减少人与人之间的接触、识别受感染者、预测扩散模式以及完善检疫措施等方面。实时监测和大数据分析对于有效应对破坏性事件至关重要。英国纽卡斯尔的经验表明，融合物联网传感器、智慧城市系统和机器学习技术可以取得重大成就。几年来，该市利用城市天文台收集和存储各种指标的实时数据，包括车辆交通、行人活动和空气质量。为应对新冠肺炎疫情危机，该平台的实时数据源被重新用于开发一个数据仪表盘，向地方政府通报社会行为的变化并使其做出数据驱动和基于证据的适应性决策。例如，该仪表盘立即揭示了需要注意的流动性和活动模式的异常变化并使不同利益相关者之间能够及时交换数据（James et al.，2020），还报告利用智能技术在提供服务时尽量减少人与人之间的接触的案例。其中包括基于中国的倡议，如在封锁期间使用无人机自主运送医疗和商业用品，或通过人工智能（AI）实现临床护理和计算机断层扫描以保护医护人员不与患者直接接触（Chen et al.，2020）。这些技术还具备提高效率和速度等其他好处。

智慧解决方案也被广泛用于识别受感染的个人并采取适当的遏制措施。根据社会和政治环境，可以划分出与这些功能相关的三种不同方法，即“技术驱动”“人为驱动”和“组合”。在技术驱动的方法中，智能技术以自上而下的方式通过约束市民和控制信息的自由流动来遏制流行病（Kummitha，

2020）。例如，印度引入了“隔离观察”智能手机应用程序，以跟踪对自我隔离规则的遵守情况。个人使用该应用程序通过上传带有地理标记的自拍照来报告自我状态，系统可以使用面部识别技术对其进行检查（Datta，2020）。相比之下，人为驱动的方法则侧重于通过向市民提供信息和教育以及在市民和政府之间实现双向沟通来控制大流行病，这在西方国家更为普遍（Kunzmann，2020；Kummitha，2020）。然而，技术驱动的方法在遏制病毒传播、广泛使用技术、防止错误信息传播以及协调不同城市和行为者的行动（如前一节所述，这对实现综合城市管理至关重要）等方面表现出更大的成效，但却引发人们对隐私保护、透明度和信息可靠性的严重担忧。有学者认为，这种缺乏透明度和最初试图隐瞒信息的做法可能在病毒的早期传播中发挥重要作用。更有学者指出，人为驱动的方法更有利于增强市民解决其他现有和正在出现的社会经济和环境问题的能力。总体而言，似乎需要将这两种方法结合起来，以便智慧解决方案的部署方式有助于遏制这一大流行病、处理隐私问题、促进和优化协调与信息共享以及控制错误信息传播（Kummitha，2020）。韩国已经实施了这种综合方法，并因成功控制这一大流行病而广受赞誉。韩国从流感流行的早期阶段开始，就采用基于匿名时空映射的广泛监控，而不是对社会经济产生重大影响的全面封锁，使用智慧技术（包括借记卡/信用卡交易数据、手机数据和闭路电视数据）来追踪患者的流动情况。这一方法被用于与市民恰当透明地沟通情况，以避免公众恐慌和防止虚假新闻的传播。捷克共和国也采取了类似的方法（Sonn and Lee，2020；Kouřil and Ferenčuhová，2020）。在大流行病造成的危急情况下，人们需要在对一小部分人口广泛监测和全面封锁之间做出抉择，后者会破坏流动自由并产生重大经济影响（Sonn and Lee，2020）。如果将情况的紧迫性和监视的目的与市民进行恰当沟通并确保所收集数据用于公共利益，便可减轻隐私担忧（Kunzmann，2020；Sonn and Lee，2020）。但年轻一代不太关注隐私，他们甚至愿意在社交媒体上透露自己的隐私（Sonn and Lee，2020）。关于智慧解决方案的另一个担忧则是其可访问性和可负担性，因而更好实现智慧城市的目标需要采取行动来避免数字鸿沟（Aguliera and Nightengale-Lee，2020）。

总体而言，大流行病通过展示智慧解决方案在识别受感染者、预测扩散动态、最大限度减少人与人之间的接触以及实现社会距离和隔离规则等方面的多重好处，提高了人们对智慧城市发展的兴趣，这有助于制定有效的应对和恢复措施。关于实施方面，虽然技术驱动的方法更为成功，但人们对其在隐私和权力关系执行方面的影响有所担忧。因此，有必要将技术驱动和人为驱动相结合，不仅要克服这些担忧，而且要通过提高市民意识来增强对未来事件的适应能力。

3.4 交通和城市设计

3.4.1 交通

一般而言，人口流动和交通基础设施增加了城市间与城市内部的连通性，被认为是导致传染病传播的关键因素，它们在以前疾病暴发（如埃博拉病毒）中的作用已经被证明（Connolly et al.，2021）。一项关于意大利不同地区的流动模式与病毒传播之间关联的研究也证实了这一点。结果表明，每日认证新冠肺炎感染病例数与 21 天前的旅行密切相关（请注意，这一发现表明，许多地方基于 incubation-based 方法设定的 14 天隔离期可能不准确）（Carteni et al.，2020）。还有其他建模研究证实了流动模式/限制对大流行病传播/遏制大流行病的重要性（Wu et al.，2020）。因此，为遏制新冠肺炎疫情的传播，许多地方政府实施了部分或全面的行动限制（Carteni et al.，2020；Ai et al.，2020）。事实证据表明，随着新冠肺炎疫情的流行和出行限制的实施，社会流动性显著降低，如在英国实施限制措施后每日出行减少了 80%（Hadjidemetriou et al.，2020）。类似的发现在其他情况下也有报道，如在西班牙的桑坦德市，出行总体下降了 76%（Aloi et al.，2020）；在匈牙利的布达佩斯市，交通需求减少了一半以上（Bucsky，2020）；在印度，零售和娱乐、超市和药店、公园访问量、公共交通站点和工作场所的流动性显著下降（分别下降了 73.4%、51.2%、46.3%、66%和 56.7%）（Saha et al.，2020）；而在荷兰，相对于 2019 年秋季，出行次数和距离分别下降了 55%和 68%（De Haas et al.，2020）。

一些研究审查了出行限制在遏制病毒传播方面的效力。部分学者的研究结果表明，限制人口流动已经减缓了疫情的传播（Kraemer et al.，2020；Tian et al.，2020；Hadjidemetriou et al.，2020）。新冠肺炎疫情之所以能够在很短时间内遍及中国和全球各地，部分原因在于疫情暴发在春节期间，往来航班充足（Wu et al.，2020）。在中国的部分城市，由于来自疫情城市的游客较少，新冠肺炎疫情的到达时间有所延迟，但当新冠肺炎疫情到来之际，通过暂停市内公共交通、禁止城际或省际出行的效果并不好，必须及时采取切实有效的行动来加以遏制（Tian et al.，2020）。

越来越多的文献集中于各种交通方式的弹性和传播风险。部分学者发现，从疫情城市出发的航班和高铁的服务频率与目的地城市的感染人数之间存在实质性联系，这些出行方式不仅增加了旅客感染的风险，而且增加了目的地城市的确诊病例数量（Zhang et al.，2020）。关于其他交通方式，当学者们在分析新冠肺炎疫情对城市交通系统的影响时发现，纽约的共享单车系统比地铁系统的乘客减少率更低（71%对 90%），每次出行的平均持续时间从 13 分钟增加到 19 分钟，并有证据表明一些地铁用户转向共享单车，原因是共享单车系统比地铁系统更具弹性（Teixeira and Lopes，2020）。有学者也提出了类似的观点，即在布达佩斯自行车和共享单车的需求下降幅度最小（分别为 23%和 2%），而公共交通的需求下降幅度最大（80%）（Bucsky，2020）。这清楚地表明，非机动车交通系统对大流行病的抵御能力更强，而对这类系统的投资不仅有助于遏制病毒的传播，还可以扩大服务的覆盖范围，并减少紧急情况下过度拥挤的交通运输压力（Biswas，2020）。

文献回顾还表明，新冠肺炎疫情对人们的出行行为和流动性具有长期与结构性影响。研究表明，危机对人们的活动和出行行为具有双重影响（Aloi et al.，2020；Bucsky，2020；De Haas et al.，2020）。积极的结果是总出行量减少，人们更多地选择骑自行车和步行。但其中的一个消极影响，则是新冠肺炎疫情的经历可能会增加对公共交通的排斥心理和个人出行方式的偏好。例如，正如第 3.4 节所讨论的那样，大流行病导致了第二套房产的繁荣。这可能会增加对郊区开发的投资，从而强化对私家车的依赖（Kunzmann，2020）。

为了探索社会距离对出行行为可能产生的影响，有学者假设社会距离、社会孤立和体育活动减少可能会对幸福感与健康状况产生不利影响，建议将积极出行作为一种可接受的保持安全和健康的方法（De Vos，2020）。因此，必须呼吁在后新冠时代采取“负责任的交通”政策和措施，引导人们意识到自身的出行习惯对其健康福祉和环境的重大影响（Budd and Ison，2020）。

总体而言，关于新冠肺炎疫情对交通部门影响的早期证据揭露出三个主要问题。第一，基于不同交通方式传播风险的智能出行限制对于遏制病毒传播至关重要，这些措施应包括尽早采取行动，限制往/返高风险城市的出行。第二，决策者应注意到，危机可能会增加民众对公共交通的消极态度。据论证，在大流行病的早期阶段，公共交通的客流量大幅下降，人们已经转向骑自行车、步行和使用私家车等其他交通方式。虽然智慧城市的设计策略可以通过面向社区规划（方便使用主动模式）来满足日常需求，但在城市中长途出行仍是不可避免的。因此，为避免进一步依赖私家车，应改革公共交通系统并采取行动以尽量减少潜在的健康风险，进而满足用户的安全需求和重新赢得公众的信任，这对于发展低碳和包容性城市也至关重要（De Haas et al.，2020）。第三，事实证明，在大流行病期间，积极的交通方式在满足市民的出行需求方面更为有效并以负担得起的方式提供服务，应通过对自行车和行人基础设施的更多投资来使其进一步发展（Hadjidemetriou et al.，2020；De Vos，2020）。当然，这些努力应该是旨在推进紧凑型城市发展的更广泛倡议的一部分。

3.4.2 城市设计

虽然不同的城市形态和设计因素会影响大流行病的动态，但现有文献主要关注与密度相关的因素，其他因素并未得到很好的探讨。新冠肺炎疫情表明紧凑型城市发展的可取之处。最初的假设是，由于高度的面对面互动，人口密集和联系紧密的地区可能成为大流行病迅速传播的热点，但关于密度与新冠肺炎疫情之间关系的报道证据却是相反且不确定的。部分学者在对美国900多个大都市县的研究中，并未发现新冠肺炎疫情的感染率和死亡率与密度之间存在很强的正相关关系，但令人惊讶的是，与蔓延地区相比，竟观察到在高密度地区病毒相关的死亡率略低（Hamidi et al.，2020）。同样，对荷兰这个普遍高度城市化和人口密集国家的研究，也未发现密度和感染率之间存在显著的正相关关系（Boterman，2020）。而在中国的研究中发现，来自疫情城市的人口比例和人口密度是解释新冠肺炎疫情传播率的关键因素。但控制前一个变量后，种群密度与传播率之间的线性关系则会消失，通过对人口密度影响的进一步研究，也仍未发现在高密度的大都市地区有高度的传播率（Lin et al.，2020）。

然而，一些研究表明：病毒密度和病毒传播之间存在显著关系。有学者调查了中国疫情的两个早期阶段（第一阶段：1月19日至2月1日；第二阶段：2月2日至2月29日）特定的社会经济和环境特征对传播率的影响，结果表明：虽然第一阶段人口密度与新冠肺炎疫情的传播率没有显著关系，但在第二阶段却有显著的负面影响，因而公共卫生措施和城市间资源共享是第二阶段减少社会互动及建立显著关系的两个可能原因（Qiu et al.，2020）。与此相反，有研究发现，北京和广州的新冠肺炎疫情感染高风险区往往发生在人口密度较大的地区（Ren et al.，2020）。同样，一项针对意大利不同地区的研究显示，人口密度较高的地区传播率较高（Carteni et al.，2020）。这是因为在人口密度较高、空间更拥挤的地区，社会距离更具挑战性。一项针对中国 20 个省/市的研究也报道了关于密度和传播率之间正相关关系的类似发现（Lin et al.，2020）。

关于密度与新冠肺炎疫情感染率之间关系的不确定性，与此前报道的其他传染病的发现相一致。例如，虽然塞拉利昂的蒙罗维亚和弗里敦的高密度导致了埃博拉病毒的扩散，但另一种传染病（SARS）则在中国城市周边的低密度地区产生及传播，因此，单靠密度是不能预测传染病的传播的，其他因素诸如国家发展状况、预防和应对措施的可用性、遵守环境卫生和社会距离的程度、获取便利设施和公共卫生基础设施的程度等也很重要。事实上，虽然人口密度的增加可能是传染病传播的一个因素，但人口密度高的城市往往准备得更好，具备更多资源来及时应对和防止病毒传播（Connolly et al.，2021）。相比之下，城市周边和郊区的低密度地区因获取资源的机会有限，可能会增加接触新型病毒和疾病的机会，这些病毒和疾病可以通过人类侵占自然生态系统而增加人类与野生动物的互动来传播（Connolly et al.，2020b）。

连通性和城市规模是文献中讨论的其他变量。一些针对中国的研究发现，连通性特别是与疫情城市的连通性，是疫情暴发早期影响疫情传播的主要因素（Lin et al.，2020；Xie and Zhu，2020；Wu et al.，2020）。同样，有学者将连通性视为美国新冠肺炎疫情的一个风险因素，并在解释病毒的传播动态时更加强调连通性而非密度（Hamidi et al.，2020）。城市规模是影响病毒在美国城市传播的关键因素，这可能意味着决策者需要在大城市实施更积极的保护措施（Stier et al.，2020）。然而，还需要更多的研究来更好地了解城市规模和传染病流行之间的相关联系。

最后，虽然缺乏关于街道和开放/公共空间设计对新冠肺炎疫情传播动态及相关应对措施影响的经验证据，但有观点认为，为了在大流行病期间保持合理的物理距离，城市需要为活跃的交通方式和开放/公共空间分配更多空间。这可能需要重新设计街道以更好地满足行人和骑自行车者的需求，并提供充足的绿色和开放空间以满足市民的户外运动与娱乐需求（Honey-Rosés et al.，2020）。这种重新配置还可能为城市绿化进一步融入城市而获取更多的健康和气候适宜的效益提供机会，更可能有助于抵御其他压力源和不良事件（Sharifi，2019c）。

总体而言，虽然新冠肺炎患病率和城市设计特征之间的联系在媒体与公众中引发诸多争论，现有文献并未详细说明不同的设计措施（如连通性、街区大小、土地利用组合、多中心性等）影响新冠肺炎疫情的感染率和死亡率以及城市应对大流行病的能力。但早期的研究结果建议规划者应继续提倡紧凑型而非扩张型的城市发展模式，因为文献已经证明紧凑型城市的各种优点（Connolly et al.，2021；Hamidi et al.，2020；Sharifi，2019a、2019b）。

4 结论

2020 年年初，新冠肺炎疫情肆虐全球许多国家，许多城市的日常生活更是从此中断。在全球持续与新冠肺炎疫情作斗争之际，科学界已经做出努力以进一步揭示其潜在动态。利用文献报告的早期证据，本文试图了解对各种城市部门的主要影响，识别为更好地准备和应对未来类似事件而应考虑的关键因素，以及需要在今后研究中进一步弥补的差距。

该综述表明，早期证据主要涉及四个主题，即环境质量、社会经济影响、管理和治理以及交通和城市设计。然而，这些主题并未得到同等的关注，与第一个主题有关的问题占主导地位。这可能是因为与空气质量和环境影响有关的数据更容易获得，而获取和分析与其他主题有关的数据可能需要更多时间。

虽然可以观察到一些共同的模式，但现有证据表明，影响和反应机制视情况而定，且提出适用于不同城市的相同建议并不总是容易的。然而，与任何其他危机一样，新冠肺炎疫情提供了可以用来更好重建的经验教训。表2列出这一大流行病所揭示的主要问题以及在后新冠时代更好规划的可能经验教训/建议，提供一些关于如何处理现在和将来在城市中发生类似事件的见解。显然，城市需要重新评估不同部门的政策。例如，封锁期内空气和水质的改善再次凸显出人为活动对环境的重大影响，并为未来环境友好型城市的发展提供借鉴。这一大流行病还暴露出城市中所存在的旧的社会经济不平等现象，这种不平等如何通过诸如社会距离等保护措施的难以执行而威胁公共健康被讨论。显然，克服这种不平等是至关重要的，当城市从大流行病中恢复时应予以优先考虑。

预计这一流行病将从根本上改变未来城市的管理/治理方式。在这方面，未来几年内采取的行动是重要的，它将决定后新冠时代城市能否以更可持续的方式发展和管理。随着城市开始复苏，首要任务可能是经济发展。但必须确保除经济发展外，还将考虑社会和环境的可持续性。事实上，大流行病提供了可供规划者利用的机会。例如，在交通部分（3.4.1节），讨论公共交通在大流行病期间受到严重影响，许多人转而将私家车和骑自行车/步行作为更安全的选择。尽管人们对私家车兴趣的增加对实现可持续发展构成威胁，但世界各地许多城市骑自行车人数的增加为进一步推广城市自行车文化提供了一个独特的机会，这可能会让临时骑手变成长期骑手。

表2　大流行病揭示的主要问题及后新冠时代规划的主要建议

主题		大流行病揭示的主要问题	后新冠时代规划的主要建议/影响
环境质量	空气质量	· 交通废气是许多城市的主要污染源 · 非交通废气在某些情况下也很重要 · 在某些情况下，新冠肺炎疫情的传播率/死亡率与高水平的空气污染密切相关 · 长期接触空气污染会削弱人类对大流行病的抵抗能力	· 绿化交通和工业部门可以为空气质量带来益处 · 减少与交通有关污染的措施不足以全面解决空气质量问题 · 由于旨在减少空气污染物的措施可能会增加次生污染物，因此需要采取全面的减轻污染措施 · 减少空气污染可有助于减少大流行病的传播率/死亡率

续表

主题		大流行病揭示的主要问题	后新冠时代规划的主要建议/影响
环境质量	环境因素	· 关于温度与新冠肺炎疫情传播率之间关系的证据尚不明确 · 当风速较低时，空气污染可能会加剧传播率	· 在大流行病期间应克服环境条件继续推动社会隔离和其他保护措施 · 在短期和长期内改善空气质量有助于解决与新冠肺炎疫情和其他大流行病有关的问题
	城市水循环	· 不受管制的人类活动导致许多城市的水资源受到污染 · 用于治疗新冠肺炎患者的药物可能污染淡水资源 · 贫困地区由于缺乏污水处理设施，将会削弱封锁措施的效力	· 应优先设计规章制度以尽量减少农业、工业和交通运输业对水资源的负面影响 · 对水厂和污水处理厂充分消毒及采取预防污水泄漏等措施，对于减少人类接触病毒至关重要
社会经济影响	社会影响	· 新冠肺炎疫情以新的视角揭示旧问题和不平等现象 · 不平等现象使遏制具有挑战性，也可能导致病毒进一步扩散 · 在贫民窟实施社会隔离和其他应对措施具有挑战性	· 应优先采取更具包容性的行动以减少不平等现象和满足弱势群体需求 · 应优先改善贫民窟 · 应将制定社会隔离政策和经济支持机制相结合 · 增强社区意识对提高反应能力和恢复能力至关重要
	经济影响	· 同质性的经济结构更具脆弱性 · 边缘化群体受到大流行病经济影响的比例更大 · 全球供应链使城市容易受到破坏性事件的影响	· 城市经济结构的多样化至关重要 · 在大流行病期间有必要制定援助弱势和边缘化群体的救济方案 · 需要向更多的本地供应链转型以提高自给自足能力和应对大流行病及未来类似事件所带来的经济影响
管理和治理	治理	· 缺乏主动规划和应急计划是一些国家未能有效应对疫情的一个主要原因 · 城市碎片化治理削弱了应对和适应能力	· 长远规划和综合城市治理可增强适应能力 · 在大流行病期间地方政府应向弱势群体提供经济和社会支持 · 除自上而下的行动外，当地政府一定程度的领导和社区参与对及时应对大流行病至关重要
	智慧城市	· 智能解决方案有助于制定更有效和高效的应对与恢复措施（例如识别和隔离受感染人、减少提供服务时人与人之间的接触等等） · 技术驱动的方法在遏制病毒方面取得了成功，但也引起了人们对隐私保护和透明度的关注	· 公众实时访问和地理坐标数据可以更好应对与恢复不良事件的影响 · 技术驱动的方法不应破坏隐私问题，更不应被滥用以加强权力关系 · 人为驱动的方法更适用于公民授权 · 综合方法更适合遏制疫情、处理隐私问题、促进协调和信息共享及控制错误信息的传播

续表

主题		大流行病揭示的主要问题	后新冠时代规划的主要建议/影响
交通和城市设计	交通	·交通连接的加强是可能导致传染病扩散的一个风险因素 ·公共交通可能增加大流行病期间的传播风险 ·大流行病可能增加人们对公共交通的排斥心理	·基于不同交通方式的传播风险，机动灵活的限制对遏制病毒传播至关重要 ·更多注意尽量减少公共交通对公众健康的潜在风险 ·向骑自行车和步行的模式转变，为进一步促进积极的交通提供一个独特的机会
	城市设计	·密度本身并不是导致病毒传播的一个关键风险因素 ·些城市缺乏适当程度的绿化和开放空间，以满足市民的户外运动和娱乐需求，同时满足社交距离的要求	·更好获得便利设施和公共卫生基础设施，使高密度地区不易受到大流行病的影响 ·考虑到紧凑型城市发展的其他诸多好处，规划者应继续推广 ·应拨出更多的空间辟设行人专用区和休憩用地

这项研究强调的另一个重要问题是，各种城市部门和因素可能影响（也可能受到）大流行病的动态。这表明，制定有效缓解和应对战略的综合评估及行动方案的重要性。例如，最近为意大利城市/地区制定了一项指数，可通过考虑各种社会经济和环境因素（如空气污染源、城市通风和人口密度）制定事前措施（Coccia，2020b）。正如所讨论的那样，这些方案是视情况而定的，没有任何一种万能的方案来解决大流行病造成的问题。因此，设计针对具体环境的综合方案对于制定和实施有效规划、应对、恢复与适应行动至关重要。

关于这些局限性，应该承认，对城市设计和环境因素等一些主题的研究并不完全具有结论性，考虑到大流行病的演变特性，未来几个月可能会有新的不同发现。因此，未来几个月还需要进行更多的审查，不仅要更新初步审查的结果，还要就目前尚未充分研究的问题提出意见，例如长期的社会经济和环境后果，以及这一大流行病将如何改变市民行为和城市治理。这种审查尤为重要，因为大流行病的全部社会经济影响可能需要很长一段时间才能彻底显现。未来的回顾还应包括分析与本文中讨论的不同主题相关证据的时间演变，以探索可能的趋同和分歧之处。

最后，应该重申的是，这场危机凸显了对城市的重要性及其治理方式进行批判性反思的必要性。希望在这一大流行病对城市的重大影响和启发下，规划者和地方当局者将采取更有效的变革性行动，以应对城市气候变化等其他主要威胁。

致谢

本文为国家社科基金重大项目“‘亚细亚文库’文献整理与研究”（17ZDA215）；吉林大学一流学科建设项目（MYL017）之阶段性项目研究成果；吉林大学—新疆医科大学“一带一路民心相通国际智库”联合课题。

注释

① 作者声明，不存在任何与本稿件相关的利益冲突。

参考文献

[1] ACUTO M. Engaging with global urban governance in the midst of a crisis [J]. Dialogues in Human Geography, 2020, 10(2): 221-224.

[2] AGULIERA E, NIGHTENGALE-LEE B. Emergency remote teaching across urban and rural contexts: perspectives on educational equity [J]. Information and Learning Science, 2020, 121(5/6): 471-478.

[3] AI S, ZHU G, TIAN F, et al. Population movement, city closure and spatial transmission of the 2019-nCoV infection in China [J]. medRxiv, 2020. DOI: https://doi.org/10.1101/2020.02.04.20020339.

[4] ALOI A, ALONSO B, BENAVENTE J, et al. Effects of the COVID-19 lockdown on urban mobility: empirical evidence from the city of Santander (Spain) [J]. Sustainability (Switzerland), 2020, 12(9): 3870-3887.

[5] BALDASANO J M. COVID-19 lockdown effects on air quality by NO_2 in the cities of Barcelona and Madrid (Spain) [J]. Science of the Total Environment, 2020, 741: 140353-140362.

[6] BAO R, ZHANG A. Does lockdown reduce air pollution? Evidence from 44 cities in northern China [J]. Science of the Total Environment, 2020, 731: 139052-139063.

[7] BATTY M. The corona virus crisis: what will the post-pandemic city look like? [J]. Environment and Planning B: Urban Analytics and City Science, 2020, 47(4): 547-552.

[8] BERMAN J D, EBISU K. Changes in U.S. air pollution during the COVID-19 pandemic [J]. Science of the Total Environment, 2020, 739: 139864-139867.

[9] BHERWANI H, NAIR M, MUSUGU K, et al. Valuation of air pollution externalities: comparative assessment of economic damage and emission reduction under COVID-19 lockdown [J]. Air Quality, Atmosphere & Health, 2020, 13(6): 683-694.

[10] BHOWMICK G D, DHAR D, NATH D, et al. Corona virus disease 2019 (COVID-19) outbreak: some serious consequences with urban and rural water cycle [J]. npj Clean Water, 2020, 3(1): 8.

[11] BISWAS P P. Skewed urbanisation and the contagion [J]. Economic and Political Weekly, 2020, 55(16): 13-15.

[12] BOTERMAN W R. Urban-rural polarisation in times of the corona outbreak? The early demographic and geographic patterns of the SARS-CoV-2 epidemic in the Netherlands [J]. Tijdschrift voor Economische en Sociale Geografie, 2020, 111(3): 513-529.

[13] BRAGA F, SCARPA G M, BRANDO V E, et al. COVID-19 lockdown measures reveal human impact on water transparency in the Venice Lagoon [J]. Science of the Total Environment, 2020, 736: 139612-139618.

[14] BUCSKY P. Modal share changes due to COVID-19: the case of Budapest [J]. Transportation Research

Interdisciplinary Perspectives, 2020, 8: 100141-100145.

[15] BUDD L, ISON S. Responsible transport: a post-COVID agenda for transport policy and practice [J]. Transportation Research Interdisciplinary Perspectives, 2020, 6: 100151-100155.

[16] CARTENÌ A, DI FRANCESCO L, MARTINO M. How mobility habits influenced the spread of the COVID-19 pandemic: results from the Italian case study [J]. Science of the Total Environment, 2020, 741: 140489-140497.

[17] CASTILLO R, AMOAH P A. Africans in post-COVID-19 pandemic China: is there a future for China's "new minority"? [J]. Asian Ethnicity, 2020, 21(4): 560-565.

[18] CATTIVELLI V, RUSCIANO V. Social innovation and food provisioning during Covid-19: the case of urban-rural initiatives in the Province of Naples [J]. Sustainability (Basel, Switzerland), 2020, 12(11): 4444-4458.

[19] CHEN B, MARVIN S, WHILE A. Containing COVID-19 in China: AI and the robotic restructuring of future cities [J]. Dialogues in Human Geography, 2020, 10(2): 238-241.

[20] COCCIA M. Factors determining the diffusion of COVID-19 and suggested strategy to prevent future accelerated viral infectivity similar to COVID [J]. Science of the Total Environment, 2020a, 729: 138474-138493.

[21] COCCIA M. An index to quantify environmental risk of exposure to future epidemics of the COVID-19 and similar viral agents: theory and practice [J]. Environmental Research, 2020b, 191: 110155-110161.

[22] CONNOLLY C, ALI S H, KEIL R. On the relationships between COVID-19 and extended urbanization [J]. Dialogues in Human Geography, 2020, 10(2): 213-216.

[23] CONNOLLY C, KEIL R, ALI S H. Extended urbanisation and the spatialities of infectious disease: demographic change, infrastructure and governance [J]. Urban Studies (Edinburgh, Scotland), 2021, 58(2): 245-263.

[24] CONTICINI E, FREDIANI B, CARO D. Can atmospheric pollution be considered a co-factor in extremely high level of SARS-CoV-2 lethality in Northern Italy? [J]. Environmental Pollution, 2020, 261: 114465-114467.

[25] CREŢAN R, LIGHT D. COVID-19 in Romania: transnational labor, geopolitics, and the Roma "outsiders" [J]. Eurasian Geography and Economics, 2020, 61(4-5): 559-572.

[26] DANTAS G, SICILIANO B, FRANÇA B B, et al. The impact of COVID19 partial lockdown on the air quality of the city of Rio de Janeiro, Brazil [J]. Science of the Total Environment, 2020, 729: 139085-139094.

[27] DATTA A. Self(ie)-governance: technologies of intimate surveillance in India under COVID19 [J]. Dialogues in Human Geography, 2020, 10(2): 234-237.

[28] DE HAAS M, FABER R, HAMERSMA M. How COVID-19 and the Dutch "intelligent lockdown" change activities, work and travel behaviour: evidence from longitudinal data in the Netherlands [J]. Transportation Research Interdisciplinary Perspectives, 2020, 6: 100150-100160.

[29] DE VOS J. The effect of COVID-19 and subsequent social distancing on travel behavior [J]. Transportation Research Interdisciplinary Perspectives, 2020, 5: 100121-100123.

[30] DUGGAL R. Mumbai's struggles with public health crises from plague to COVID-19 [J]. Economic and Political Weekly, 2020, 55(21): 17-20.

[31] EARL C, VIETNAM R. Living with authoritarianism: Ho Chi Minh city during COVID19 lockdown [J]. City & Society, 2020, 32(2): 17.

[32] FILONCHYK M, HURYNOVICH V, YAN H, et al. Impact assessment of COVID-19 on variations of SO_2, NO_2, CO

and AOD over east China [J]. Aerosol and Air Quality Research, 2020, 20 (7): 1530-1540.

[33] FINN B M, KOBAYASHI L C. Structural inequality in the time of COVID-19: urbanization, segregation, and pandemic control in sub-Saharan Africa [J]. Dialogues in Human Geography, 2020, 10(2): 217-220.

[34] GÖSSLING S, SCOTT D, HALL C M. Pandemics, tourism and global change: a rapid assessment of COVID-19 [J]. Journal of Sustainable Tourism, 2020, 29(1): 1-20.

[35] HADJIDEMETRIOU G M, SASIDHARAN M, KOUYIALIS G, et al. The impact of government measures and human mobility trend on COVID-19 related deaths in the UK [J]. ransportation Research Interdisciplinary Perspectives, 2020, 6: 100167-100172.

[36] HALLEMA D W, ROBINNE F N, MCNULTY S G. Pandemic spotlight on urban water quality [J]. Ecological Processes, 2020, 9 (1): 22-24.

[37] HAMIDI S, SABOURI S, EWING R. Does density aggravate the COVID-19 pandemic? Early findings and lessons for planners [J]. Journal of the American Planning Association, 2020, 86(4): 495-505.

[38] HARAPAN H, ITOH N, YUFIKA A, et al. Coronavirus disease 2019 (COVID-19): a literature review [J]. Journal Infect Public Health, 2020, 13(5): 667-673.

[39] HESSE M, RAFFERTY M. Relational cities disrupted: reflections on the particular geographies of COVID-19 for small but global urbanisation in Dublin, Ireland, and Luxembourg City, Luxembourg [J]. Tijdschrift voor Economische en Sociale Geografie, 2020, 111(3): 451-464.

[40] HONEY-ROSÉS J, ANGUELOVSKI I, CHIREH V K, et al. The impact of COVID-19 on public space: an early review of the emerging questions – design, perceptions and inequities [J]. Cities & Health, 2020, ahead-of-print (ahead-of-print): 1-17.

[41] HORN S, VOGT B, PIETERS R, et al. Impact of potential COVID-19 treatment on south African water sources already threatened by pharmaceutical pollution [J]. Environmental Toxicology and Chemistry, 2020, 39(7): 1305-1306.

[42] HUANG Z, HUANG J, GU Q, et al. Optimal temperature zone for the dispersal of COVID-19 [J]. Science of the Total Environment, 2020, 736: 139487-139491.

[43] JAHANGIRI M, JAHANGIRI M, NAJAFGHOLIPOUR M. The sensitivity and specificity analyses of ambient temperature and population size on the transmission rate of the novel coronavirus (COVID-19) in different provinces of Iran [J]. Science of the Total Environment, 2020, 728: 138872-138876.

[44] JAMES P, DAS R, JALOSINSKA A, et al. Smart cities and a data-driven response to COVID-19 [J]. Dialogues in Human Geography, 2020, 10(2): 255-259.

[45] Jia C, Fu X, Bartelli D, et al. Insignificant impact of the "stay-at-home" order on ambient air quality in the Memphis Metropolitan Area, U.S.A. [J]. Atmosphere, 2020, 11(6): 630-639.

[46] JON I. A manifesto for planning after the coronavirus: towards planning of care [J]. Planning Theory, 2020, 19(3): 329-345.

[47] KANNIAH K D, ZAMAN K N A F, KASKAOUTIS D G, et al. COVID-19's impact on the atmospheric environment in the Southeast Asia region [J]. Science of the Total Environment, 2020, 736: 139658-139668.

[48] KERIMRAY A, BAIMATOVA N, IBRAGIMOVA O P, et al. Assessing air quality changes in large cities during

COVID-19 lockdowns: the impacts of traffic-free urban conditions in Almaty, Kazakhstan [J]. Science of the Total Environment, 2020, 730: 139179-139186.
[49] KIHATO C W, LANDAU L B. Coercion or the social contract? COVID-19 and spatial (in) justice in African cities [J]. City & Society, 2020, 32(1): 9-19.
[50] KOUŘIL P, FERENČUHOVÁ S. "Smart" quarantine and "blanket" quarantine: the Czech response to the COVID-19 pandemic [J]. Eurasian Geography and Economics, 2020, 61(4-5): 587-597.
[51] KRAEMER M U G, YANG C H, GUTIERREZ B, et al. The effect of human mobility and control measures on the COVID-19 epidemic in China [J]. Science, 2020, 368(6490): 493-497.
[52] KRZYSZTOFIK R, PIETRAGA K I, SPÓRNA T. Spatial and functional dimensions of the COVID-19 epidemic in Poland [J]. Eurasian Geography and Economics, 2020, 61(4-5): 573-586.
[53] KUMMITHA R K R. Smart technologies for fighting pandemics: the techno- and human-driven approaches in controlling the virus transmission [J]. Government Information Quarterly, 2020, 37(3): 101481-101491.
[54] KUNZMANN K R. Smart cities after COVID-19: ten narratives [J]. disP - The Planning Review, 2020, 56(2): 20-31.
[55] LEONARD K. Medicine lines and COVID-19: Indigenous geographies of imagined Bordering [J]. Dialogues in Human Geography, 2020, 10(2): 164-168.
[56] LIAN X, HUANG J, HUANG R, et al. Impact of city lockdown on the air quality of COVID-19 - hit of Wuhan city [J]. Science of the Total Environment, 2020, 742: 140556-140564.
[57] LIN C, LAU A K H, FUNG J C H, et al. A mechanism-based parameterisation scheme to investigate the association between transmission rate of COVID-19 and meteorological factors on plains in China [J]. Science of the Total Environment, 2020, 737: 140348-140354.
[58] LIU J, ZHOU J, YAO J, et al. Impact of meteorological factors on the COVID-19 transmission: a multi-city study in China [J]. Science of the Total Environment, 2020, 726: 138513-138520.
[59] LU H, STRATTON C W, TANG Y W. Outbreak of pneumonia of unknown etiology in Wuhan, China: the mystery and the miracle [J]. Journal of Medical Virology, 2020, 92(4): 401-402.
[60] MATTHEW R A, MCDONALD B. Cities under siege: urban planning and the threat of infectious disease [J]. Journal of the American Planning Association, 2006, 72(1): 109-117.
[61] MENDES L. How can we quarantine without a home? Responses of activism and urban social movements in times of COVID-19 pandemic crisis in Lisbon [J].Tijdschrift voor Economische en Sociale Geografie, 2020, 111(3): 318-332.
[62] MENEBO M M. Temperature and precipitation associate with COVID-19 new daily cases: a correlation study between weather and COVID-19 pandemic in Oslo, Norway [J]. Science of the Total Environment, 2020, 737: 139659-139663.
[63] MENUT L, BESSAGNET B, SIOUR G, et al. Impact of lockdown measures to combat COVID-19 on air quality over Western Europe [J]. Science of the Total Environment, 2020, 741: 140426-140434.
[64] MISHRA S V, GAYEN A, HAQUE S M. COVID-19 and urban vulnerability in India [J]. Habitat International, 2020, 103: 102230-102240.

[65] NADDEO V, LIU H. Editorial perspectives: 2019 novel coronavirus (SARS-CoV-2): what is its fate in urban water cycle and how can the water research community respond? [J]. Environmental Science: Water Research & Technology, 2020, 6(5): 1213-1216.
[66] NAPIERAŁA T, NAPIERAŁA L K, BURSKI R. Impact of geographic distribution of COVID-19 cases on hotels' performances: case of Polish cities [J]. Sustainability (Switzerland), 2020, 12(11): 4697-4714.
[67] NICHOL J E, BILAL M, ALI A M, et al. Air pollution scenario over China during COVID-19 [J]. Remote Sensing, 2020, 12(13): 2100-2111.
[68] OLIVEIRA L D A, ARANTES D A R. Neighborhood effects and urban inequalities: the impact of COVID-19 on the periphery of Salvador, Brazil [J]. City & Society, 2020, 32(1): 9.
[69] OTMANI A, BENCHRIF A, TAHRI M, et al. Impact of COVID-19 lockdown on PM10, SO_2 and NO_2 concentrations in Sale City (Morocco) [J]. Science of the Total Environment, 2020, 735: 139541-139545.
[70] PRATA D N, RODRIGUES W, BERMEJO P H. Temperature significantly changes COVID-19 transmission in (sub) tropical cities of Brazil [J]. Science of the Total Environment, 2020, 729: 138862-138868.
[71] PULIGHE G, LUPIA F. Food first: COVID-19 outbreak and cities lockdown a booster for a wider vision on urban agriculture [J]. Sustainability (Switzerland), 2020, 12(12): 5012-5015.
[72] QI H, XIAO S, SHI R, et al. COVID-19 transmission in Mainland China is associated with temperature and humidity: a time-series analysis [J]. Science of the Total Environment, 2020, 728: 138778-138783.
[73] QIAN Y, FAN W. Who loses income during the COVID-19 outbreak? Evidence from China. Research in social stratification and mobility [J]. Research in Social Stratification and Mobility, 2020, 68: 100522-100526.
[74] QIU Y, CHEN X, SHI W. Impacts of social and economic factors on the transmission of coronavirus disease 2019 (COVID-19) in China [J]. Journal of Population Economics, 2020, 33(4): 1127-1172.
[75] REN H, ZHAO L, ZHANG A, et al. Early forecasting of the potential risk zones of COVID-19 in China's megacities [J]. Science of the Total Environment, 2020, 729: 138995-139002.
[76] RICH K. Rural-urban interdependencies: thinking through the implications of space, leisure, politics and health [J]. Leisure Sciences, 2020. DOI:10.1080/01490400.2020.177400.
[77] RUTYNSKYI M, KUSHNIRUK H. The impact of quarantine due to COVID-19 pandemic on the tourism industry in Lviv (Ukraine) [J]. Problems and Perspectives in Management, 2020, 18(2): 194-205.
[78] SAADAT S, RAWTANI D, HUSSAIN C M. Environmental perspective of COVID-19 [J]. Science of the Total Environment, 2020, 728: 138870-138875.
[79] SAHA J, BARMAN B, CHOUHAN P. Lockdown for COVID-19 and its impact on community mobility in India: an analysis of the COVID-19 Community Mobility Reports, 2020 [J]. Children and Youth Services Review, 2020, 116: 105160-105173.
[80] ŞAHIN M. Impact of weather on COVID-19 pandemic in Turkey [J]. Science of the Total Environment, 2020, 728: 138810-138815.
[81] SANTOS A, SOUSA N, KREMERS H, et al. Building resilient urban communities: the case study of Setubal municipality, Portugal [J]. Geosciences (Switzerland), 2020, 10(6): 1-13.
[82] SHAMMI M, BODRUD-DOZA M, ISLAM T A R M, et al. COVID-19 pandemic, socioeconomic crisis and human

stress in resource-limited settings: a case from Bangladesh [J]. Heliyon, 2020, 6(5): e04063-e04074.

[83] SHARIFI A. Resilient urban forms: a macro-scale analysis [J]. Cities, 2019a, 85: 1-14.

[84] SHARIFI A. Urban form resilience: a meso-scale analysis [J]. Cities, 2019b, 93: 238-252.

[85] SHARIFI A. Resilient urban forms: a review of literature on streets and street networks [J]. Building and Environment, 2019c, 147: 171-187.

[86] SHARIFI A. Urban resilience assessment: mapping knowledge structure and trends [J]. Sustainability, 2020, 12(15): 5918-5935.

[87] SHARMA S, ZHANG M, ANSHIKA, et al. Effect of restricted emissions during COVID-19 on air quality in India [J]. Science of the Total Environment, 2020, 728: 138878-138885.

[88] SHI P, DONG Y, YAN H, et al. Impact of temperature on the dynamics of the COVID-19 outbreak in China [J]. Science of the Total Environment, 2020, 728: 138890-138896.

[89] SICARD P, DE MARCO A, AGATHOKLEOUS E, et al. Amplified ozone pollution in cities during the COVID-19 lockdown [J]. Science of the Total Environment, 2020, 735: 139542-139551.

[90] SONN J W, LEE J K. The smart city as time-space cartographer in COVID-19 control: the South Korean strategy and democratic control of surveillance technology [J]. Eurasian Geography and Economics, 2020, 61(4-5): 482-492.

[91] STEELE W. Who governs Australia's metropolitan regions? [J]. Australian Planner, 2020, 56(2): 59-64.

[92] STIER A J, BERMAN M G, BETTENCOURT L M A. COVID-19 attack rate increases with city size [J]. medRxiv, 2020. DOI: https://doi.org/10.1101/2020.03.22.20041004.

[93] TEIXEIRA J F, LOPES M. The link between bike sharing and subway use during the COVID-19 pandemic: the case-study of New York's Citi Bike [J]. Transportation Research Interdisciplinary Perspectives, 2020, 6: 100166-100176.

[94] THOI P T. Ho Chi Minh City – the front line against COVID-19 in Vietnam [J]. City & Society, 2020, 32(2): 15.

[95] TIAN H, LIU Y, LI Y, et al. An investigation of transmission control measures during the first 50 days of the COVID-19 epidemic in China [J]. Science, 2020, 368(6491): 638-642.

[96] TOSEPU R, GUNAWAN J, EFFENDY D S, et al. Correlation between weather and COVID-19 pandemic in Jakarta, Indonesia [J]. Science of the Total Environment, 2020, 725: 138436-138439.

[97] WADE L. An unequal blow [J]. Science, 2020, 368(6492): 700-703.

[98] WASDANI K P, PRASAD A. The impossibility of social distancing among the urban poor: the case of an Indian slum in the times of COVID-19 [J]. Local Environment, 2020, 25(5): 414-418.

[99] WILKINSON A, ALI H, BEDFORD J, et al. Local response in health emergencies[J]. Environment & Urbanization, 2020, 32(2): 503-522.

[100] WU J T, LEUNG K, LEUNG G M. Nowcasting and forecasting the potential domestic and international spread of the 2019-nCoV outbreak originating in Wuhan, China: a modeling study [J]. Lancet, 2020, 395(10225): 689-697.

[101] XIE J, ZHU Y. Association between ambient temperature and COVID-19 infection in 122 cities from China [J]. Science of the Total Environment, 2020, 724: 138201-138205.

[102] XU H, YAN C, FU Q, et al. Possible environmental effects on the spread of COVID-19 in China [J]. Science of the Total Environment, 2020, 731: 139211-139217.

[103] YAO Y, PAN J, WANG W, et al. Association of particulate matter pollution and case fatality rate of COVID-19 in 49 Chinese cities [J]. Science of the Total Environment, 2020, 741: 140396-140400.

[104] ZANGARI S, HILL D T, CHARETTE A T, et al. Air quality changes in New York City during the COVID-19 pandemic [J]. Science of the Total Environment, 2020, 742: 140496-140501.

[105] ZHANG J. Divided in a connected world: reflections on COVID 19 from Hong Kong [J]. City & Society, 2020, 32(1): 7.

[106] ZHANG Y, ZHANG A, WANG J. Exploring the roles of high-speed train, air and coach services in the spread of COVID-19 in China [J]. Transport Policy, 2020, 94: 34-42.

[107] ZORAN M A, SAVASTRU R S, SAVASTRU D M, et al. Assessing the relationship between surface levels of PM2.5 and PM10 particulate matter impact on COVID-19 in Milan, Italy [J]. Science of the Total Environment, 2020a, 738: 139825-139836.

[108] ZORAN M A, SAVASTRU R S, SAVASTRU D M, et al. Assessing the relationship between ground levels of ozone (O_3) and nitrogen dioxide (NO_2) with coronavirus(COVID-19) in Milan, Italy [J]. Science of the Total Environment, 2020b, 740: 140005-140014.

[欢迎引用]

阿尤布·谢里夫，阿米尔·雷扎·卡瓦里安–格姆西尔. 新冠肺炎疫情对城市的影响及对城市规划、设计和管理的主要教训[J]. 城市与区域规划研究, 2021, 13(1): 187-213.

SHARIFI A, KHAVARIAN-GARMSIR A R. The COVID-19 pandemic: impacts on cities and major lessons for urban planning, design, and management[J]. Journal of Urban and Regional Planning, 2021, 13(1): 187-213.

Editor's Comments

Thomas Adams (1871-1940) is a brilliant pioneer in the history of modern urban planning. Born on a farm near Edinburgh, he left school with limited education at the age of 16. Both his life experience which made it possible for him to compare urban, suburban and countryside surroundings and his talent to promote his ideas to men of influence played a key role in his growth. Howard put forward the theory of garden city in 1898 and built Garden City Association in 1899, of which Adams served as full-time secretary in 1901. And Garden City Ltd. was set up in 1903 to raise money for the practice of garden city. Adams was the first manager (1903-1906) of the first garden city Letchworth. In 1910 the United Kingdom passed *Housing, Town Planning, etc. Act*, and soon after that, Adams was appointed as the first Town Planning Inspector of the Local Government Board. With the implementation of relevant laws, Adams began to realize the necessity of a professional organization, and hence the establishment of Town Planning Institute in UK in 1914, of which he was the president.

In 1914 Adams was invited to Canada for the post as a City Service Advisor. During the period from 1923 to 1930 he was in charge of the survey and planning of Greater New York City Area in America, that is, the first Greater New York City planning by Regional Plan Association (RPA). The debate between Adams and Lewis Mumford, a representative figure of Regional Plan Association of America (RPAA), over this planning was actually a famous one between the tradition of metropolitan and the tradition of regionalism in America's planning history. It's believed to be a result of "Urban Age" planning and development in America during the period from 1830 to 1930. Adams has become a key figure in America's planning history since. In 1932, William Emerson, dean of the newly established MIT School of Architecture, invited Thomas Adams to design a course for urban planning, nominated his son Frederick Adams to be in charge of the course, and hired Adams as a lecturer, who published *Outline of Town and City Planning* in 1935. From 1937 to 1939, Adams was president of UK's Institute of Landscape Architects.

Adams's contribution to modern planning is not just in designing but in the development of international planning movements, organization of

编者按 在现代城市规划史上，托马斯·亚当斯（Thomas Adams，1871～1940，原译者译为亚当士）是一位耀眼的先驱者。他出生于爱丁堡郊区的一个农场，只接受了有限的教育，16岁时便离开了学校。亚当斯对城市、郊区和农村环境对比的生活体验，及其向有影响力的人推销想法的天赋，对他的成长发挥了重要作用。1898年霍华德提出田园城市理论，1899年组织田园城市协会（Garden City Association），1901年亚当斯担任协会的全职秘书；1903年成立田园城市有限公司，筹措资金开展田园城市实践，亚当斯担任第一座田园城市莱奇沃思（Letchworth）的第一任经理（1903～1906年）。1910年，在英国《住房、城镇规划等法》（*Housing, Town Planning, etc. Act*）通过不久，亚当斯就被任命为地方政府委员会（Local Government Board）的第一位城市规划督察（Town Planning Inspector）。随着立法的实施，亚当斯认识到需要一个专业组织，1914年任新成立的英国规划学会（Town Planning Institute）主席。

1914年亚当斯受邀赴加拿大任市政顾问。1923～1930年亚当斯负责美国大纽约地区调查与规划工作，也就是后来区域规划协会（Regional Plan Association）的第一次大纽约规划。亚当斯与刘易斯·芒福德（Lewis Mumford，美国区域规划协会Regional Plan Association of America代表人物）之间关于大纽约规划的争论，实际上是美国规划史上著名的大都市（metropolitan）传统与区域主义（regionalism）传统之间的争论，可以认为是1830～1930年美国"城市世纪"规划发展的结果，亚当斯已经成为美国规划史上不可或缺的关键人物。1932年，MIT新成立的建筑学院院长威廉·爱默生（William Emerson）邀请托马斯·亚当斯设计了一门城市规划课程并提名其子弗雷德里克·亚当斯（Frederick Adams）负责这门课程，托马斯·亚当斯任讲师，1935年出版了《市镇规划大纲》（*Outline of Town and City Planning*）。1937～1939年，亚当斯担任英国风景园林师学会（Institute of Landscape Architects）主席。

亚当斯对现代规划的贡献并不在设计领域，更多的是

professional planning, the framework of planning legislation as well as the mechanism establishment of public planning institutions. Before presiding over the planning of Greater New York City Area, Adams published an article titled "*Modern City Planning: Its Meaning and Method*" in a special urban planning issue (June, 1922) of *National Municipal Review*. It's a theoretical piece between the peak of two planning practices, UK's garden city planning and US's Greater New York City Area planning, with significant value of historical literature. The article was translated into Chinese by Professor Lin Ben in Anhui University in 1932 and published by the Commercial Press exclusively. This special issue of "Classical Picks" is for us to learn from it and boosts our knowledge of modern city planning.

在国际规划运动的发展、专业规划的组织、规划立法的构架，以及英国、加拿大和美国公共规划机构机制的建立上。在主持大纽约规划之前，亚当斯曾在《美国市政评论》（*National Municipal Review*）1922年6月城市规划专号上发表“现代城市规划的意义和方法”一文，这是亚当斯在英国田园城市与美国大纽约规划两个规划实践高潮之间的理论著作，具有重要的历史文献价值。1932年，该文经安徽大学林本教授译成中文，商务印书馆单独印行，本期“经典集萃”特别刊载，以资借镜，加深我们对现代城市规划形成与发展的认识。再版保留译文采用的专有名词，未予更改。

现代都市计划

亚当士
林本　译

Modern City Planning

ADAMS
Translated by LIN Ben

译例

一、本书之原著者，系世界唯一的都市计画家 Thomas Adams。Adams 氏曾参与 Ebenezer Howard 氏之 Letchworth 田园都市计划，而为该市专任董事之第一人。嗣任英国地方政务院（Local Government Board）都市计划监察官。继应加拿大政府之聘而为市政顾问，该国都市计划，大都出其擘画，成绩斐然，脍炙人口。其后担任美国麻省工科大学（Massechusetts Institute of Technology）之都市计画讲座，参与各种改造事业，望重一时。

二、原著名 Modern City Planning：Its Meaning and Method，载于美国 National Municipal League 机关杂志 *National Municipal Review* 之都市计划专号。日本东京市政调查会，由该会顾问 Charles A. Beard 博士之推奖，略加增删，译成日文，刊行于世。译者根据原著，参酌东译，重译此卷。

三、译文务求忠实，唯以中西行文不同，间亦略事修饰，或有出入之处。

四、原著注重实际方法，且能简明扼要，我国创办市政伊始，私信必能有所借镜。

五、译述之际，承东京市政调查会参事鬼头忠一、弓家三郎两君，畀以种种便利及指教，敬此鸣谢。

林本识

二十一年十一月十二日

于安徽大学

1 绪论

1.1 都市之科学的计画

我们日常营造房屋，或建筑工场，都有相当的设计，独对于都市，却毫无计画，一任其自然发达，这不是太荒唐了么?

其实，都市并不会自己长成的；多少必根据人为的计画。但是所谓计画，或凭测量技师之设想，他们专门维护地主之利益；或赖铁路工程师之规画，他们只知唯唯听命于公司之股东和交通监督；或由于建筑家及设计者之考案，他们完全依委托者之意见行事；这种断片的局部的计画，的确是现今一般都市之共通的现象。其结果，只不过凑成一个土地。交通机关以及建筑物等各种计画之杂乱无章的集合体——方案罢；那里配得上称为都市计画呢？话虽如此说法。因为无论任何都市，关于安宁卫生及便利诸点；多少有分别统治各个计画之权力，所以即就现状而论，亦不能断定它们把都市利害，绝对置之不顾的。不过此种统制，常有一定的限度，又以都市中之必须认为互相关联的问题，依旧好像彼此毫不相关而单独地处理着的缘故，因之就发生种种弊端。是项弊端，若非采用包容兼蓄所谓整个的都市计画。是决计不能消灭的。

严正地说起来，那种房屋工场之设计，若可算为计画，都市亦何尝没有计画呢，如某女计画家诙谐地说："一般都市之计画，并非成于偶然，必定是不世出的天才，费尽心机，造成其所以如却简陋的。"所以并不是都市设有计画，实则计画之方法陷于错误罢了。现在我们所缺少所要求的。就不是此种简陋的计画了；我们所要来的，是一个科学的、井井有条的计划吧。

1.2 实际的方法之必要

我们借重都市计画，无非要达到一个理想，就是要使市民得过较为幸福且较为圆满的生活，所以一切的计画，务须合于实际。平常所谓"远见"和"近视"两个见解上不同之名词，其实根本不相矛盾，要在于折乎其中，轻重得宜便对了，换句话说：我们之终极的目标，不妨放得高些，可是我们除使用现有的材料，切实的努力完成之以外，不应该更有所妄求的。譬如一个人，只有建筑一间茅屋之经费和材料，冒昧地便着手营造高楼大厦，即使以为终究或许有法可想，终不能算为得计。所以不论计画或建造，最宜实事求是，务求适应当时之需要；不过今日之设施，即为他年工作之一部，思前顾后，一种先见的预备，确是必不可少的。

都市改良之达大的目的，是欲使都市成为一个社会的有机体（social organization），完全由于健全的市民所组织；成为一个工业机关（industrial plant），能适合高能率的工作之条件；我们务须悉心规画，努力实行，对于一切事宜，均不容其自然放任的。那么，第一件要务，便是阐明一个可以见诸实行之程序（program），并须公公正正，不使有所偏颇。甲派主张设置运动场（play ground）；乙派则对于"市心"（civic centre）设置及"都市艺术化"（beautification）问题，尽力唱道；丙派因欲维持地价，以为“区域制”（zoning）之确定，更关紧要了；丁派却注重交通（traffic）管理；戊派或高唱住宅问题（housing）。议论纷纷，莫衷一是，这也许在计画都市时，所难免的现象。欲在其间，措置得当，轻重合度，始终确信都市计画，是一个包容兼蓄的（comprehensive）事业。恪守不渝，这当然是难能的事。唯其于创制一个包容兼蓄的计画之际，所以感到困难之原因，实在是对于都市发达上各种要素间之相互的关系，不能真正理解的缘故。譬如在某一都市，解决铁路之路面交叉①（grade crossings）撤废问题，认为当今唯一的急务，但是只将本问题，单独处理，草草了事，则此交叉撤废之价值，已经丧失大半了。

1.3　计画太晚了么

“计画晚了”是一句毫无根据的话，因为都市是继续生长发达的，假使一个都市，在内容改进上，或于市民之数量及性质上，已经停止发达，那一定是“死的都市”了。要是都市依旧继续生长发达的话，在此一息尚存的期间中，计画是必不可少的。有人说：“对于都市发达之前途，谁也不能正确的预卜，可知任何计画，不能谓有正确的先见，所以一切举措，都是靠不住的。”这句话也是因噎废食的愚论。要知正确的预测那都市发达之前途，而加以计画，固然是力所不及的事。可是我们能够应用既得的知识和技术来应付问题，至少也得因此除去屡次反复发生的过失。通观都市问题之大体，并阐明方法，借以免避无计划的发达所发生之一切的损失。高速度的汽车，对于都市发达上，引起不少新的问题，火上加油，那末都市计画及都市改造，更认为目今最紧要的要务了。

1.4　都市计划之基本的要素及公共的设施

谋所以发达都市而创制一个都市计画时，应注意下列三大问题。

（1）经济状态与土地发达之管理

划定土地区域（subdivision）之策略[内含地价之评定（assessment of land values）以及空地和农业地带之设定]及其管理之方法，对于都市之发达以及市民之健康和兴隆等各种问题，均有重大的关系。欲求都市之经济的发达及产业状态和住居状态之合于卫生，必须有广大的地面，以为创制计画之用，且于营造建筑物之前，应预定土地使用之方法。

（2）对于工业上各种适切的设施

其中包括土地开发之便利，适宜的工场地带之保留，将来扩充之余地，工场与住宅之接近，以及其他各种有效的设施等问题。

（3）健全的住居状态

创制都市计画时，对于住宅，应维持其快适的环境；对于种类不同之住宅，应有限定的区域；对于自住房屋之自有，应有相当的奖励；其他关于健康和慰安上之必要的设施，亦须应有尽有。

1.5 都市之公共设施

欲使工业发达，家庭健全，我们对于都市，应有下述各项设施之要求。

（1）良好的卫生[②]设备——沟渠及自来水道（sewerage and water supply）等之设置。

（2）铁路及水路（water way）等运输上之便利——包含铁路路线和车站。

（3）电力（power）及电灯之供给。

（4）道路交通之完备——包含主要街道计画以及电车等各种车辆交通上之适当的设备。

（5）区域制之制定——就是规定土地之用途，限制人口之密度和建筑物之高度等。

（6）石碑铜像以及一切足以表彰市民精神之纪念的建筑物之建造。

（7）公园游乐地之开辟，以及学校教会之类集等，借以适应社会之需要。

以上七项设施，于都市之能率及经济上，关系其重，实为任何都市计画所不能忽视的。

若只就一项，如良好的铁路系统及街道系统；或工业区域和住宅区域之适当的连络，或对于雇佣职工和其子女们慰安设备上之种种方便等单一的条件而言，产业之能率是不一定就能增进的。工业能率之增进，实有俟于均衡得当的都市计画，使一切设备能相互的关涉且适当的连络。例如直达车站之通路，实与车站之位置大有关系，欲规定街道之广度，先当考虑两旁建筑物之高低和密度以及通行车马之数量：就是街道铺装之性质，亦必就区域之种类（或为工业区域，或为住宅区域）经过相当研究之后方能决定的。

1.6 都市计画之适用的地域

兹将都市计画之适用的地理上单位（geographical unit），列举如下。

（1）大地域（region）[③]——一个有共通的特质或共通的中心点之都会地域（metropolitan area）或广大的工业地域及矿产地域，其中包括数个都市区域（municipal area）或其一部而成。

（2）市区（city）——一个市自治体（an incorporated city）之行政区域。

（3）小市镇区（town）——通常即称为“town”之小自治团体，但美国中亦有认乡镇或县区（county）中之自治的村落，与“town”同格看待之省。

（4）乡镇或自治的村落（township or rural municipality）——为县区中之一区域，有时亦得包含小市镇及村落。

（5）村落（village）——人口稀少，尚未达到小市镇之状态者。

所谓都市计画，便是对于上述各种区域之一，有所计画之意。其中尤以研究大地域一事，最关重要。因为若非从大地域上着想，就不能了解工业分布之状况和都市乡村间之唇齿相辅的关系了。都市计画到处实行。乡村计画亦时有所闻，但是目下最为紧要者，实乃一个大地域中所包含之市乡共通的计画罢。

对于发达过程中之小市镇或村落，以及包容此等小市镇或村落之大地域，实施都市计画，实于事业上，提供充分的活动范围和绝好的机会。

在美国，都市计画一语，易招一般人民之厌忌，因为一言及此，他们就将推想其必为耗费巨额经费，改造那建造已成的土地之一事。原来都市计画之本旨，大半在乎谋画都市之将来的发达，而一般却常视为改造事业之一种，未免过当了。对于建筑物充澈，所谓木已成舟的区域，施行外科的手术，那当然感到困期，并须费巨额的经费。譬如要推广几条高楼大厦林立两旁的道路；或于房屋栉比之区域，想开辟一条对角线的新道路（diagonal street），在经费关系上，差不多也是办不到的。如果有实力的话最好能于尚在发达过程中。或并非建筑物之处，预先投下前项同额之经费，那是最廉价的而且是最有效的方法罢。加之，郊外地如能适当地加以计画，间接地亦能缓和市内人口之密集，并得轻减其所邻连之杂沓的中心区域改造上之种种的困难。

2　都市计画之方法

2.1　调查及计划之顺序

学者间或以交通组织与区域制，为创制都市计画时，首当考虑之事，其他如公园系统（park system）及市心等计画，即稍后计及，亦属无妨。是种论调，完全是见到从前过于重视公园系统和"市心"，其结果，发生种种弊端而来。实则两者都各趋极端。要是欲举良好的成绩，此类问题，均不能彼此分离的。但若一个都市，如果一时，只限于举办一件或两件事业，那末交通组织和区域制，当然是最要紧的事。不过据著者之意见，以为都市计画根本不应该分别种类，以定缓急；若论先后，似以依据下列顺序行事，较为妥当罢。

（1）都市及其周围地带之实地踏看（reconnaissance）。

（2）根据实地踏看之结果，作成暂定的概要计画。

（3）都市测量（city surveying）。

（4）依据省法规，树立完全的实行计划。

假使最初应为小规模的试办的话，那末，须先行调查现状，然后着手。此种调查不宜过于精细，因为过于精密完全的分析，结果或与失落重要事项之调查，陷于同样的错误，欲创制一个适当的计画，务须择其最紧要的事项而为之。所以上乘的计画者，必知何者应存，何者应去，所谓取舍必合法度。

共次之问题，是铁路位置之选定及变更等问题了。于此，我们难期其必能完全无缺，要知都市对于这个问题，只能劝告铁路工程师，令其所拟方案，适合于都市计画罢了。若一味独断，绝不与彼等协商，单方面设定计画，强迫铁路公司支出经费，以谋都市之利益，如果此举于公司别无何等好处，其结局无有不失败的。

2.2 都市计画与区域制之相对重要性

都市问题之最难解决的，恐怕是最不通俗，最不出相的问题了。现今大多数都市所着手制定之区域制，可说比其他一切问题，较为平易，且并不苛求专门知识的。对付这个问题，非但用不着想象力，简直须相当地制止想象力之活动。此种计画之成败，大都是由于熟悉地方情形与否而定。不过制定区域制之专家，应有善用材料之知识；又当有相当的口才，足以说服市民，使之唯命是听；并须搜集他市之有益的资料，至必须特别处理之事情发生的时候，便要求有贵重的忠告和指导了。就大体言之，计画若只限于区域制一事，即不外求专门家之援助，一个贤明的市工程师也办得了的。但是任何计画决不能只限于区域制一事；且任何区域制之施行，不仅以安定不动产之价格为目的罢。其实都市计划应该增加真的价值，万不可维持投机家之空价的。

划定某区域只供居住之用，此事之本旨，一经地主之赞同，则地主于处置土地或建造房屋之时，或规定建筑费之最低限度，或限制房屋之性质，常受种种之制限的。从来此项原则之适用，恒限于小康阶级以上（well-to-do-class）之住宅；常用以禁止在高楼大厦之近旁筑造劳动阶级之小屋或店铺，从某方面观之，此种规定，根据于阶级差别之观念；并以为高价房屋之旁，筑有不值钱的小屋，则影响所及，高价房屋之价值，亦将随之而低下。其实最重要的问题，并不在建筑费之多寡，应视建筑物之形式，是否玲珑生趣，其周围有无宽豁适意的环境就对了。

依据都市计画之规程，对于住宅之周围，有所制限，加以取缔，此事比规定建筑费之最低限度，更为重要。画定住宅区域之本旨，在私约上，既经地主之赞同，此项规程，只不过将实际通行的事例，改成法律条文，公式地执行之就是了。但是既为法律，当然非采用和私约不同的方法不可，这是应该补充申明的。在特殊的区域内，规定一种建筑经费之最低限度，即使是很有意思的事，若贸然地适用于法律，终觉不甚妥当罢。其实欲保持良好的状态，全仗法令之对于下述诸点，有所规定的——规定区地（lots）之大小，禁止不美观的建筑物，维持卫生状态，取缔建筑物之高度及用途等。

进一步言之，都市对于郊外之土地区域及建筑物之发达状态，也有取缔与管理之责任。换言之，就是都市有将农业地带，并入境内之必要。一般都市，平时对于郊外，漫不注意，即就建筑物发达状况一端而言，亦不论其是否适宜，或合于卫生，绝不加以取缔，一任自然，如此历时既久，一旦欲编入市区，当然倍觉困难了。若都市对于是等土地，当其为农业地之时，即行编入市区，加以适当的制限，便足以防止不经济的及杂乱无章的发达罢。奈计不出此，房屋一任其无秩序的建筑，简直对于沟渠自来水及其他地方改良之设备，有时亦置之不闻不问，及至大势已成，再行编入市区，欲提高土地之标准，完全与都市相等，那末，非投巨额的经费不办了。

总之，都市于未分区域以前，即将郊地并入市区，是最好的方法，其次于并合之际，须附带一个条件，就是并合以前，该处必须已有适当的卫生设备。否则欲提高标准，需费浩大，除另行设法以外，都市全体不应该负担是项费用的。

在美国，有几省之宪法，应许都市有几分管理或取缔其邻连地（adjacent area）中各区域之权，盖有见于上述种种的弊病罢。

2.3 都市计划委员之选任

在选定都市计画之地域，或创制都市计画以前，市议会（city council）依据省宪法（若宪法上有是项规定），对于选任都市计画委员与否，首宜决定态度。对于选任委员一事，不无反对之论，但是设置一个团体，倾其全力，应付都市计画之各项问题，当然有莫大的利益，所以决非反对者之几句空论所能根本推翻的；不过该委员会之经济支出，当受市会之监督罢了。

2.4 聘用专门顾问

大抵都市欲创制一个计画，必须聘用一名乃至数名之专门家。借备顾问，并与市工程师合作进行。专门家应负责指挥预备测量之工作，所谓工作，其实是全工作之一部，无论在哪一步，均有俟于专门家之继续的指导的。聘用专门顾问，固属必要，但聘用之际就应该明白测量和计画并非顾问一手包办之专任事务，实为顾问和市工程师之协同的事业罢。

我们应该充分地利用市工程师之关于地方情形之知识，又关于创制计画一事，务使工程师，感到自己之职责和市民之信任。所以然者，实有两种作用：一是节省计画经费；二是计画确定后，使局中人能以同情心实行计画之意。

一个良好的计画，必能应情境之推移，变通自在，绝不是完全竣工，牢不可破的铁案。换言之：计画必须一步步地继续实行，而且应情形之变迁，随时加以修正的。唯此种继续实行，随时修正之工作；则全仗市政府常任吏员，在都市计画委员会监督之下，努力经营的。所以一位对于都市计画，有多年经验及特别研究之专门家，聘做顾问，当然很能得有益的帮助；但是顾问之任务，一切需与市工程师协力合作，绝不是聘来替代工程师去行使职务，这是应该明白了解的。

2.5 现存的地图及调查资料

在选任都市计画委员之后，第一件的实际工作，便是搜集现存之地形图、区域分划图（existing topographical subdivision map）及其他有益的材料。如果有一哩缩为一寸之缩图，亦当搜集一袭，以便明示都市及周围附近之地域。

其次应备有一种地图，借以表示其邻连的都会区域（adjacent metropolitan area），就是距都市境界线三哩乃至五哩以内之市街区域（urban zone）。此项地图，应为一千呎乃至二千呎 缩为一寸之缩图。地图之中，当载明主要街道、街道系统、水路以及其他与区域发达有关之显著的要点。

又须调制二百呎乃至四百呎缩为一寸之地图，用以表示市内之建筑物及地形，如 Baltimore 市之地形测量图（the topographical survey map）。此图中当载明现有之街道及街廓 （block）[④]，务期正确。并将土地之高低，以五呎之差高（intervals），用等高线（contour line）表出之。再参证保险用地图（The insurance map）及其他特殊的调查，将一切的建筑物和有形的事象，不论巨细，统行记入。设此图能调制得当，则一览之下，即能将人口之分布状态及建筑物之密度，了如指掌。假使建筑物之性质，未能表出，仅是一幅人口密度图（map of population densities），在图式上，价值较逊。所以不如费些工夫，将一切建筑物，明载地图之上，更有意义罢。

综观上述，计有三种地图：第一号是缩一哩为一寸之大地域图（maps of the region）；第二号为缩一千呎乃至二千呎为一寸之市区及附近市街区域图（map of the city and surrounding urban zone）；第三号为缩二百呎乃至四百呎为一寸之市区地图（map of the citty）。都会地域以及市区内之一切区域，其大概轮廓，须在第二号地图中，明白表出。又在同图中，并须载明主要街道、水路、轨道、公园及公园道路（park way）——无论其为现存的或计画中的——之大概及暂定计画。

假使经济充裕的话，调制几辐全市之特种地形测量图（special topographical survey map），是很有价值的，是项地图，在地势高低起伏之都市，尤为有用。有时因丘陵起伏的缘故，感到异常困难的时候，全市至少一部分之精确完全的地形测量，是很关紧要，万不可省的。

2.6 鸟瞰图

地形图尚多不备之点，当用鸟瞰图（aerial maps）补充之。鸟瞰图在都市计画上，尤其为表示都市之天然的特征和建筑物之密度起见，是非常有价值的。加拿大政府，恐比其他各国，更能认识飞行机之利用，在地图作制上之价值。该国航空局对于其他官厅及各都市之调制 mosaic[⑤]式的地图，常不惜与以充分的援助。关于此点，该局之一九二零年度年报中，有所陈述："是种 mosaic 式的地图，比普通一切的地图，容易理解，容易看得清楚，而且更有趣味；所以对于一般民众，其价值实非笔墨所能磬述的。若供都市计画者之考证，则更为有用而可贵；盖对于大部分都市问题之解决上，贡献的确不少。"

鸟瞰图对于尺寸，当然不能保证精密，若求尺寸之精密，新则非实地测量（ground survey）不办。但是鸟瞰图之于实测地图，实为贵重的附属品，或供都市计画之参证，或应其他各种之要求，总之，都市是不可不备的。

2.7 预备的实地踏看测量

第一号第二号及第三号地图，于大地域及都市之举行测量时，即须调制。当实行测量之际，关于测量所得之知识所能利用之最高的限度，应先了然于胸中。固然因经费之多寡，对于测量之性质及目的，也不无几分影响的。下列各点，乃着手测量时，当特别注意者。

（1）第一个问题便是选定测量和计画之地域，已如上述。如果法律上，应许当局者，不必顾虑从来之因习的都市境界，那末，应该很审慎地选定一处大地域。假使非恪守向来已有之都市境界不可的话，只得将都市之全面积，作为都市计画区域，是最好的方法。

（2）当规画地域内一切有形的更改时，务使公共利益与个人利益，适得其平。

（3）各种问题，须由本问题之专门家处理之。通常须有专门家四人：第一个主管铁路、运输及车站，主要街道系统，市街交通，沟渠和自来水，电力及电灯之分配，以及其他各种工程上之问题；第二个主管财政，尤其是课税、地价及法律问题等；第三个主管市之一般有形的设备，公园及娱乐系统（recreation system）等；第四个则主管“市心”及建筑物之取缔管理等问题。此等专门家，通常为工程师、律师、庭园技术家及建筑家。

律师算不来是计画者，只不过是专门家之顾问，其他三人中须有一人统理一切。在大都市，因为包容问题之范围度大而且复杂，至少须聘用三人。在小都市，有干练的公务员，能相当为之帮忙，只聘专家一人，亦可以对付了。事务之分科如过于细碎，事业即有不统一之虞，最宜注意，切勿使计画陷于此种危险。

（4）都市计画，愈其谓将制限都市之发达，不如说有助长发达之责任。所以都市计画应当伸缩自在，使得随时变更修正；但所谓变更修正，必须根据于原则行事，万不可专从地方便宜上着想的。要知分毫的变更，常容易引起不公平之事 ，所以凡事须听从专门家之指导才行。

（5）当创制计画之际，常须求得市公务员及市民之赞同，因为如此，以后实行计画之时，方能得彼等之协助。

（6）实地测量时，分别与各个问题（如区域制或铁路等）相关而行，或更为有利，但最后的计画，仍须包容兼蓄而能网罗都市发达上之一切的事项。

（7）在某种意义上着想，都市计画是就工业及居住两项，管理土地之使用及其发达的一回事。所以课税制度（assessment）亦须设法调节，务使适应土地使用上之制限。

（8）像现在那样建筑物之无差别的混集杂立，足以低减土地之价格，固然不行，但是区域制行到过度，也有发生同样的危险之可能。

（9）过于详细与过于枝节之点，切宜避去。在“都市计画”一个题目之下，所发生问题之大半，都可以依据建筑条例，或住宅法规（building or housing ordinance）处理的。

（10）建筑物如欲增加高度，同时即须由前退后，减少其深度。但此事当依各都市情形，而有斟酌，此时实不能举出一定的标准来的。

（11）每英亩中，住宅数之限制，在美国一般似尚未见诸实行。所以如欲达到人口密度低减之目的，只得于各区地上，规定建筑面积之限度。此种办法，的确比规定区地面积之大小，更为得策。

（12）在一处地方，如果有举行部分的大地域测量之可能，即使其计画，只局限于市区，是种测量还是应当举行的。要知无论何处何时，都市必须举行一个完全的都市测量，作为计画之基础的。至于必要的地图，差不多在任何都市，都是一样，不过有时斟酌地方情形，或有调制特种的地图之必要。

2.8 都市测量

大地域之测量及其暂定概要的计画，已经作成，其次便应该就都市范围，举行更完全的测量了。

前述第三号地图，业已调制成功，由此便可以将正确的地形，市内建筑物、街路、街廓之境界及轨道等，明明白白地表示出来。然后以此图作为底版，用石印印刷几份鲜明的复写地图，大约有十二三张足够应用了。再将种种必要事项插入，施以彩色，作成下列各种地图。

第三号地图（a）交通现状图（transportation map）——表示现有之轨道、车站、水路、港湾及市场等。

第三号地图（b）街道公共设施图（street service map）表示既设之市街轨道及其延长计画路线，自来水道干管、沟渠、电力线，以及各种之街道铺装（street pavement）等。

第三号地图（c）街道交通运输图（street traffic map）——主要道路及路线之焦点（focal point）、路面交叉、市街轨道交叉点、街道交叉点及若干处之交通量（如有交通调查可以查考）等。此图须将距任何市街轨道之四分之一哩以内的区域，明白表示，并用彩色线绘成，以清眉目。

第三号地图（d） 土地评价图（land value map）——表示在各街廓内，一平方呎或间幅（frontage）一呎之宅地评价。其方法，于每一平方呎价值五元以上十元以下，或间幅一呎五百元以上千元以下之街廓，用一种颜色表示之。而一平方呎价值一元以上五元以下，或间幅一呎百元以上五百元以下之街廓，用另一种颜色表示之。

第三号地图（e）现势图（existing condition）——表示现存之工业商业及住宅区域、公园和公园道路，以及公共或准公共的建筑物之所在地。

第三号地图（a）、（d）及（e），若能用一定的颜色和记号，用心绘就，则此三图亦得合成而为一幅现势图。

3 都市计画上之各种问题

3.1 街道及交通系统

由上述各种地图可得种种有益的资料，更进一步，就可以制定都市计画方案了。兹将首须考虑之事项，列举如下。

（1）关于铁路路线变更之提案——其中包含联合车站（union terminal），路面交叉之撤废以及直达铁路之通路倾斜高低等问题。

（2）干线街道——其配置广度及联络等问题。

（3）从市区之中心地，直达铁路车站之通路及其主要的交通机关，并所以调节交通杂沓之方法。

（4）街路之推广，桥梁及地底铁路之建设，小路之新辟，街角（street corner）之改圆，街道交叉地点之扩大，借以缓和交通杂沓等问题。

（5）设法于各个建筑物之中，筑造拱道（arched way），其两旁铺装人行道，敷设地底铁路或变更市街电车之路线等，虽其法和（4）不同，亦能保留交通之余地。

研求是等问题，最宜加意者，就是不费过大之经费，能得最大的方便和恒久性，所谓两美兼全的结果。其实需最大经费之计划，不一定便是最好的计画；而一个极端的急进的解决法，即使偶然为障碍最少的方法，如果对于其他更简单的方案，并未仔细加以考虑，简直是很可怀疑的。

“介在地域”之计画（the planning of intervening area）或地区开发计划（site planning），在原则上，当一任地方都市计画委员会和地主互相协同办理。不过应该规定一种普通的原则，足供委员会之参照。因为介在地域之计画，必须参酌全体计画行事的。又关于新设街道之计画，亦须明白指示，如果尚未正确规定，至少也须指示其敷设方向及范围。

交通运输以及货物粮食之分配等一般的问题，实为最重要问题之一种。在现在都市中，以车站位置之不适当，或以直达车站之通路和其他交通机关之不方便，对于市民之移动及物质之分配一层，往往空费巨额的经费。在美洲，比在欧洲各国，更应注意电车及各种市街轨道车之高速度的交通。要知长距离的铁路，是不适于地方交通的。在美国，市之街道交通，多为装货汽车所利用。是种装货汽车，若在英国，是通行于小型的铁路上的。

交通设备之方便与否，和住宅问题及市民应纳宅地之地价，大有关系的。为适应高速度的交通之需要起见，推广道路的时候，对于地上线、地底线及高架线之建设费用，应该相互比较，加以考虑。大概高架线之建设费，当三倍于地上线，而地底线则在十倍以上。交通之杂沓，并不是道路狭窄一个单纯的原因所能造成，实由于种种方面，都市计画不完全的缘故。所以决非单独的救济方策，所能奏效的。有时好像非实施激烈的办法，实行推广道路不可，其实只要改圆交叉路口之街角，同时改良交通整理之方法，就可了事，这样的事情，也是常有的。讲究递减分配费用即输送费之方法，实为当今之急务。关于此点，应就市场和铁路及街道之关系，加以研究。

街道系统（street system）大别之为主要干路（main traffic arteries）、主要街道及小街道（majors streets and minor streets）之三种。第一种主要交通干路，形成都市之主要干路系统，并为本市与他市或其他人口集中地点间，相互连络之枢纽。其中包括环状道路（circular road）而言。而环状道路所以连结各放射线路，借以分布交通之用。第二种之主要街道，包含市内之商业街道及连结街道（business and connection roads）之全部。第三种之小街道，大都只限于住宅区域之内方准筑造的。至于街道之广度，似照下述标准，较为妥当；主要交通干路，自八十呎乃至一百二十呎；主要街道及公园道路六十呎乃至一百呎；小街道三十呎乃至六十六呎。

道路上和人行道上之各种障碍物，当设法取缔，建筑物之后退线（the setback of building）亦须预先设定，务使一切店铺之招牌及其他各种突出物，不至逾越其属地范围以外。一切公众车库和停车场，当从临街线（street line）起，至少退后三十呎。

至于沟渠系统及自来水道系统之设计，须就街道地势及区域制诸点，相当加以研究。且此等计画和其他各种地下设施，均不得妨碍本市之一般的计画。

3.2 区域计划

创制都市计画之第二步，便是区域制问题。当着手分割区域之际，须制定三种规定：第一种关于用途之制限；第二种关于高度之制限；第三种则关于建筑面积（area of occupancy）即在一区地（per lot）中，建筑物密度之制限兹将区分用途之项目，条列如下。

（1）重工业（heavy industries）及一般用途区域。

（2）轻工业（light industries）及仓库堆栈区域。

（3）商铺、事务所及银行等之商业区域。

（4）第一种住宅区域（内含户别住宅及准户别住宅）。

（5）第二种住宅区域[除包含户别住宅及准户别住宅外，并有两户联造的住宅（duplex houses）分间合住的公寓（apartment）及小住宅区域内之商业中心地]。

前述区域内不得排除住宅，（1）区域内亦不应禁止轻工业。在（4）及（5）两区域内，当然不准设置汽车车库及广告揭示板。公共建筑物、教会、学校及医师诊察所和律师事务所等职业的事务所，在（2）、（3）、（4）及（5）诸区域，均得许其建造；但在（4）区域。其准予建造之面积，当在计画案中，明白规定。如果经住民半数以上之议决，在（4）区域内，即欲明文禁止公共建筑物及教会等之设立，亦无不可。

就建筑物之高度言之，其取缔之方针，亦颇有改进之余地。在商业区域，如果周围留有充分的空地，且街道也相当宽阔，建筑物之高度，似无制限之必要。高度不应该用呆板的尺寸及层数来制限，实则须依高度与其所连接之空地，视其均衡比例如何而定的。至其标准比例，则依地方情形而有不同。在商业区域，假使有一座房屋，准其建筑物蔽盖基地之全面时，则此建筑物之一部，为就不得超过二层以上；而同时在后街或小弄中，且有设置后门之必要。对于商业用或工业用之建筑物，十中之九，得许其高度，和正面街道之广度相等。过此以上，如欲增加高度，即须同时将建筑物拆让退后。在住宅区域如（4），以二层半或三层；在（5）区域，则六层为最高之限度。但后者仍须视建筑物周围空地之广狭，酌定其高度的。总之，理想上，一切建筑物，无论其在正面或背面之壁上，务须射受四十五度角度之光线的。

3.3 公园

第三步，便是关于空地、临水地（water fronts）、建筑物以及公共建筑物的类集等之设计；并在可能范围内，保留几处生产的农业地带。此第三步之事业，大部分系属于建筑家及庭园技术家之工作。其法须先将现有及计画中之公园及公园道路等各项，载明地图。所谓公园系统乃包括公园、游乐地（recreation ground）及公园道路等而言，此项设施。当与街道系统和铁路系统，相关的研究之。都市须预先将公园系统，慎重计画，不论市内或市外，均应设法设置。公园面积最好能占全市面积之百分之十，最少亦不得少于百分之三；并须悉心规划，组成一个连贯一气的系统。楔形的公园的确比圆形的更为合式。公园对于都市之保安及市民之休养上，是非常要紧的。且于荒野公园或天然公园之中，植树木使之成林，蓄水草以为牧场，如管理得法，不难改成几个生产的公园，则都市每年亦能获得相当的额外收入。

各都市应该多方设法宣传，使市民认识公园之经济的价值。据 1908～1911 年，纽约市大小 943 个公园之地价腾贵率一览表所载，可知其中 19 个公园，增加地价，在 2.001%以上；273 个公园增加地价，自 25%至 154%；而其余 91 个公园，则在 25%以下。

假使公园能选定位置适宜，计画得当，非但公园地面随之腾贵，即附近地带之地价，亦能相当提高。所以大地主之慷慨捐助公园，或于公园附近业地上，缴纳特别负担金，以供经营公园之用，若论利益，是依旧合算的。Missouri 省 Kansas 市，曾将公园经费之大部分，取之于六个公园区域内之地主，因此，该市只化少数金钱，居然造成一个伟大的公园系统；而各地主且犹不顾负担，争先恐后，大有求之不得之势。事后，该市公园委员会发表宣言，谓公园能提高地价，为数在经营公园之总经费以上，并用数字实证之。末谓本委员会不时感到，尚有要求继续推广公园或延长公园道路系统（park of boulerard system）之必要云。

但是我们却应该注意，我们须就都市面积之大小，顾到经济问题，勿令市或地主，负担不生产的公园之经费，失之过重。

3.4 市心

市心之设计，须注意地形及其他各种有形的事象。市心在营造建筑物之费用关系上，从某种意义言之，实为附随的事业。建造过于奢华的建筑物，与公益本旨不甚相称。其实许多都市所以欠缺美观之原因，并不在公共建筑物之有无，实由于取缔建筑物之周围，不甚周到，结果，发生种种不雅观的现象（untidiness）而来的。一座美的建筑物，不一定比丑陋的多费金钱，不过能设计得巧，指挥适宜罢了。建筑物之环境可说与建筑物本体同样重要。周围应该宽豁，但不得过度，以致建筑物有渺小之感。要在于建筑物之大小高低与周围之宽窄，完全相称。

都市事业费之分担，都市全体与地主各任若干，其负担之比例如何，实为都市计画上，最费研究之一个重要的问题。根据 Somers 式土地评价法（Somer's system of real estate valuation）而论，在原则上，六十呎阔之街道，所支费用，得全部取之于沿道之土地所有者。不过这种标准，似乎过高一些。其实在住宅区域有四十呎，在商业区域有六十呎阔之街道；仅够应地方之需要了。

3.5 地区开发计划

任何的设计，均须顾及都市之全体，若离开一般的计画，专事区域之细目的研究，实非良策。有时我们所欲处理之区域，适居地域中之要害，或以特种原因，在全体计画之关系上，占着重要的地位。例如有一块土地，其详细区分，业已规划就绪，唯其位置。恰居直达都市之要道者。如遇此种情形，都市计划者即当竭全力，说服地主，以便变更区域。区域之变更，实于地主本身有利，欲使之确信，并不甚难。但究竟能否成功，须视交涉之方法和说明利害之手段如何而定。

当创制一般的都市计划案的时候，各地主对于各该所有区域，如有要求帮同计划之申请，计划者决不能轻易看过的。盖当时即欲着手地区开发计画之细目的工作，固然不甚适宜；但无论何时，计画者当虚心袒怀，接受一切计画地区之机会，俾地区规划能与一般的都市计画，完全一致。

制定地区开发计画，换言之，就是计画工业或住宅用小地域的时候，主要的问题，可说便是该地之街道计画，与其所邻连或相交错的都市之主要交通路线间之关系。关于此点，我们应该认真处理下列各种问题——如接续地点（point of connection）之位置，通过该地区路线之直行，道路之倾斜，铁路、桥梁及地低线之地点等种种问题。就路线直行（the directness of route）与道路倾斜（grade）之关系上着想，缓慢的弯曲线（easy curve）确比急锐的转角（sharp turning），更为合式。在干线道路上，尤其是如此，其实干线道路之接续，简直以直角为宜。至于丘陵起伏之处，若欲开通急峻的岭路，不如造一条“旁通小径”（side-cut），更为合算。规画小街道的时候，计画者应设法配置各种方庭和小广场，使道路能变化生趣。对于转角上之区地，尤宜注意建筑物之外观，务求整齐悦目。道路之变叉点，更有特别研究之必要。数条道路会合一处，应多留余地，使交通不至杂沓。

3.6 里街或后巷

设置里街（alleys）或后巷（lanes）[⑥]与否，也是一个很费斟酌重要问题。有的主张任何建筑物，均有设置里街之必要。有的以为毋庸设置里街，除非其道路铺装以及街灯之设置等条件，完全和前街相同，而事实上处于后街之地位时，当作别论。亦有以是种里街，仅于商业中心地及人口稠密的住宅区域内，方为必要者。议论纷纷，莫衷一是，亦无一定的原则之可言，总之须斟酌地方情形而定的。假使里街亦能布置一切公共施设的话，即使在房屋疏稀的住宅区域中，亦无绝对不得设置之事。不过街道与里街，双方均行设置，其时地主或不胜经费之负担，这是不能轻易看过的。里街而有相当的铺装，有适当的泄水设备，且于公众，别无何等妨害，如是方为合理，这是应该知道的。如果满巷秽物堆积，因取缔废弛，正面且将建筑住宅，是种里街，有百害无一利，非竭力反对不可。

设置里街，或比于各宅门旁保留一块空地，使车辆得从大门口，通过屋旁直达后方，所费更多。假使侧面通路（side entrance）之设备费，比之里街，并不过贵的话，在住宅区域中，实以设置是种侧面通路，更为适宜。若专从房屋后方之通光换气上着想，实并无非里街不办之事。而侧面通路却兼有两重利益，第一能使前面车辆，迳达后方，第二能使光线不足，空气欠缺之部分，获得采光换气之便利。里街之利弊，既如上述，唯于房屋踵接之处，或在市廛栉比，商业兴盛之地，其为必要是毫无疑义的。

3.7 区地之深浅

区地之深浅（depth of lotes），又是个很费研究之重要的问题。如果前后两街，相距过近，即街廓之地面过于浅的话，往往有一种倾向，就是将地面全部，供给一街营业之用，而在他街方面之临街地面（frontage），事实上，遂变为前街之后天井了。所以区地过浅之时，势必至平常一街一巷足够应用之事，非使用两街不可，因而地主实受损失。就商业区域之安排适当而论，要推英国爱丁堡市（Edinburgh ）之 Craig 氏计画(Craig's plan)了。在爱丁堡市两条主要商业街道 Princes street 与 George street 之间，有一条与彼此平行之狭窄的街道。此街道一方面作为二等商业街道之用，一方面即为主要商业街道上第一流旅馆及百货商店（department store）之后方通路。其幅员约只三十呎，实与里街后巷相差无几，而路面经相当之铺装，街灯亦齐全，其用途盖兼里街与二等商业街道而有之。设置此种街道，比建筑仅作后方通路，别无用处之最阔的三等街道或狭窄的里街，不是更为经济么？

3.8 街道交叉点

交叉点（intersections）与交叉点间之距离，不是容易决定的。设有一个都市有一条主要街道，在不满一哩之距离间，有四十以上之交叉点或分歧点。从商业的见地上看来，交叉点增加，即能增加街道之临街地面，便是增加商业使用之土地，所以交叉点愈多愈好。同时，亦有人主张多设交叉点，所以使商业得由一条主要街道分散于各横街。但在他方面观之，一至市街轨道敷设成功之日，若电车必须于各交叉点设站停留，就交通迅速而言，不是一个大大的障碍么？总之，此项问题大部分须于最初划定区域之时，即行决定的。

3.9 新区域中树木及空地之保存

当创制都市计划之际，务须设法保存充分的树木——尤其是在住宅区域中——因为多栽树木，对于土地，增加不少的风致，且各建筑物之间，绿树翠叶相当点缀，自然能除去干燥无味之感。树木既能成荫，又多少能为防火之用，其有利无害，毫无疑义。每新区域中，约百家须留置一英亩之空地，以为休养之用，这是必要的事。在加拿大有几省规定宅地十英亩中，留空地一英亩，以供公众之用。虽然是项规定不能保证其始终毫无不公平之处，然终不失为一个优良的制度。建筑物密集的地方，尝比疏稀之处，多留空地，这是不言而喻的事，所谓宅地十亩中，留置空地一亩，就是说每五十家，须设置运动场一方之意，因为一英亩的地面，约可营造五家又半的房屋罢。而经过若干岁月，将来在宅地九亩之中，建造房屋八十乃至九十家，那是很容易的事，所以上述比例，尚无不合。

若在都市之一般的计划中，有湿地（或洪水泛滥之区）禁止营造之规定，则此等土地，将自然成为一种休养用的空地了，其实空地大可利用不适于建筑之土地的。空地之旁，得筑造狭窄的道路，其所节约之道路经费，对于建筑基地减少面积之损失，常能相抵无不足。

3.10 郊外地问题

都市和乡村间之轹轧及乖离，实为现代都市生活及近世产业主义发达上之悲剧之一。诚如 Gibbon 氏所言，农业乃制造工业之基础，而从来却往往蔑视此不易的事实。时至今日，从商业上观之，此事确比以前更为真确了。加之，都会人之肉体和精神两方面，日就退步，惟于农村僻乡，方能保全健全刚毅之民族，以图挽回，由此亦可证上述农工关系云云，并非妄断。

但不幸在许多乡区，其一切状况，亦和人烟稠密的都市，同样退化。补救之道无他，即在都市，多方移入乡村之美点，而乡村亦设法采取都市之所长，俾各成心身健全之所就是了。奈观诸现今之趋势，都市与乡村之利害冲突，即在政治上，亦日甚一日。大都市周围之农村地域，往往不良建筑林立，而都市境界线之外廓，对于街道管理、卫生设备以及土地发达之取缔等事项，尤为最感困难之处。农村尤其是有纯然的农村外观之乡村，对于都市之郊外发展，不问其能相当增加农村之收入，常视为一种差强人意的侵略。一方村会诸君，不惯处理此项发达事宜，结果，不是毫无管理，绝对放任；即将用农村的标准，范围一切。唯此种标准，当然是不适合于都市情形的。在他方面，都市当局则雅不欲人口减少，对于市民迁居农村，往往视为不胜嫌恶的现象，因之，即在力所能及之时，亦不顾自来水道及沟渠等之设备有越雷池一步的事。

如是，都市与乡村，各汲汲谋一方之私利，竟将应行切实规划之地域，及所以使之健全发达之方策，完全置之脑后了。

加之，都市膨胀，漫无程序，又乏一定之方针。结果，乡村当局以欲免避负担，对于改良事业，一意延宕；而同时都市吏员，对于扩张一层，亦多方迁延；双方推诿，万事遂愈形恶化。

省法中无划一的课征制度之规定，亦为纷争之一原因。当讨论都市区域之际，最后引起纠纷的，通常便是这个课征问题罢。结局，或两者妥协，对于农村地域之住民，规定若干年间，征收一定的课征税额，而于都市，则减除几分事业费之负担。唯如是，双方以欲得财政上有利的条件，积久相争，势必将社会之一般的利益和地方福祉，置之不顾。欲补救此弊，唯实行大地域调查，或能见效，盖调查之结果，能得相当的便宜，借以整理都市境界，使都市与邻连农村，双方有利。

3.11 农业地带

John Irwin Bright 氏曾在 *Journal of American Institute of Architects* 上，发表一个提议，主张都市周围，该设置生产地带。假使 Bright 氏之意见，能见诸实行，则美国都市之发达，不啻革了一个命，而都市与乡村之间，或能确保适当的均衡罢。且此生产地带设置之计划和田园都市（garden city）农产都市（farm city）之建设运动，对于现代都市之发展，开辟一条新的途径，实在是很有意义的事。生产的农业地带，在未来的都市中，将与公园和运动场，一样的重要。现代之大产业都市，如果依旧继续膨胀的话，若欲设法制止都市之颓废与分裂，所谓为防患于未然之计，实非扩充一个空前的大规模之肺脏组织不可。要是这样，那么生产的公园，的确比游乐的公园，更为经济。更为切实罢，要之，市民之对于大自然及空地之要求，比之对于游乐地，即在不生产的基础上可以实现者之要求，如更为切要。这便是设置农业地带之田园都市计划，所以唱道于世之原因[7]。

此种思想之为一般所认识。也许尚须经过几何岁月，但是可以断定后世决不至对于密住的市街地域之无制限的扩张，毫无觉悟，而拒绝其唯一有效的解决法的，土地发达之管理，是解决密住问题之要着。郊外或市内之土地，有时以地势关系，欲改成建筑基地，加以必要的改良工程，其开支经费竟或超过其所生之价格，简直还是爽爽快快地供给农业生产之用，更为经济罢。

都市计划之第四步即最后的一步，便是制定规程或条例，对于都市计划，赋予法律的效力，使计划成为实际上有用的工具。于是引起都市计划有关系的法规问题来了。

都市计划有关系的法规，应包含下列各项事宜：一是公用土地之取得；二是公益事业、临水地及街道之管理；三是建筑物之营造及退让；四是交通之整理；五是区域之划定及类别，关于建筑物用途高度及密度之制限等，所谓关于“区域规程”（zoning regulation）之事项；六是其他事项。若在美国，对于受省法支配之“超过征收”问题，亦须计及。

4 都市计画法规

4.1 超过征收[8]

从来主张土地超过征收者，简直以为都市取得必要以上之土地，是于都市绝对有利的。但是实际对于金钱上，到底有无利益，却不能明白实证。其实此种计划，是否能用正确的数字表示，也是大大的疑问。原来此种计划，除非如廓清贫民窟，或贡献都市若干便益，足证支出改造计划经费之正当等；能获得几种间接的利益。否则，仅以收益（profit-making）一个单纯的根据，亦不能遽认为合理的。固然，一街廓内之地主等，若能与市勠力同心，可以使此种规划，于市于己，两均得利。但若都市欲强制执行是项办法之时，即颇需巨额费用，此项费用，普通仅以超过征收所生之利益，是得不偿失的。如果实行，则土地全部之收用，却往往比一部分之收用，较为便宜合算。

4.2 贫民窟之廓清

在美国、加拿大等比较新兴的国中，将来贫民窟（slum）之状态，日形恶化，最后也必有一日，须破费相当的金钱，借行政官厅及法院之力，讲究廓清办法的。但是目下美国之都市计划，对于改良住宅状况一层，的确不甚注重。若在英国，则都市计划法（*Town Panning Act*）简直是住宅法（*Housing Act*）之一部，差不多是用以帮同解决住宅问题的。

4.3 特别课税[9]

欲使地主负担公共改良事业之经费，最好的方法，算是特别课税（special assessment）办法了。所谓特别课税，申言之，就是把道路街道沟渠自来水道等改良事业费之一部，向邻接地及其他享受利益之地面上征收之意。美国之课征法规上，若干琐碎的制限，且作别论。总之，在土地受益额之限度内，是承认此项办法的。如在 Cincinnati 省，限定课征之范围，为受益额之 0～98%，即其一例。又美国法制上，有一个重要的思想，就是地方课征之原则，当尽量的适用于地方改良之各种事业，这是我们也应该知道的。

美国又有一种通则——虽然有时亦有例外的适用——就是自治团体收用土地，当支付相当的地价，而对于改良事业所及之影响，与地主所属余地上所受之一切利益却丝毫不得顾问的。但若地主以土地收用之理由，要求余地之损害赔偿的时候，则照例于计算损害之际，可将改良事业之结果，余地上所受之一切特殊的利益，尽量地计及。其说以为法律对于取得土地，课以相当的代价，所以当时自治团体不能以余地受益之故，要求地主听偿分文；反之，地主要求损害赔偿，则所谓损害，当然是指土地损害与土地受益之差数而言的。

4.4 各种制限

下列各项，可依警章或市条例制限之。

（1）广告揭示板，可由公安卫生及风纪等诸方面，相当加以制限，亦得于住宅区域内营造建筑物之制限中，间接地防止之。

（2）有害的营业之禁止。

（3）为保持安全起见，对于建筑物高度之制限。

（4）为保持卫生及安全起见，对于区地内建筑物密度之规定。

（5）不卫生的区域内，建造住宅，有碍卫生，得取缔之。

其他如在住宅附近，得禁止建造有碍邻居安宁之工场、厩舍、锻冶工场、铸铁所及其他同类之建筑物。如此在法律上明令禁止工场之设立，也并非因其为工场而禁止，实以特种理由，认为有害而禁止的。

4.5 新设街道之切合都市计划

无论在美国及加拿大，政府一旦承认其土地所有权以上，任何地面，均不得任意改筑街道的。政府之所能行者，即于地主计划区地之时，得令提出计画书，经都市计画委员会之核准。关于此点，美国都市之权力，似乎不及加拿大。盖如 Bettman 氏所言：“美国之大多数的法院，时常判定自治体无设定特殊的区地线及土地区域，强制地主奉行之权。”但是 Bettman 氏又谓：“依美国的办法，同样的目的，也可以间接的达到，因为任何街道，若未经市政府之公式的承认，即不能算作法律上合格的道路。而且一条道路，若不居于都市计划中所规定之位置，无论何时，均得不予承认的。又得行使警察权，相对于一定的区域内，制限居住民及建筑物之数，借以防止过度之密住。”

5 地方计画上之中央行政或监督

关于此项事宜，应如加拿大诸省；各省设置都市计划咨询委员会（Advisory Town Planning Commission），以便襄助或协同各都市，调查种种问题，并帮同制定各项适当的法规，这实在是十分要紧的事。

是种省立都市计划机关，对于无力聘用专家，动辄陷于过失及浪费之小都市，更有价值。盖此等小都市常有性质类似的问题，而于解决问题之际，常发生屡次反复，千篇一律的谬误。

由上所述，当引起一个重要的问题，就是关于都市计划一端，省与市之正当的关系，应该如何？因为都市计划之一部分的目的，是取缔或管理土地之开发及使用，所以也可当作一种省行政看待的。规定土地私有权（ownership of land）及土地征收权（right of eminent domain）之法律，在英语国家，太概是出于一源，根据于财产权（right of property）而来。在美国，在加拿大——也许比较差一些——近年来对于省之干涉市政，有一种反动的表示。在有几方面看来，是种反动，系由于市民欲担负地方责任之一个健全的期望而来，也可说是民主精神之流露。但是本问题虽有两方面可以观察，不过现在所讨论的，并不是都市是否应该获得自治权（home rule of city）之问题，却是省市间之权力，应该如何分配调剂之问题。

一个都市设有都市计划委员会，而同时如果省中亦设有中央专门机关，得备咨询，则当然能举更佳的实绩。英国之地方政务院（Local Government Board）——现在改为卫生部（Minister of Health）——对于英国都市计划之成功，有极大的贡献，这是毫无疑问的事。而英国此种中央机关，也是专门家所组织，并非门外汉之集合。在加拿大 Sas Katchewan 省，市政大臣（minister of municipal affairs）下置都市计划指导官一名，为之辅翼，行使上述同样的权力。在该省，可说任何都市，如欲创制都市计划，无有不就商于此项中央机关的。在 Alberta 及 Nova Scotia 两省，因无是种机关，所以除 Calgary 及 Halifax 两市以外，都市计划事业，可谓毫无进步。

加拿大之将来的都市计划法，或将扩大都市之权限，但若因此而破坏省行政对于都市计划之权能，则为不幸的事。因为任何都市，都有邻连的地域，而是种地域，只有省当局可以适当地管理的。

在美国，因了扩充都市自治权运动之热度过于高，对于省方襄助都市计划之真价，不容易认识。唯是项运动，实由于政治及其他种种原因而来。就中最惹人嫌恶者，则为乡区选出之议员，垄断省立法事务；彼等且常用乡村的眼光，处理一切都市问题，方枘圆凿，当然不合事宜的。所以美国之一般都市，相对于都市计划，不论巨细，均须经省方核准施行一事，无有不表示反对。而且在宪法上业已承认都市自治权之省，如欲提议设置一个市政管理部（Department of Municipal Affairs），简直将认为违反宪法之举动。例如在 Ohio 省，都市有要求或采用都市自治法之权，因此，除几件特别的情事以外，决不受省方之管辖的。

其实，设置中央咨询机关，不一定是干涉地方自治。是种机关，足以促进都市与其邻连的郊外地域或周围之附属的自治团体（satellite community）间之联络，使之协力一致，实在是很有价值的。若为实行大地域计划（region planning，或译为地方计划）起见，那当然更为要紧了。又如适用同一的法规（如取缔主要道路及住宅等之建筑条例并其施行细则）之时，欲使之手续一致，不生龃龉，前项机关又是极有用处的。街道所以为连络各个自治团体之用，初不欲使之彼此隔离。所以若非从大地域着手计划，则街道不能表示圆满的效用。对于不良住宅及不适宜的卫生状态之取缔，在邻连的市外地域，简直比在市内，更为切要。其实都市计划，就其本旨而言，计划地域之包括宜广，不可拘泥于向来任意规定之都市境界的。总之，关于街道住宅及都市计划等事项，受省方相当之襄助和指导，借以谋法律与手续之统一，此事并不与都市自治权之扩张问题，彼此矛盾，不相并容的。

据美国当道之陈述，波士顿市比之其他一切的都市，愿意接受省方之指导，去处理若干市政问题。有人以为所以然的缘故，因为波士顿在 Massachusetts 省中，占据最重要的地位，而且并不像其他都市，须受农区代表所垄断的省议会之支配的。

Bettman 氏说：“反之，Ohio 省之省议员，大多数为乡区之代表，而乡区之代表当然不知道解决现代都市之困难的。”Bettman 又主张各省应该设置中央都市计划委员会，但不得对于一切地方计划，把持绝对否认之权力，实则委员会当以提供专门的意见为上。

有一个实例，便是在 Pennsylvania 省，该省设有“省都市局”（State Bureau of Municipalities），专就各种都市计划，贡献专门意见，事实上为一种咨询机关，是种机关，设之有益，足为他省之模范。

注释

① Grade Crossings 系铁路与道路之平面的交叉地，我国或称为栅门，但亦不十分妥当，兹姑译作铁路之地面交叉，英语或称 level crossing。

② 卫生一语，包含两种意思：一种是积极的增进体力之问题，与英语之 health 相当（但 health 有时亦混括两面而言）；一种是消极的清洁或防止疾病之问题。与英语之 sanitation 相当。兹为分明眉目起见，将第一种称作健康，第二种称作卫生。

③ Region 亦可译作“地方”，如译 region planning 为“地方计画”。

④ Block 为市街之一区域，日译为街廓，故从之。

⑤ Mosaic 是手工上翦箝手工之意。

⑥ Alley or lane 注音当是小路的意思，在本节中似专指里街后巷而言。

⑦ 见 Ebenezer Howard：*Garden Cities of Tomorrow*。

⑧ 超过征收，与土地征收不同，土地征收是市政府为举行新事业，或改造事业起见，在必要之范围以内，收用民间土地。超过征收，虽大意亦相仿，当在必要范围以上，收用民间土地。

⑨ 特列课税或译作受益者负担金。

[欢迎引用]

亚当士. 现代都市计划[J]. 城市与区域规划研究, 2021, 13(1): 214-234.

ADAMS. Modern city planning[J]. Journal of Urban and Regional Planning, 2021,13(1): 214-234.

现代城市与区域规划简史[①]

顾朝林

A Brief History of Modern City and Regional Planning

GU Chaolin
(School of Architecture, Tsinghua University, Beijing 100084, China)

城市与区域规划发展过程，概括起来可以分为五个阶段。

1　19世纪规划萌芽时期

历史上并没有规划这门学科。19世纪的规划先驱者，主要是指一批理想主义或空想社会主义者。直到1911年，英国利物浦大学才建立了第一个规划系。

在今天，城市与区域规划至少遵循两个学科范式：一个是自上而下，从宏观到微观，即区域科学和区域经济学范式；另一个是从建筑、设计层面开始，从微观到宏观，即土木建筑科学范式。实际上，规划的源头是非常丰富多彩的。首先是专制主义，主要指政府；其次是功利主义，规划做起来要有用；再次是浪漫主义色彩；最后才是有关技术、官僚、乌托邦式等。至少可以看到，城市与区域规划的源头来自这些方面。

那么，最早的西方城市与区域规划思想是如何萌芽的呢？在经历了漫长的中世纪黑暗时期以后，16世纪的欧洲出现文艺复兴，人们从刻板的宗教束缚中走出来，通过文学、绘画、音乐自由表达人类的意志和情感。在这样的背景下，规划思想也开始孕育了。

首先，我们来看这个时代的大背景，可概括成四个方面。第一个是瘟疫的影响。当时的欧洲，1/3～1/2 死于黑死病。第二，宗教的社会话语权开始瓦解。也正是由于黑死病，人们开始怀疑上帝和教会组织，过去是宗教人士掌握经济社会控制权，到了这个时代商人、资产阶级、军阀开

作者简介
顾朝林，清华大学建筑学院。

始登上社会的大舞台。第三个方面是社会价值观发生颠覆，意识形态也发生大变化，从崇拜上帝、教会走向崇拜君主、共和国家，从地方主义走向集权主义，从多样性艺术走向以巴洛克为主的艺术。第四个方面是商业资本主义这一新的经济形态出现，新的政治机构也出现了。中央集权和寡头统治等产生，新的观念出现，由机械、物理派生出来的军队和修道院制定的基本原理被改变。政治体制也发生了变化，过去的政教合一变为宗教、商业、政治彼此分离。

在这样的背景下，城市作为人口、经济、文化的交汇之地，也逐步摆脱宗教、宗亲的乡村文化束缚而走向思想和文化的自由。也在这样的背景下，艺术家、知识分子开始梦想心目中的理想城市是什么样的？富裕的有理想的统治集团开始致力于建造各种奢华、标志性的建筑，以彰显他们的财富、权力和所谓的民主。1666 年，伦敦发生特大火灾，几乎烧毁了半个伦敦。在城市复建的过程中，由于缺少建设方面的规矩和制度，从而推动产生了第一部城市建设法规。于是，西方真正的城市与区域规划开始登场。

在这一时期，全球气候变化导致农产品减产，农民为了节省饲料大量宰杀农用牲畜，从而恶化畜力作为农业生产工具、畜粪作为农用肥料的农业生产，进一步导致谷物生产数量下降。代表这一时期的皇室、教会和新生资产阶级，为了减少农业税而投票，投票的结果触动了法国皇室的根本利益，招致投票结果无效，从而引发法国（资产阶级）大革命。在此期间，依托经济基础和政治权力，巴黎市长豪斯曼开始推动城市改造，巴黎市政府推出了改造计划。

在英国，差不多同一个时代，由于水力替代畜力，后来蒸汽机发明，推动了以棉纺织业的工业革命，作为国家政府的代表，维多利亚女王一世，大力推进重商主义政策，组建国有的东印度公司，积极发展海军，通过帝国主义方式向全世界扩张。帝国主义的政策就是资本主义。正因为如此，英国垄断了世界的棉纺织业和全球市场，获得巨大的国际贸易利润，将英国通过扩张获得了大量资金用于浪漫主义城市建设，用华丽的装饰来炫耀自己的财富，英国社会也出现了浪漫主义思潮。

当时的美国，还处于工业化和城镇化初期状态，美国的规划师希望做一个样板城市以展示对未来的憧憬。1858 年，美国开始规划建设纽约中央公园，通过这个开放空间抬升周围的地价，最后不仅改善了环境，也推升了土地的价值和城市的价值。

总体上看，这个时期的城市与区域规划，都是按照社会需求，逐步发展而来的，更多地凝聚了理想主义、浪漫主义、空想社会主义的色彩。

2 现代城市与区域规划时期

现代城市规划的诞生是以美国为主体的第二次工业革命作为社会经济大背景。在这个阶段有两个重大的科学发现和创新。一个是地球科学创新，英国人莱尔写了一本书《地质学的原理》，他所讲的地质学实际上就是地球科学。这本书表述的主要思想是：空间不由我们个人或者团体能左右，空间是一个自然演化的过程。另一个是生物科学创新，即大家所熟知的达尔文的物种进化论，认为一切生命体都处在不断进化和演化过程中。这两大科学发现和创新改变了人们的宇宙空间存在固定不变的空间结构的传统价值观，认为人类总有一天能够掌握宇宙中所有知识，能发现人世间的一切规律，推动人们思考怎么顺应和推动这样的空间结构演化以造福人类社会？此时，原来的理想主义向理性主义转变。理想主义是基于信仰的一种追求，有信仰、有追求的人被称为理想主义者。理性主义相信理性的力量，这样一来，人们对美好社会和家园的空想也就从理想主义迈向理性主义，推动人们用理性的方法重新思考过去的理想主义的合理与不合理的成分，如何将理想变成现实，而且这种现实还要实实在在在空间上体现。与此同时，人们又发现，人文社会科学与数学、物理学不一样，没有社会经历的东西无法想象，这就产生了经验主义。

在 20 世纪初，为什么会进入现代规划阶段呢？实际上，在此之前，现代主义的建筑已经存在很久了。众所周知，维也纳是欧洲文化之都，也是新古典主义建筑遍布的城市。然而，就在这个新古典主义建筑建设兴盛时期，弱势的犹太人社团得到了一块土地计划建设自己的银行，但由于地皮是三角形的，建筑师很难设计出新古典主义风格的银行大楼，于是将这栋建筑设计成简约的板楼，由此开启了现代主义建筑风格。在英国，维多利亚时代的政府曾经投入大量资金在新古典主义建筑装饰上，极尽华美之可能，但此时的工匠、设计师受到维也纳现代主义建筑的影响，也开始认为建筑、家具、服装和园林中过分装饰没有必要，从而开启了欧洲的现代主义建筑运动。在此背景下，规划第一次同国家政治、社会需求关联在一起。城市、建筑就像机器一样被设计出来，也更多体现了现代主义风格。

这个时代的美国理想主义也被现代主义运动所改变。这主要在于美国地大物博，资源丰富，以电能革新、企业规模化、飞机轮船汽车等现代交通工具为代表的第二次工业革命，震碎了人类千百年的文化传统，现代工业和现代城市勃然兴起。在城市与区域规划领域，美国出现了两位著名学者。第一位是赖特，一位出生农庄庄园主家庭的建筑师，对郊区和自然的人居环境特别熟悉。当他走进大城市工作时，发现城市是如此嘈杂，于是 1901 年在《家庭主妇》杂志上发表了一篇关于住宅设计的文章，主张要让城市生态化、平面化。他的思想来源于芝加哥世博会。在那届世博会上，一位日本设计师提供了日本民族住宅设计理念并据此设计建造了一栋日本式民居供展览参观，赖特由此获得了规划设计灵感。他把现代主义思想融入美国的规划思想里面去，提出了“广亩城市”的思想。另一位是雅可布·里斯，他出生在丹麦的一个十多个孩子的家庭，后来移民到美国，特别关注社会和家庭问题。他在当报社记者的时候写了一本书，书名是《另一半如何生活》，用大量的照片和文字描述了美国城市底层人的生活。这本书被时任纽约市长、后来成为美国总统的罗斯福看到。罗斯福说，我读了你的书，我来帮忙改进美国社会。美国由此也进入一个进步的时代，开始关注城市贫民窟，有了慈善救助会，并且关注底层人的住宅问题。到了 1900 年，美国建立了廉价住房委员会。后来，因为传染病肺结核病日趋严重，鉴于疗养院建造和不同阶层家庭沟通需要，美国开始了广泛的公园运动。那时，美国有几个规划实践项目值得大家关注，包括伯纳姆的芝加哥规划、华盛顿首都重新设计、旧金山的大都市区规划等。

在这个时期，还有一个需要大家关注的新概念叫分区规划（zoning）。这个概念实际上跟美国的华人有关。早期，在湾区旧金山，华人大部分职业是给当地美国人做家佣，洗衣服、晒衣服、收衣服是主业。西洋人认为，华人晒衣服把整个城市搞得乱七八糟，就禁止华人在户外晒衣服。但实际上晾晒衣服是基本的社会需求，后来妥协的办法是规定在一些街区可以晾晒衣服，其他街区不可以，这就是最早的"分区规划"。差不多同一个时期，纽约的犹太人从事服装行业且发展非常快，并快速蚕食纽约中心的土地，以至于影响了当地其他白人（主要是德裔、荷兰裔移民）的利益。于是在纽约市也开启了分区规划，规定不同街区的建筑容积率、密度、强度、高度、颜色，相当于现在城市规划的控制性详细规划或修建性详细规划，并且规定修改分区规划需要通过法定程序。

也在这个时期，开始有了城市与区域规划的学术研究。1909年，美国召开了世界上第一个规划大会，尽管与会者大部分是开发商，也有少数的建筑师和景观师，甚至连基本的"规划"怎么定义都不确定。后来，1911年英国利物浦大学创建了世界上第一个规划系，1912年法国巴黎（12）大学也创设了世界上第二个规划系 。

3　理性主义规划时期

这个时代，从唯意志主义、实证主义、新康德主义、直觉主义，到西方马克思主义、实用主义、结构主义、解构主义，这些哲学流派都产生了。这些认识世界的价值观和推动进步及发展的诉求对规划产生作用。无论是先锋城市设计的精英主义者，还是专家政治论的管理主义者，乃至地方的一些实用主义者和企业管理者，都认为要不断地塑造和改变城市空间。改变城市空间的目标是什么？就是要有效率、有秩序、有目标，要有目的和有成本效益概念。这些诉求归根结底就是进步和发展。

在此背景下，欧洲开始关注理性主义规划。法国现代主义建筑运动的先驱勒·柯布西耶，他出生于瑞士钟表世家，耳濡目染，对钟表部件和功能了然于胸，他把钟表设计制作过程中运用的功能主义概念植入城市规划和设计中，提出"功能区"概念，也就是他的现代城市理念。再有英国科学家盖迪斯，他的父亲是一位生物学家。当盖迪斯教授学生的时候反复思考"城市究竟是什么"？他认为柯布西耶把城市作为一个功能或者是机械的观点是错误的，城市应该是一个有机体，人就像生物一样生长在城市里。他认为应该通过调查研究的方法去了解城市的发展规律。于是，他提出了城市调查—分析—规划设计的方法。直到现在，规划编制工作还在遵循这样的规划研究框架。

同时期的美国又发生了什么呢？美国规划师、建筑师芒福德，先前美国的第二次工业革命的成就让他笃信技术革命的伟大作用，崇尚技术推进城市增长的理念。他最早推动建立了美国城市规划学会和区域规划学会，倡导新城、现代城市交通的研究，因此成为美国规划界最具有影响力的人物。另外一个和他同时代的建筑师，也是吴良镛先生的老师——沙里宁，他针对城市拥堵提出了"有机疏散"的理论。

从这一时期的欧洲和美国规划界看，崇尚理性主义规划，建构科学的规划研究体系成为主流。也正是在这一时期，规划的学术界发生一次大的学术争论，即：究竟是用区域主义的方法来解决城市和区域发展的问题，还是用大都市主义来解决城市和区域的问题？两者的区别在于，大区域主义是用调查—科学制图的方法来分析城市和区域问题，大都市主义则是用形象的轴线和环来表达对城市与区域发展的理解。需要指出的是，这个时期中国的规划并不落后，孙中山先生的《建国方略》以及南京的《首都计划》与同时代的西方规划成果相比，差距并不大。比较遗憾的是，现在我们的规划成果与西方先进成果相比，价值观和技术含量的差距已经越来越大了。

20 世纪 30 年代，由于金融危机触发美国经济大萧条，时任美国总统罗斯福却拒绝欧洲国家提出的加强国际合作共同应对经济危机的建议。他借助由政府控制的大型国有银行，充分利用国家信用推进国家基础设施建设，支持以机床设计和机械制造为中心的工业，发展以家庭农场为主的农业，即单纯依靠美国市场来实现经济复苏。罗斯福的新政彻底改变了以往规划的概念。过去的规划都是为了空间和形态来做，而罗斯福时期的规划则是为了推动经济增长。

后来第二次世界大战爆发，欧洲和东亚陷入战火，城市遭遇生灵涂炭；美国虽身居战场以外，但也进入举国的战时经济状态，信息技术、造船、军工产业进入快速发展期，规划的理性探索戛然而止，倡导的理性主义规划也无疾而终。

4 战后重建和现代化规划时期

1945 年，世界取得反法西斯战争的胜利，欧洲国家进入战后重建，原来的欧洲殖民地国家也趁机纷纷独立，各自开启面向现代化国家的进程。这一时期，主要针对两个区域着手制定规划：一个区域是“二战”毁坏地区的重建规划；另一个区域就是亚非拉地区，这些地区的部分国家实现了民族独立解放，需要制定面向现代化的规划。

面向战后重建和落后地区现代化的规划，规划理念发生了非常大的改变，即过去是把规划看成一门艺术门类的学问，战后则把规划当成一门科学。英国著名的规划学者阿伯克隆比，编制了“大伦敦规划”以应对中心城区重建、人口和经济膨胀的新城发展。大伦敦规划主要有两大内容：一是绿带；二是新城。这个规划设计思想后来在全世界逐步扩展开来，影响了诸多城市规划设计，如莫斯科的规划、东京的规划以及中国香港的规划。

美国这一时期的规划与其他国家有点不同，由于远离“二战”战场，城市并没有受战争太多的影响，而且有些城市（比如旧金山）在战争时期更是快速甚至加倍地发展。这一时期的美国制造业，大多推行福特主义生产方式，就是“（零部件）标准化、大（规模）生产、大（规模）消费、郊区化（郊区人口快速增长）”，因此产生了福特主义模式的城市，具备以下几方面特点：从生产—市场配置看，以公司总部为中心实现了从部件生产到整机（车）装配，再到仓储和物流配送的生产链模式；从生产空间来看，由于土地价格主导了产业集群的空间集聚经济，从位于城市中心的公司总部到工人居住区，再到郊区工业区、郊外仓储和物流基地，从城市中心逐步向外围扩展，形成“大饼形状”的工业城市形态。中国在此时期也有很大变化，制定了“大上海规划”，重视城市与区域协同发展。

在这个时期的美国，从规划学科的角度上来说，区域主义学派和大都市主义学派仍然在争论主导权问题，最后的结果，非常遗憾，两败俱伤。经济学派，因为全国高速公路网建设塑造了“车轮上的美国”，经济规划占了上风。由于区域发展很快，经济发展也很快，各国逐步走向以经济为主体的规划。约翰·弗里德曼，规划学科培养的第一个博士，毕业后参与到罗斯福总统的新政项目——田纳西流域的区域发展规划，后来到南美洲从事城市与区域规划研究，写成《区域发展和政策》，提出了著名的“核心—边缘”增长理论，成为享誉世界的规划大师和城市与区域规划专家。

这个时期的规划发生了三个大的改变。一是研究范式变化。从设计的传统走向系统科学的传统；从技术专家的活动走向适应环境变化、创造价值的政治过程；从现代主义规划转向后现代主义规划。二是规划师的角色发生了根本改变。以前，规划师是说一不二的技术专家，画成的规划图纸是城市建设蓝图；现在，规划师成为综合各方观点、不同利益集团的协调人，代表政府的“看门人”。三是规划的学科发生了大分化，产生了不同的专家流派，工程技术的、区域科学的、数量模型和模拟的、经济学的，不一而足。

5 当代城市与区域规划时期

1980年以后，信息技术取得了突飞猛进的发展。随着信息技术的发展，国际贸易出现了巨大的变化，从以物易物变为信息交换，促进了资本的全球流动，推动了经济全球化，并逐步衍生到技术和文化的全球化。由于物资交换的世界转变为信息交流的世界，全球生产链、价值链和供应链应运而生，信息成为发展的资源，因为信息获得的多少也重构了一个快的世界和一个慢的世界。

这一时期的规划，在哲学和价值观上也发生了改变，特别是20世纪80年代新左派和新右派的交锋，即新马克思主义和新右派自由主义的交锋。在此背景下，后现代主义规划产生了。后现代主义规划，关注解构和重构，不再去追求完美、完整、整体性的规划。规划师对城市和区域进行SWOT分析，找出其中的片断优势并以此实现突破性的改变思路。这与过去的规划技术路线存在明显不同，过去往往强调整体性，即整体区域规划或整个城市的规划。

在规划方法论方面，传统的人文社会科学的左派和右派论战在规划领域也延续了下来。具体说，左派是理想主义、自由主义，倡导平等多元的文化，保护弱势群体；右派则认为这个世界是不断演化、扩展的，规划是认识世界的过程，不是创造世界的工具。从具体的研究方法看，体现在理性规划和科学规划的论战，即：究竟是走理性规划方法，还是走科学规划路线？所谓科学规划，就是采用科学的数据、图像采集手段，按照实物模型、数学模型对城市或者区域进行不同情景模拟。所谓理性规划，则认为人类社会处于螺旋式上升的发展阶段，每一阶段城市都各自有不同的特点，因此，规划编制也不应该甚至不可能重复和相同。此时，由于信息技术发展，福特主义生产模式也逐渐向后福特主义生产模式转变，全球化的生产更具弹性化，全球化的城市—区域急剧发展成为功能区—网络状—多中心空间。

在美国的右派规划时代，卡特政府废除了城市政策和规划控制，里根政府推行新自由主义政策。新自由主义政策催生了新自由主义规划，就是通过集群这个规划单位进行城市规划设计。随后，规划向后福特主义规划转型——在信息化、全球化背景下，企业与全球生产网络联结在一起，城市空间变成破碎化的功能区、多中心、网络状的空间。通过后福特主义规划理念，城市被人为碎片化。现在的新区、城市改造基本都体现了这个思路。后来，陆续出现了新城市主义、景观都市主义、TOD（以公共交通为导向的开发）等理念。约翰·弗里德曼在去世之前提出了超级有机体规划理论。他认为：城市是一个超级有机体。在这个高度复杂的城市系统中，需要同时考虑的决策因素如此众多，以至于规划师也无法获得如此多的信息进行城市研究。那么，规划主要关注什么？规划的主要目标就是避免因为规划产生发展导致的负外部性。弗里德曼认为，为避免这种负外部性，规划需要顺应城市与区域的基础设施公共投资需求。再后来出现了规划的新区域主义思想回潮。如今，我们要规划一个城市，目的是要迈向宜居、公平和生态三重目标。也就是说，规划又开始从右派转向了左派，规划理念开始以追求社会公平为出发点了。

注释

① 为进一步提升国开行融资支持区域协调发展的能力，学习借鉴中西方理论研究和实践的成果，国开行特别推出“区域协调发展的大师云课堂”，邀请清华大学建筑学院城市规划系顾朝林教授等长期从事区域发展方面的理论和政策研究以及实践工作的专家学者，通过视频连线演讲授课。本篇演讲稿是云课堂 2020 年 8 月 4 日第一讲第二部分内容。

[欢迎引用]

顾朝林. 现代城市与区域规划简史[J]. 城市与区域规划研究, 2021, 13(1): 235-241.

GU C L. A brief history of modern city and regional planning[J]. Journal of Urban and Regional Planning, 2021, 13(1): 235-241.

《城市与区域规划研究》征稿简则

本刊栏目设置

本刊设有 7 个固定栏目，分别是：

1. 主编导读。介绍本期主题、编辑思路、文章要点、下期主题安排。

2. 特约专稿。发表由知名学者撰写的城市与区域规划理论论文，每期 1～2 篇，字数不限。

3. 学术文章。城市与区域规划理论、方法、案例分析等研究成果。每期 6 篇左右，字数不限。

4. 国际快线（前沿）。国外城市与区域规划最新成果、研究前沿综述。每期 1～2 篇，字数约 20 000 字。

5. 经典集萃。介绍有长期影响、实用价值的古今中外经典城市与区域规划论著。每期 1～2 篇，字数不限，可连载。

6. 研究生论坛。国内重点院校研究生研究成果、前沿综述。每期 3 篇左右，每篇字数 6 000～8 000 字。

7. 书评专栏。国内外城市与区域规划著作书评。每期 3～6 篇，字数不限。

根据主题设置灵活栏目，如：**人物专访、学术随笔、规划争鸣、规划研究方法**等。

用稿制度

本刊收到稿件后，将对每份稿件登记、编号及组织专家匿名评审，刊登与否由编委会最后审定。如无特殊情况，本刊将会在 3 个月内告知录用结果。在此之前，请勿一稿多投。来稿文责自负，凡向本刊投稿者，即视为同意本刊将稿件以纸质图书版本以及包括但不限于光盘版、网络版等数字出版形式出版。稿件发表后，本刊会向作者支付一次性稿酬并赠样书 2 册。

投稿要求

本刊投稿以中文为主（海外学者可用英文投稿），但必须是未发表的稿件。英文稿件如果录用，本刊可以负责翻译，由作者审查定稿。除海外学者外，稿件一般使用中文。作者投稿用电子文件，通过采编系统在线投稿，采编系统网址：**http://cqgh. cbpt. cnki. net/**，或电子文件 **E-mail** 至 **urp@tsinghua. edu. cn**。

1. 文章应符合科学论文格式。主体包括：① 科学问题；② 国内外研究综述；③ 研究理论框架；④ 数据与资料采集；⑤ 分析与研究；⑥ 科学发现或发明；⑦ 结论与讨论。

2. 稿件的第一页应提供以下信息：① 文章标题、作者姓名、单位及通讯地址和电子邮件；② 英文标题、作者姓名的英文和作者单位的英文名称。稿件的第二页应提供以下信息：① 200 字以内的中文摘要；② 3～5 个中文关键词；③ 100 个单词以内的英文摘要；④ 3～5 个英文关键词。

3. 文章正文中的标题、插图、表格、符号、脚注等，必须分别连续编号。一级标题用“1”“2”“3”……编号；二级标题用“1.1”“1.2”“1.3”……编号；三级标题用“1.1.1”“1.1.2”“1.1.3”……编号，标题后不用标点符号。

4. 插图要求：500dpi，14cm×18cm，黑白位图或 EPS 矢量图，由于刊物为黑白印制，最好提供黑白线条图。图表一律通栏排，表格需为三线表（图：标题在下；表：标题在上）。

5. 参考文献格式要求如下：

（1）参考文献首先按文种集中，可分为英文、中文、西文等。然后按著者人名首字母排序，中文文献可按著者汉语拼音顺序排列。参考文献在文中需用括号表示著者和出版年信息，例如（王玲，1983），著录根据《信息与文献 参考文献著录规则》（GB/T 7714—2015）国家标准的规定执行。

（2）请标注文后参考文献类型标识码和文献载体代码。

- 文献类型/类型标识

  专著/M；论文集/C；报纸文章/N；期刊文章/J；学位论文/D；报告/R

- 电子参考文献类型标识

  数据库/DB；计算机程序/CP；电子公告/EP

- 文献载体/载体代码标识

  磁带/MT；磁盘/DK；光盘/CD；联机网/OL

（3）参考文献写法列举如下：

[1] 刘国钧, 陈绍业, 王凤翥. 图书馆目录[M]. 北京: 高等教育出版社, 1957: 15-18.

[2] 辛希孟. 信息技术与信息服务国际研讨会论文集: A 集[C]. 北京: 中国社会科学出版社, 1994.

［3］张筑生. 微分半动力系统的不变集[D]. 北京: 北京大学数学系数学研究所, 1983.

［4］冯西桥. 核反应堆压力管道与压力容器的 LBB 分析[R]. 北京: 清华大学核能技术设计研究院, 1997.

［5］金显贺, 王昌长, 王忠东, 等. 一种用于在线检测局部放电的数字滤波技术[J]. 清华大学学报(自然科学版), 1993, 33(4): 62-67.

［6］钟文发. 非线性规划在可燃毒物配置中的应用[C]//赵玮. 运筹学的理论与应用——中国运筹学会第五届大会论文集. 西安: 西安电子科技大学出版社, 1996: 468-471.

［7］谢希德. 创造学习的新思路[N]. 人民日报, 1998-12-25(10).

［8］王明亮. 关于中国学术期刊标准化数据库系统工程的进展[EB/OL]. (1998-08-16)/[1998-10-04]. http://www.cajcd.edu.cn/pub/wml.txt/980810- 2.html.

［9］PEEBLES P Z, Jr. Probability, random variable, and random signal principles[M]. 4th ed. New York: McGraw Hill, 2001.

［10］KANAMORI H. Shaking without quaking[J]. Science, 1998, 279(5359): 2063-2064.

6. 所有英文人名、地名应有规范译名，并在第一次出现时用括号标注原名。

编辑部联系方式

地址：北京市海淀区清河嘉园东区甲 1 号楼东塔 22 层《城市与区域规划研究》编辑部

邮编：100085

电话：010-82819552

著作权使用声明

《城市与区域规划研究》征订

《城市与区域规划研究》为小 16 开，每期 300 页左右。欢迎订阅。

订阅方式

1. 请填写“征订单”并电邮或邮寄至以下地址：

   联系人：单苓君
   电　话：(010) 82819552
   电　邮：urp@tsinghua.edu.cn
   地　址：北京市海淀区清河嘉园东区甲 1 号楼东塔 22 层
   《城市与区域规划研究》编辑部
   邮　编：100085

2. 汇款

   ① 邮局汇款：地址同上
   收款人姓名：北京清大卓筑文化传播有限公司
   ② 银行转账：户　名：北京清大卓筑文化传播有限公司
   开户行：北京银行北京清华园支行
   账　号：01090334600120105468638

《城市与区域规划研究》征订单

每期定价	人民币 58 元（含邮费）				
订户名称				联系人	
详细地址				邮编	
电子邮箱		电话		手机	
订阅	年　期至　年　期			份数	
是否需要发票	□是　发票抬头				□否
汇款方式	□银行		□邮局	汇款日期	
合计金额	人民币（大写）				
注：订刊款汇出后请详细填写以上内容，并将征订单和汇款底单发邮件到 urp@tsinghua.edu.cn。